Frank Lehot

ENTRETIENS AVEC UN ASTRONAUTE

Jean-François Clervoy

B

Chez le même éditeur

D'Apollo à Artemis, Lukas Viglietti, préface de Charlie Duke, 2022

Histoire de la conquête spatiale, 3e édition, Jean-François Clervoy & Frank Lehot, 2019

Voler en apesanteur, Frank Lehot, préface de Jean-François Clervoy, 2020

Images de couverture :

L'Europe vue par les astronautes du côté nocturne de l'orbite terrestre. Les zones les plus lumineuses sont les régions de Londres et de Paris ainsi que la Belgique équipée de réverbères sur toute la longueur des autoroutes. L'atmosphère est matérialisée par le très mince liseré bleu à l'horizon. Elle est surmontée d'une zone d'activité lumineuse jaunâtre ou apparaissent parfois les aurores polaires. © Nasa

Après une cinquantaine d'années de vols habités cantonnés à l'orbite basse terrestre, les astronautes repartiront très prochainement vers la Lune et connaîtront de nouveau cette vision globale et plus distante de notre planète poussant à réfléchir sur notre place dans l'univers. © Nasa

Relecture : Alain Rossignol
Conception graphique et couverture : Frédéric Hallier

Dépôt légal :
Bibliothèque royale de Belgique : 2022/13647/135
Bibliothèque nationale, Paris : octobre 2022

ISBN : 978-2-8073-3491-5

Sommaire

Jean-François Clervoy
Portrait officiel à l'occasion de la mission STS-103 de sauvetage du télescope spatial Hubble. © Nasa

Avant-propos

L'idée d'un livre-interview de Jean-François Clervoy m'est venue alors que j'écoutais une de ses conférences. Le connaissant depuis quelques années et travaillant avec lui pour Air Zero G, c'était peut-être la trentième intervention de sa part à laquelle j'assistais.

J'aime toujours entendre le récit et les anecdotes de ses missions spatiales. Et comme à chacun de ses exposés, certaines informations que Jean-François donna ce jour-là à propos du travail et de la vie dans l'espace étaient inédites pour moi. Dans le registre technique, il nous rapporta la problématique d'une stalactite de glace géante formée en orbite sur une porte de la soute de la navette, qui aurait pu mettre en péril son équipage, et celle de mystérieux flashes lumineux d'origine non identifiée aperçus à proximité de l'orbiteur. Dans le registre ludique, il nous avoua s'être amusé, lors d'une de ses missions, à passer 24 heures d'affilée à vivre et travailler inversé, au plafond de la navette, par esprit de jeu et d'expérimentation. Puis, je l'entendis aborder des questions fondamentales, à propos de la nature, du climat, de la planète ; nous dire que, contrairement à une idée répandue, la Terre est forte, que c'est moins elle que l'humanité qui est en danger, que la planète nous survivra et réparera les blessures que nous lui infligeons ; dans le même temps, il illustra à l'aide de plusieurs exemples sa conviction que nous vaincrons les défis environnementaux qui pèsent sur nous. Il fit également des observations passionnantes et inédites sur le futur de la conquête spatiale, le tourisme en orbite, l'avenir de l'homme hors de la Terre.

Je mesurai alors dans quelle « réserve » immense d'anecdotes, d'informations et de réflexions personnelles Jean-François continuait de puiser au fil de ses conférences, pour le plus grand bonheur de ses auditoires. Et j'ai pensé qu'il fallait les rassembler dans un ouvrage pour les partager.

Il existe de nombreux livres sur les astronautes. Certains sont biographiques, d'autres relatent une mission spatiale, certains sont orientés sous forme de questions-réponses sur la vie quotidienne dans l'espace. Tous sont très instructifs et fourmillent d'histoires qui allument des étoiles dans les yeux de ceux qui rêvent de suivre les pas des astronautes. Ce livre en contient un bon nombre. Mais à une époque où les humains se questionnent sur leur sens, leur avenir et certaines dérives de la société, j'ai voulu aussi interroger un homme qui a voyagé dans le cosmos et longuement contemplé la Terre depuis l'espace sur des thématiques contemporaines, parce que son regard sur notre monde est privilégié. Quel est l'avenir de l'humanité et de sa planète qu'elle meurtrit ? Saurons-nous modifier nos comportements pour limiter les conséquences du changement climatique ? Comment responsabiliser les passagers du vaisseau spatial Terre à la bonne gestion de ses ressources ? Quelles places doivent garder l'éducation, la science et les réseaux sociaux ? Où trouver des idéaux à notre époque ? Comment nous préserver des conflits ? L'avenir de l'homme s'écrira-t-il dans l'espace, vers d'autres étoiles et d'autres planètes ? Quel peut être le sens de l'humanité ?

Maintenant que ce livre est achevé, je suis sûr que Jean-François va enthousiasmer à nouveau ses lecteurs par le récit de ses aventures spatiales, et sans doute nous inspirer, par son optimisme et son éclairage précieux, sur de nombreuses questions qui nous interpellent aujourd'hui.

FRANK LEHOT

Je connais Frank depuis un « cours » donné il y a une quinzaine d'années, dans le cadre d'une formation spécialisée en médecine aérospatiale. Celle-ci comprenait beaucoup de cours sur la physiologie humaine dans les conditions de vol en avion et en vaisseau spatial, et incluait des témoignages de ceux qui les avaient vécues. Frank s'est révélé être un grand passionné d'espace, avide de transmettre sa passion.

Nous avons très vite sympathisé et trouvé de nombreux centres d'intérêt communs. C'est ainsi que j'ai eu le plaisir de collaborer avec lui à plusieurs livres sur l'espace (tourisme spatial, apesanteur, histoire des vols habités). Frank est aussi une des rares personnes à avoir expérimenté l'apesanteur dans plusieurs avions « Zero-G » de par le monde, et il a développé ainsi une expérience très riche et unique dans le champ de cette activité. Nous avons donc aussi eu le plaisir de voler très souvent en apesanteur, puisque dès l'ouverture au public de nos vols paraboliques (Zero-G) en 2012, Frank en est devenu le chef instructeur. Entre l'écriture et les vols, nous avons ainsi l'occasion de passer beaucoup de temps ensemble, et d'échanger sur tous les sujets liés à l'espace, évidemment, mais aussi sur des questions de société plus générales. Cette passion ne l'empêche pas pour autant d'assumer avec un engagement remarquable ses responsabilités de médecin qui me rappellent le métier dont je rêvais étant adolescent.

Lorsque Frank me proposa d'écrire un livre basé sur une série d'entretiens qu'il organiserait en fonction de nos emplois du temps respectifs, j'ai très volontiers accepté en le prévenant toutefois que ma vision des choses de ce monde restait très personnelle et ne reflétait que le résultat de mon vécu et de mes échanges avec de nombreuses personnes rencontrées tout au long de mon existence. Ses questions demandaient parfois que je pioche simplement dans mes souvenirs, et nécessitaient parfois que je me remémore des réflexions plus approfondies. Évidemment, ce recueil accorde une place importante à l'aventure spatiale passée, présente et future, et sur le regard que celle-ci a permis de porter sur notre planète.

Malgré le plaisir que j'ai à partager très régulièrement mon expérience d'astronaute, je n'en aborde que très rarement les aspects très personnels qui ont contribué à forger mes sentiments et convictions intimes sur le monde et sa nature. Cette réticence résulte certainement du choix délibéré de ne pas vouloir influencer les autres. Mais la confiance mutuelle que nous nous portons l'un pour l'autre m'a facilement laissé répondre à toutes les questions de Frank, car il était clair qu'il s'agissait simplement dans ce livre de raconter une histoire, un vécu, et de donner le point de vue personnel d'un astronaute, si différent puisse-t-il être de celui du lecteur. S'il peut servir toutefois à l'éclairer sur certains sujets, je n'en serais qu'humblement plus ravi.

Jean-François Clervoy

Les auteurs souhaitaient que ce livre contribue au soutien d'actions de protection de l'environnement. Ils ont choisi naturellement l'association *Te mana o te moana* basée en Polynésie française que Jean-François Clervoy parraine depuis 2009, et à laquelle sont intégralement reversés tous les droits d'auteur.

Cette association a été créée en 2004 par le docteur Cécile Gaspar et Richard Bailey. Elle œuvre pour la sauvegarde de l'environnement marin polynésien et, en particulier, des tortues marines à travers ses actions de découverte, d'éducation et de protection. Elle a notamment développé un centre de soins vétérinaires dédié aux tortues marines en partenariat avec le groupe hôtelier Pacific Beachcomber en Polynésie française qui a accueilli plus de 600 tortues malades à ce jour. Elle a aussi mis en place un programme de suivis scientifiques des sites de ponte des tortues vertes sur le splendide atoll de Tetiaroa, propriété de la famille de Marlon Brando et en partenariat avec le prestigieux hôtel « The Brando ».

Te mana o te moana crée des supports éducatifs et propose des programmes pédagogiques aux écoles polynésiennes, avec plus de 120 000 enfants accueillis à ce jour, tout en développant des réseaux participatifs alliant science, nature et culture. Les premiers droits d'auteur versés ont été utilisés pour la création d'un livret de production d'œuvres des élèves ainsi que pour le soutien du projet « Mana Honu, stop aux dégâts du plastique », en partenariat avec la Fondation Prince Albert II de Monaco. Les droits d'auteur suivants contribuent au fonctionnement direct du centre de soins pour tortues marines.

Vous pouvez retrouver tous ces projets sur le site web de l'association : **www.temanaotemoana.org**

Décollage d'Atlantis depuis Cap Canaveral – mission STS-66 de Jean-François Clervoy dédiée à l'étude de l'atmosphère. © Nasa

PREMIÈRE PARTIE

L'EXPÉRIENCE SPATIALE

Devenir astronaute

Jean-François Clervoy, à quel moment avez-vous envisagé de devenir astronaute ? Et comment s'est déroulé votre parcours vers ce métier ?

J'ai rêvé d'aller dans l'espace dès mon enfance : à la fois au sens propre, la nuit en dormant, et au sens figuré, quand j'assistais aux missions Apollo vers la Lune et que notre professeur affirmait que nous, les enfants de CM2, pourrions acheter un billet pour y passer un week-end ou des vacances lorsque nous serions adultes. Cet enseignant nous disait que le progrès technologique avançait si vite que le vol spatial se développerait encore plus rapidement que l'aviation, laquelle n'avait mis que quelques décennies pour arriver au stade du transport aérien généralisé. Effectivement, douze ans seulement avaient séparé le lancement du premier satellite artificiel, Spoutnik, et les pas de Neil Armstrong et de Buzz Aldrin sur la Lune. J'ai donc grandi en me disant que j'irais dans l'espace à l'âge adulte. Je ne rêvais pas d'être astronaute au sens d'en faire un métier, je voulais plutôt voyager par loisir dans le cosmos, pour jouer en apesanteur et regarder la Terre de très haut. L'idée d'en faire ma profession m'est venue bien plus tard. Mais j'ai toujours pensé que je volerais d'une manière ou d'une autre un jour. Il était impensable que je ne le fasse pas dans cet univers de mon enfance où des machines volantes sillonnaient les airs, où l'on pouvait piloter des engins à distance, où des hommes voyageaient dans des vaisseaux spatiaux et se posaient sur la Lune. Je bénéficiais aussi de l'influence de mon père, qui était pilote de chasse. Dès que des opportunités de voler en avion ou de faire du parachutisme se sont présentées, je les ai saisies. Dès que j'ai pu piloter des machines, même si ce n'était que des avions télécommandés, je l'ai fait. L'aéromodélisme était pour moi une façon de se téléporter, peut-être pas avec le corps mais avec l'esprit. Ce concept me vient de la série *Star Trek*, qui me fascinait lorsque j'étais jeune adolescent.

Quelles études avez-vous alors suivies dans la logique de cette conviction qui vous habitait ?

Ayant été reçu à l'École polytechnique, j'ai eu la chance de pouvoir reporter de quelques années le moment où il fallait vraiment choisir sa voie. Car en terminale j'hésitais toujours entre les métiers de médecin, d'architecte, de pilote ou d'ingénieur, et toutes ces filières restaient possibles après Polytechnique. Cette école dispense un enseignement théorique fascinant et de très haut niveau grâce aux plus grands professeurs de mathématiques, de physique et de chimie. Pour ceux qui ne se destinent pas à la recherche, une formation complémentaire classique est ensuite nécessaire. J'ai choisi Sup'Aéro, devenue aujourd'hui ISAE-SUPAERO, pour deux raisons : tout d'abord, j'allais y apprendre comment on conçoit, fabrique et met en œuvre ces machines qui volent : les avions, les fusées ou les satellites ; et aussi parce que j'avais un classement qui me permettait de choisir dès la fin de Polytechnique, avant même de commencer Sup'Aéro, un poste au sein du Centre national d'études spatiales, le Cnes, que j'occuperais directement après cette école d'application. Je n'ai donc curieusement jamais passé d'entretien d'embauche, ce qui n'est pas commun. Au contraire, ce sont les directeurs du Cnes qui m'ont vanté leurs domaines respectifs pour espérer me recevoir dans leur équipe.

Quel a été votre premier parcours professionnel ?

Sitôt fini mes études à Sup'Aéro à Toulouse, j'ai donc été détaché au Cnes. J'avais en moi l'idée de prolonger cette passion pour l'aéromodélisme d'une manière professionnelle et dans une dimension supérieure, celle de l'espace, pour piloter à distance des sondes interplanétaires. C'était vraiment ce que je voulais faire : devenir celui qui télécommande ces sondes. À Sup'Aéro, j'ai choisi de me former à la conception de l'intelligence embarquée dans les avions, les fusées et les satellites. Ce qui m'intéressait était en quelque sorte la partie pensante placée dans les machines volantes, leur cerveau en somme, qu'on appelle l'avionique pour un avion. Ma spécialité a été le contrôle automatique du processus de décision et de commande appliqué à ces machines. En entrant au Cnes, j'ai donc naturellement choisi la branche où l'on s'occupait du système de contrôle d'attitude et d'orbite de satellites. Le premier projet sur lequel on m'a placé a été celui de la sonde franco-soviétique *Vega* – *Ve* pour *Venera*, Vénus en russe, et *Ga* pour *Galleia*, Halley en russe –, destinée à étudier la planète Vénus puis la comète de Halley. On ne m'a pas chargé du système de pilotage, car il était déjà conçu, mais du système de contrôle d'une caméra française embarquée sur cette sonde, dont l'électronique était tchèque. Or, quand on commandait l'ouverture du cache qui était devant cette caméra pour la protéger du Soleil, l'obturateur ne s'ouvrait pas. Inspiré par ma thèse à Polytechnique sur l'étude mécanique de l'impact balle-raquette au tennis – un tel sujet ne s'invente pas ! –, j'ai proposé de faire un film à plusieurs milliers d'images par seconde pour comprendre l'origine du problème. Grâce à lui, nous avons constaté qu'en fait l'obturateur s'ouvrait complètement jusqu'en butée, mais qu'il la frappait si violemment qu'il rebondissait et se refermait. C'était imperceptible à l'œil nu. Nous avons alors modifié l'électronique pour que la commande de l'électroaimant ouvrant puis collant le cache ne soit pas aussi violente. Puis, j'ai travaillé sur le système de pilotage en mode survie du satellite *Spot*. Ainsi, j'ai été complètement dans mon élément dès cette première année de vie active au Cnes à Toulouse, au département « Automatismes et stabilisation de satellites ».

C'est alors que s'est présentée la première opportunité de devenir astronaute ?

J'étais arrivé au Cnes à l'âge de 24 ans au cours de l'été 1983. Un an plus tard, un appel à candidatures a été lancé pour former le premier corps d'astronautes du Cnes. C'était en fait la deuxième sélection d'astronautes français. Mais contrairement à la première qui était destinée à une mission spatiale déjà définie, il s'agissait cette fois d'identifier un groupe de personnes qui resteraient dans leur laboratoire ou organisation d'origine et à qui on pourrait faire appel en fonction de leur domaine de compétences lorsqu'une nouvelle mission serait décidée. Je me suis dit que c'était pour moi !

J'avais un côté un peu aventurier, j'aimais le pilotage, j'avais tous mes brevets de parachutisme, et mes collègues qui me trouvaient fait pour ce métier étaient sûrs que je serais sélectionné ! Je suis donc allé chercher au bureau en charge de cette sélection d'astronaute le formulaire d'une page qui était la première entrée en matière du processus. J'étais tellement excité à la lecture de ce papier en sortant du bureau de la secrétaire que j'ai traversé le hall sans voir que la porte vitrée était fermée, car ses autocollants de signalisation avaient été enlevés pour nettoyage. Ma tête baissée sur le formulaire a heurté violemment la vitre, j'ai saigné abondamment du nez et suis retourné aussitôt vers la secrétaire pour demander de l'aide. En voyant son regard horrifié, je me suis dit que j'avais dû me faire vraiment mal ! J'en ai toujours gardé une légère bosse sur le nez. C'est donc ainsi qu'a commencé ma carrière d'astronaute en 1984, par cette candidature à la sélection du deuxième groupe d'astronautes français.

Donnez-nous des détails à propos de cette sélection.

Le formulaire initial permettait d'identifier des profils *a priori* intéressants. Nous avons reçu ensuite un dossier plus détaillé d'une vingtaine de pages à retourner. Puis nous avons été convoqués pour un examen médical simplifié. Si tout était concluant, nous passions ensuite des tests psychologiques de caractérisation de la personnalité, des tests psychotechniques de raisonnement, de mémorisation, de rapidité de compréhension, puis des tests psychomoteurs d'évaluation de l'aptitude aux tâches de pilotage. Si tout était correct, nous subissions ensuite une visite médicale extrêmement poussée, réservée à la soixantaine de candidats restants en lice parmi les 600 ou 700 au départ. Elle a duré une semaine. Nous avons été examinés sous toutes les coutures. J'ai beaucoup appris sur la physiologie et le fonctionnement du corps humain à cette occasion. Le psychiatre avec lequel j'ai eu un entretien m'a dit à la fin de celui-ci : « Vous avez un protocole riche mais complexe. » Je n'ai pas trop compris ce qu'il avait voulu dire, mais il a ajouté : « *A priori*, c'est bon. »

Après cette visite médicale, nous étions encore une trentaine de candidats. Nous avons alors subi des tests dits « physiologiques spéciaux », qui ne se pratiquent plus aujourd'hui. Ils coûtaient très cher, parce qu'ils mettaient en œuvre du matériel lourd comme la centrifugeuse, la chambre d'altitude, la table basculante. Au cours de ces épreuves, nous étions soumis à des environnements extrêmes caractérisés, par exemple, par des pressions atmosphériques très basses ou des accélérations élevées jusqu'à dix fois celle de la pesanteur. Comme j'étais un grand fana des manèges de foire depuis mon enfance, je me suis régalé avec ces tests, où j'étais très à l'aise ! Je me souviens de l'expérience redoutée du tabouret tournant, que l'on appelle souvent « le test du vomissement ». On est assis sur un tabouret qui tourne à trente tours par minute. Toutes les deux minutes, il change de sens de rotation. Toutes les cinq secondes, un bip nous commande de basculer la tête en avant pour aller presser avec le front un interrupteur entre les genoux puis, cinq secondes plus tard, de nous redresser pour aller presser avec l'arrière de la tête un autre interrupteur au niveau du dossier. Cela dure huit minutes, et il faut garder le contrôle de soi. Avant de passer ce test, je m'étais entraîné dans un jardin public à Toulouse sur un tourniquet au milieu duquel je m'asseyais en tailleur et qu'un collègue faisait tourner à la bonne vitesse. Un autre me donnait des bips toutes les cinq secondes en regardant la trotteuse de sa montre. J'avais ainsi développé à l'avance une technique pour réaliser au mieux cette épreuve en perturbant le moins possible mon oreille interne, qui était le système véritablement mis à l'épreuve ici. Cela a impressionné le médecin présent lors du test, qui m'a dit « Vous n'avez même pas de pâleur ni de transpiration. C'est incroyable ! », alors que des collègues pilotes de chasse ou marins étaient malades sur ce tabouret tournant.

À la fin de ces tests, j'ai été déclaré apte, et nous restions une vingtaine de candidats à avoir réussi toutes les étapes de la sélection. Ce fut alors l'entretien final devant un jury composé de directeurs du Cnes, de Jean-Loup Chrétien, en tant qu'astronaute expérimenté, et des responsables de la sélection. Ils m'ont posé des questions en tout genre, parfois techniques, parfois anodines, certaines avec des pièges, sur ma motivation à être astronaute et mes centres d'intérêt notamment.

Et finalement, en juillet 1985, j'avais 26 ans quand le directeur général du Cnes a convoqué les candidats astronautes retenus. Tout d'abord, les quatre scientifiques destinés *a priori* à voler à bord de la navette spatiale américaine : Claudie Haigneré, médecin rhumatologue, Frédéric Patat, polytechnicien et médecin, Jean-Jacques Favier, docteur en physique des matériaux, et Michel Viso, vétérinaire et biologiste. Puis les quatre sélectionnés dans la catégorie ingénieur de bord, c'est-à-dire les opérationnels destinés plutôt à voler avec les Soviétiques : Jean-Pierre Haigneré, Michel Tognini, Bruno Gaillard et moi-même. Les trois autres me regardaient un peu de travers, car j'étais simple pilote privé et beaucoup plus jeune qu'eux. Ils étaient tous les trois pilotes de chasse, dont deux pilotes d'essai. Il a fallu attendre encore deux mois le résultat définitif. En septembre, la sélection de Bruno Gaillard a été suspendue en attendant, d'une part, qu'il obtienne une qualification de pilote d'essai et, d'autre part, que les missions à venir justifient ou non de le confirmer. Voilà comment je suis devenu astronaute à 26 ans, un âge record en Europe et presque dans le monde. Je crois qu'il n'y a que chez les Russes que des astronautes ont été sélectionnés plus jeunes.

Décrivez-nous les étapes initiales de votre formation d'astronaute.

Juste après notre sélection, nous avons été tous les sept invités à plusieurs événements pour nous impliquer dans notre futur métier d'astronaute, comme la réunion du comité scientifique du Cnes qui décide des grandes orientations et des programmes scientifiques des années à venir, et qui présente les résultats des missions spatiales et des vols paraboliques. Nous avons aussi rencontré l'équipage de la mission Spacelab D1, vol financé par l'Allemagne avec deux astronautes allemands, Ernst Messerschmid et Reinhard Furrer, et un astronaute de l'ESA, Wubbo Ockels. Cela nous a fait côtoyer pour la première fois des collègues revenant tout juste d'une mission spatiale. Nous avons participé aussi à une réunion de tous les industriels européens intéressés par le programme *Hermès* organisée par l'ESA et le Cnes. Nous avons donc vite été plongés dans le milieu du vol habité et dans un programme européen concret. Et même si nous avions été sélectionnés pour voler avec les Américains ou avec les Soviétiques, nous savions qu'il y aurait quelque chose à faire aussi en Europe.

Au même moment, une deuxième mission franco-soviétique se préparait pour l'automne 1988. Les Russes avaient demandé que soient nommés au printemps 1986 au plus tard les deux astronautes français qui seraient envoyés à la Cité des étoiles, près de Moscou, pour se préparer à cette mission dès l'automne 1986. Le Cnes a donc eu pour la première fois l'occasion de choisir dans son groupe des personnes pressenties pour s'entraîner pour cette mission, nommée Aragatz. C'était un vol vers la station Mir alors que le précédent, celui de Jean-Loup Chrétien en 1982, avait rejoint la station Saliout 7.

C'est là que pour la première fois vous avez été présélectionné pour une mission spatiale ?

Le Cnes a annoncé qu'il avait présélectionné Michel Tognini et moi-même pour suivre un stage intensif de russe afin de nous présenter aux Soviétiques en même temps que Jean-Loup Chrétien au printemps, et d'envoyer deux personnes à l'entraînement à la fin de l'été. De février à mai, quasiment à plein temps, Michel Tognini et moi avons passé six à huit heures par jour en compagnie de trois à quatre professeurs de russe qui se succédaient toutes les deux heures. Nous avons d'abord appris les bases de la langue – la prononciation et l'écriture –, puis sa pratique dans la vie quotidienne, la grammaire, la syntaxe, la culture russe, et enfin des textes d'auteurs comme Tchekhov, Gorki, Tolstoï, etc. Au bout d'un mois intensif, nous avons commencé des cours de mathématiques, de physique, de chimie et d'ingénierie en russe afin de développer un langage à caractère technique. À l'issue de ce stage, le Cnes a annoncé son choix de m'envoyer suivre l'entraînement avec Jean-Loup Chrétien, souhaitant apparemment qu'un ingénieur en astronautique fasse partie de cette mission. Jean-Loup Chrétien, lui, me voyait clairement comme une menace, parce que j'étais ingénieur et polytechnicien et qu'à ce moment-là, le Cnes était dirigé par beaucoup de polytechniciens. Lors de la « pré-visite » médicale organisée par les Français avant présentation des astronautes aux Soviétiques, Michel Tognini a été mis en réserve et j'ai donc été proposé avec Jean-Loup.

Mais vous avez alors essuyé une déception. Puis, sans attendre, vous avez choisi de compléter votre formation pour être encore mieux armé pour une prochaine opportunité ?

Nous avons donc été présentés aux experts soviétiques, mais ces derniers ont fait un choix inverse de celui proposé par les Français : ils m'ont trouvé un motif de disqualification médicale et ont « ressuscité » l'aptitude médicale de Michel Tognini. Il y a sans doute eu derrière cela des discussions. Jean-Loup Chrétien a probablement influencé les Soviétiques en disant qu'il souhaitait que Michel Tognini soit retenu, puisque traditionnellement on demande toujours au titulaire son avis pour la doublure. Michel Tognini a donc été officiellement choisi avec Jean-Loup Chrétien pour s'entraîner pendant deux ans à la mission Aragatz. C'est à ce moment-là que Jean-Loup, soutenu par le Cnes, a négocié avec le centre d'essais en vol de m'accepter dans la prochaine promotion de l'École du personnel navigant d'essai et de réception, l'EPNER, qui démarrait en septembre 1986. J'y suivrais un stage d'ingénieur navigant d'essai qui me donnerait une expérience professionnelle dans le domaine des essais en vol, ce qui me serait certainement utile dans le métier d'astronaute. *A posteriori*, je le confirme, puisque cela apprend à conduire des opérations et des essais tout en verbalisant ce qu'on est en train de faire pour que l'entourage à bord ou au sol en écoute radio suive de près l'évolution du vol. Le travail d'astronaute est justement celui d'un opérateur en liaison avec le centre de contrôle des vols spatiaux. Malgré la déception de ne pas partir pour un entraînement en URSS, je me suis engagé à fond dans cette formation passionnante. Pour les essais en vol, nous étions regroupés par équipes de deux ou trois comportant au minimum un pilote d'essai associé à un ingénieur navigant d'essai ou parfois un expérimentateur navigant d'essai. Les équipiers changeaient chaque trimestre. Nous suivions des cours théoriques, des démonstrations en vol, des préparations aux essais. Puis nous avons réalisé nous-mêmes des essais en vol avec nos coéquipiers à bord de toutes sortes d'avions. Je devais conduire ces vols en donnant les bonnes instructions au pilote que j'accompagnais dans l'aéronef et noter les paramètres pendant la mission. Les essais concernaient les performances aérodynamiques et propulsives, les commandes de vol, etc.

Au final, à l'École polytechnique, j'avais reçu une solide formation scientifique, l'équivalent niveau master en maths-physique-chimie ; à Sup'Aéro, j'avais suivi une solide formation technique d'ingénieur, très concrète ; et enfin, à l'EPNER, j'ai acquis une solide formation opérationnelle d'expert en essais en vol ; devant choisir un mémoire de fin d'études lors de cette dernière étape, j'ai eu l'idée de proposer comme sujet les vols paraboliques. J'en connaissais le principe et avais visionné plusieurs reportages, notamment pendant mes cours de russe. C'est une activité située à la fois dans le domaine aéronautique et dans le domaine astronautique, puisqu'il s'agit de vols en avion qui servent à la recherche en apesanteur et à tester du matériel spatial. Je ne pouvais pas trouver meilleur sujet, car je touchais ainsi mon futur environnement en tant qu'astronaute.

C'est alors que vous avez débuté ce qui deviendra le deuxième grand volet de votre carrière professionnelle : les vols paraboliques. Nous en reparlerons plus loin dans ce livre, mais dites-nous ce qui vous a amené à ce programme.

Un jour, Jean-Pierre Haigneré, qui volait régulièrement pour maintenir sa qualification de pilote d'essai, s'est posé à Istres où j'étais en stage, et nous sommes allés boire un verre ensemble. Quand je l'ai informé que mon sujet de mémoire traitait du vol parabolique, il s'est montré très intéressé. Il m'a parlé d'une Caravelle du Centre d'essais en vol de Brétigny-sur-Orge qui allait être ferraillée si on ne lui trouvait pas une nouvelle utilisation. Le dernier programme d'essais auquel elle était affectée se terminait, et nous avons pensé qu'un programme de vols paraboliques en Europe pourrait lui donner une nouvelle vie, en utilisant les compétences que j'avais développées à l'EPNER. Un tel projet l'intéressait aussi en tant que pilote d'essai et astronaute. À l'issue de mon stage, nous sommes donc allés voir le directeur général du Cnes, qui nous a donné carte blanche, à condition que nous arrivions à convaincre les responsables des programmes scientifiques de vol parabolique de l'ESA et du DLR d'arrêter de voler sur l'avion américain, et de lui préférer l'avion européen si on parvenait à qualifier la Caravelle. Nous les avons rencontrés et ils nous ont donné leur accord, même s'ils regrettaient un peu à l'avance de ne plus faire de missions exotiques au Texas ! C'est comme cela qu'avec Jean-Pierre, nous avons démarré ce programme, lui comme pilote d'essai attitré et moi détaché à mi-temps au Centre d'essais en vol comme chef ingénieur. Les essais en vol parabolique ont débuté en 1988.

Puis vous avez été impliqué pour la première fois dans ce qui était le vif de votre passion : *Hermès*, un programme européen de vol habité.

Au même moment, j'ai quitté mon ancien bureau du Cnes pour travailler en tant qu'astronaute sur le programme de la navette spatiale Hermès. Là, j'ai commencé à vivre une nouvelle aventure passionnante en participant à des essais d'interface homme-machine d'un tout nouveau vaisseau spatial, à des réunions techniques, programmatiques et de conception de projets. Il fallait tout décider : ce qu'on allait faire, dans quel ordre, le rôle qu'auraient les astronautes à bord de cette navette, ce qui serait automatique ou manuel dans le pilotage, le rôle que jouerait le centre de contrôle… L'ESA a fait aussi appel à deux astronautes du programme Skylab : Jack Lousma et Ed Gibson. C'était passionnant, pour les jeunes astronautes comme nous qui n'avions pas l'expérience du vol spatial, de les rencontrer quotidiennement et d'échanger avec eux. Dans la même période, j'ai effectué plusieurs stages accélérés de plongée sous-marine opérationnelle. J'ai été initié et formé aux plongées profondes, aux travaux sous-marins, au respirateur recycleur à oxygène pur, y compris une expérience volontaire de narcose à 80 mètres en caisson hyperbare !

Un projet de saut à très haute altitude connexe au programme *Hermès* vous a alors fait rêver de sauter en parachute depuis la stratosphère ?

Un appel à candidatures avait été publié dans la presse à cette époque pour établir un record du monde de saut en parachute depuis l'altitude de 38 km. Il s'agissait du programme *S 38*, proposé initialement par un cascadeur français au ministre de la Défense. La DGA a été chargée de gérer ce programme et a lancé une sélection à caractère médical, psychologique et psychomoteur, exactement comme pour une sélection d'astronautes. Comme j'avais tous mes brevets de parachutisme, je me suis porté candidat. Jean-Pierre Haigneré a essayé de m'en dissuader. Voyant que je persistais, il a tenté de convaincre le chef du programme *Hermès* de ne pas me laisser partir, probablement parce qu'il y voyait une avance d'expérience que j'aurais acquise par rapport à lui. Nous étions dans une sorte de compétition larvée, et ceux qui possédaient un ego plus fort que d'autres ou qui étaient plus ambitieux avaient la volonté d'être premier. Il a finalement posé sa candidature au tout dernier moment. Le Cnes s'est montré intéressé par ce saut, car à l'époque on envisageait pour la navette Hermès des sièges éjectables encapsulés utilisables à très haute altitude. Or on n'avait aucune expérience du comportement d'un corps humain en chute libre à des altitudes supérieures à 10 ou 12 km. Et là, il s'agissait de sauter d'une altitude stratosphérique où la pression était quasi nulle – c'était véritablement comme effectuer une sortie spatiale dans le vide. J'ai été retenu parmi les cinq candidats finalistes. Lors du Salon du Bourget de 1987, j'ai parlé de mon fantasme de rentrer à pied de l'espace que permettrait ce genre de saut. Il aurait été l'occasion d'un quadruple record : altitude de ballon habité, altitude de saut, temps de chute libre et vitesse de chute, en l'occurrence supersonique. Mais finalement en 1988, suite à la réélection du président Mitterrand, le nouveau ministre de la Défense a décidé d'arrêter le projet de son prédécesseur, alors que nous avions déjà effectué un essai en conditions réelles avec un mannequin et que nous n'étions plus qu'à deux à trois mois de le faire en réel.

Une deuxième déconvenue donc... Mais vous avez poursuivi votre investissement dans des activités qui étaient au cœur du vol spatial habité, dans le cadre du programme *Hermès* ou d'autres développements technologiques.

De 1988 à 1992, mes activités se sont partagées pour moitié dans les vols paraboliques au service des scientifiques européens et pour moitié dans le programme *Hermès* en participant à des essais en vol en tant qu'ingénieur navigant d'essai. J'ai monté, par exemple, un essai en vol sur un Mystère 20 pour valider la capacité du pilote à atterrir sans voir la piste devant lui à travers le pare-brise. Car la navette Hermès devait avoir un nez suffisamment allongé pour empêcher le verre de fondre lors de la rentrée atmosphérique, et cela empêchait le pilote d'apercevoir la piste au moment de l'arrondi final de l'atterrissage. Il fallait donc mettre une caméra dans la trappe du train avant d'Hermès et faire apparaître la piste sur un écran, en continuité de ce qui était visible par les hublots devant soi.

On m'a sollicité pour beaucoup de tests passionnants sur le projet *Hermès*. Équipé d'une combinaison à pression partielle gonflée, j'ai testé des interfaces homme-machine dans différents types de cockpits pour étudier l'accessibilité et la tactilité des interrupteurs et des commandes. J'ai testé un concept de scaphandre spatial travaillant de concert avec un bras robotique commandé par ma voix plutôt que par un autre opérateur, ce qui épargne le temps d'un deuxième membre d'équipage dédié au pilotage du robot. Un autre projet fut le développement, avec les sociétés Comex et Dassault, d'un scaphandre d'entraînement subaquatique imitant mieux l'environnement d'apesanteur que les scaphandres utilisés en piscine pour la préparation des sorties dans l'espace. Vingt-cinq ans plus tard, j'ai revêtu à nouveau ce scaphandre légèrement modifié pour simuler les sorties sur la surface lunaire en rejouant le scénario d'Apollo 11 sur le fond marin au large de Marseille. En marge d'*Hermès*, j'ai aussi participé à des essais de rendez-vous spatial pour mettre au point les concepts de cible, de méthode d'approche, de visualisation, et je pratiquais tout ça avec l'état d'esprit d'ingénieur navigant d'essai que j'avais acquis à l'EPNER. C'était passionnant. À cette époque, bien que je n'eus pas de vol spatial en vue, j'étais impliqué dans de nombreuses activités qui étaient vraiment au cœur des vols habités.

Et dans le même temps, vous pratiquiez aussi des activités aéronautiques dans le cadre de vos loisirs.

Grâce à mon brevet de pilote privé, je faisais des voyages en France accompagné de ma femme Laurence. Par ailleurs, avec deux collègues et amis du programme *Hermès*, nous avons participé à trois rallyes aériens en avion d'aéroclub. L'un d'entre nous était très ordonné, très organisé dans l'équipage, l'autre avait une très grande expérience du pilotage de précision. Moi, j'apportais mon expérience de la gestion d'un vol à la manière des essais en vol en en planifiant les différentes étapes pour être sûr de bien réaliser les épreuves de précision d'atterrissage, d'évaluation du carburant consommé, de navigation, de maniabilité. Faire un virage, par exemple, de 360 degrés en exactement une minute, sachant que chaque seconde en plus ou en moins était des points perdus. Nous avons fait un rallye vers les Canaries en suivant les routes de l'Aéropostale vers Tarfaya Cap Juby – ce fut très émouvant – ; un rallye au-dessus des pays de l'Europe de l'Est, qui venaient d'ouvrir leurs couloirs aériens, le circuit Galilée ; et puis le rallye Clément Ader, un tour de France. Nous les avons gagnés tous les trois. C'était l'illustration d'un travail d'équipe bien coordonné où chacun amène sa compétence.

Une nouvelle sélection d'astronautes a alors été lancée en Europe...

En 1991, l'ESA a lancé un appel à candidatures pour constituer son deuxième groupe d'astronautes européens et a demandé à ses pays membres – douze à l'époque – de proposer cinq candidats chacun. Les pays qui n'avaient aucun astronaute ont alors organisé une sélection nationale, ceux comme l'Allemagne et la France ont choisi leurs cinq candidats dans leur corps d'astronautes existant. Je faisais ainsi partie des cinq candidats français proposés par le Cnes à l'ESA. Nous nous sommes retrouvés soixante à démarrer la sélection, en partant de zéro à nouveau dans le processus. Et finalement, en mai 1992, l'ESA a annoncé avoir sélectionné six astronautes : un pilote de chasse allemand, Thomas Reiter; un ingénieur espagnol du centre de contrôle de l'ESA, Pedro Duque; un scientifique suédois spécialisé en physique nucléaire, Christer Fuglesang; un pilote d'essai italien, Maurizio Cheli; une femme médecin et pilote de ligne, Marianne Merchez; et moi-même. C'est ainsi que j'ai rejoint le corps des astronautes de l'ESA le 1er juin 1992.

Immédiatement après cette sélection, vous êtes parti pour Houston afin de débuter votre entraînement à la Nasa.

En effet, dans le cadre du programme de la station spatiale internationale, la Nasa avait invité les agences spatiales européenne, canadienne et japonaise à leur détacher un ou deux astronautes qui seraient intégrés dans le groupe que la Nasa prévoyait de sélectionner en 1992. C'était pour les entraîner, les qualifier et les assigner en vol en tant que spécialistes de mission au même titre que les Américains. Le but était de permettre à ces agences partenaires de disposer d'astronautes professionnels expérimentés qui contribueraient plus tard aux premiers vols d'assemblage et d'exploitation de la station spatiale. Je suis ainsi arrivé à la Nasa début juillet 1992 pour passer quelques examens psychologiques et physiologiques complémentaires exigés par l'agence américaine pour tous les candidats sélectionnés. Après quelques interrogations sur des anomalies de mon rythme cardiaque, un pouls très lent, j'ai finalement été déclaré apte pour intégrer le groupe 14 de la Nasa. Nous étions 24, dont 19 Américains, 2 Européens – un Italien et un Français –, 2 Canadiens et 1 Japonais. Dan Brandenstein, le chef du bureau des astronautes, nous a rassemblés lors de notre arrivée officielle. Il nous a fait comprendre ce qui nous attendait en précisant que si nous ne faisions pas de bêtise, nous irions tous dans l'espace et qu'aucune différence de traitement ne serait faite entre les internationaux et les Américains. Notre performance et notre comportement seraient pris en compte pour définir l'ordre de nomination aux vols. Nous avons vainement tenté de nous surnommer la *Dream Team*. Les anciens nous ont prévenus que d'autres se chargeraient de nous trouver un nom de promotion différent si nous insistions sur un terme trop flatteur ! Lors du dîner officiel de notre visite au centre Kennedy, certains ont trop bu et se sont mal tenus à table. Notre surnom s'est naturellement imposé : les *Hogs*, les « petits porcs ». Nous avons débuté l'entraînement dès août 1992. Il était composé de trois grandes catégories d'activités. Tout d'abord les *field trips*, c'est-à-dire les déplacements pour visiter différents centres spatiaux comme le siège de la Nasa à Washington DC, les centres Kennedy à Cap Canaveral, Ames et JPL en Californie, Marshall en Alabama, Lewis dans l'Ohio. Puis les cours théoriques sur les divers systèmes de navette spatiale, toujours donnés par trois intervenants qui se succédaient : un ingénieur spécialiste qui expliquait l'historique de la conception d'un système donné ; un astronaute qui l'avait déjà utilisé ; et un instructeur qui avait développé le manuel d'apprentissage et enseignait de manière pédagogique le fonctionnement et l'utilisation du système. Enfin, le troisième volet de l'entraînement consistait en séances de travail dans les divers simulateurs.

Parallèlement à l'entraînement au vol spatial, la Nasa maintenait le sens aérien des astronautes en qualifiant les spécialistes de mission comme copilotes sur le T38, et les pilotes de la navette comme commandants sur ce même avion. Le T38 est un biréacteur supersonique biplace d'entraînement au combat aérien pour l'armée de l'air américaine, l'équivalent de l'Alpha jet chez nous en France à l'époque. La Nasa disposait d'une quarantaine de T38 pour nous exercer à de vraies activités aériennes comme la voltige, le vol en patrouille, la simulation des approches de la navette spatiale. Ils servaient aussi à nos déplacements professionnels lorsque nous rejoignions les divers sites d'entraînement. Les astronautes spécialistes de mission comme moi devaient cumuler 200 heures de vol sur T38 en deux ans. Puis il fallait faire au moins 50 heures de vol par an pour garder la qualification de copilote opérationnel sur cette machine. Typiquement, l'astronaute spécialiste de mission était assis à l'arrière. Il ne faisait ni décoller ni atterrir l'avion, mais une fois en vol et jusqu'à quelques instants avant l'atterrissage, il pouvait tout faire : piloter, faire la navigation, gérer les instruments et la radio. Je reparlerai plus loin des vols mémorables en T38 que j'ai faits avec John Young.

Nous avons suivi aussi la formation de plongée exigée par la Nasa avant de pouvoir nous entraîner aux sorties extravéhiculaires qui se font en piscine dans des scaphandres spatiaux réformés mais toujours étanches. C'est la meilleure méthode d'entraînement, inaugurée jadis par Buzz Aldrin pour s'entraîner aux tâches des sorties dans l'espace en vue de sa mission Gemini 12, préalable à sa mission sur la Lune d'Apollo 11. On flotte sous l'eau à mi-profondeur en évoluant autour de maquettes immergées qui imitent en grandeur réelle la forme et les détails de nos vaisseaux.

Une fois l'entraînement de base au métier d'astronaute terminé, nous étions éligibles pour le vol spatial. En attendant la nomination pour une mission, nous nous retrouvions affectés à diverses tâches techniques de soutien au programme de vols habités. Puis arrivaient les différentes sessions d'entraînement avancé, plutôt intensives, où l'on acquerrait à tour de rôle les qualifications spécialisées du rendez-vous spatial, des activités extravéhiculaires en scaphandre, ou du pilotage du bras robotique de la navette. C'est la même chose actuellement pour la station spatiale. Les astronautes qui ne suivaient pas certains de ces entraînements avancés ne pouvaient pas exercer les fonctions qui y étaient associées. Dans ma promotion, certains astronautes n'ont pas été qualifiés pour le rendez-vous, la manipulation du bras robotique ou les sorties extravéhiculaires, mais cela ne les a pas empêchés de participer à une mission spatiale. Personnellement, j'ai été le premier du groupe à être qualifié pour le pilotage du bras robotique, dont je me suis servi lors de mon premier vol. Puis j'ai obtenu les deux autres qualifications avant ma deuxième mission, dont j'étais, entre autres, le commandant de la charge utile, l'ingénieur navigant pour le rendez-vous spatial avec la station russe Mir et le chef des sorties extravéhiculaires qui pourraient s'avérer nécessaires selon les aléas rencontrés dans l'espace.

Et finalement, une fois affecté à un vol spatial, l'entraînement dit « de mission » débutait avec des séances en simulateur spécifiques à la mission.

En quoi la sélection n'est-elle que la première marche vers la fonction d'astronaute ?

Il y a deux catégories de sélections : celles qui ont lieu pour composer l'équipage d'une mission spatiale déjà identifiée, dans ce cas lorsqu'un candidat est retenu, il sait qu'il a une vraie chance de voler dans l'espace ; et celles dont le but est de constituer un groupe d'astronautes formés et éligibles pour le vol spatial, qui seront affectés à tour de rôle à des missions au fur et à mesure qu'elles se présenteront.

On peut également identifier deux sous-catégories de sélections, selon qu'elles sont organisées par des agences spatiales, donc sur des fonds publics – c'est le cas le plus fréquent –, ou par des groupes privés. La plupart des sélections financées sur fonds privés concernent des missions identifiées, mais pas toujours. Par exemple, le groupe Mercury 13 fut constitué de treize femmes astronautes sélectionnées à l'initiative d'une association privée pour le programme Mercury ; mais la Nasa ne reconnut jamais officiellement cette association, et ces femmes ne volèrent pas, sauf Wally Funk tout récemment lors d'un vol suborbital. Une initiative privée similaire, *Die Astronautin*, fut initiée en Allemagne par l'ingénieure Claudia Kessler pour constituer un groupe de onze femmes astronautes allemandes officiellement reconnu, afin qu'une d'entre elles soit affectée à une mission ou au corps des astronautes européens. Car, à ce jour, il y a eu une Française, une Italienne et une

Britannique dans l'espace, mais aucune femme parmi les onze astronautes allemands qui ont volé !

Traditionnellement, quand on a besoin d'un astronaute pour une mission identifiée, on en sélectionne deux pour s'assurer qu'en cas de problème avec le titulaire, il y aura toujours une doublure. Parfois, le choix de celui qui sera titulaire et de celui qui sera suppléant est fait tardivement. Jean-Loup Chrétien et Patrick Baudry, par exemple, furent sélectionnés en 1980 pour une mission spatiale qui eut lieu en juin 1982, mais c'est seulement après un an d'entraînement que Jean-Loup Chrétien, le plus âgé dans le grade le plus élevé, fut nommé titulaire et Patrick Baudry doublure. Dans ce cas, pour garder la motivation du suppléant, on s'efforce toujours de lui trouver une mission dans les années qui suivent, et le plus souvent il vole effectivement dans l'espace. Un cas extrême a été celui de l'Américaine Barbara Morgan, la doublure de l'institutrice Christa McAuliffe que la Nasa sélectionna pour voler à bord de la navette Challenger en 1986. Au milieu des années 1990, soit plus de dix ans après l'accident de Challenger, elle intégra un groupe d'astronautes professionnels en tant que spécialiste de mission. N'ayant pas fait d'études poussées en sciences, techniques et mathématiques comme ses collègues, elle a dû beaucoup travailler pour gagner ses galons et a finalement volé dans l'espace à bord de la navette spatiale non pas comme passagère, mais bien comme astronaute professionnelle.

La sélection d'un groupe d'astronautes évite d'organiser une sélection pour chaque mission décidée, car ce serait un processus continu et très lourd. Tous les candidats retenus sont entraînés ensemble et obtiennent la qualification d'astronaute qui les rend éligibles pour le vol spatial. Lorsque des missions se présentent, on en choisit un ou plusieurs parmi eux. C'est ce qu'a fait le Cnes pour sa deuxième sélection. Bien sûr, être sélectionné dans un groupe ne donne jamais la garantie de voler dans l'espace. Mais de nos jours, en fonction de l'agenda des vols spatiaux habités prévus pour les années à venir, les agences savent dimensionner assez précisément le nombre de candidats à retenir pour satisfaire ces vols, avec un peu de marge s'il faut remplacer un astronaute. Il y a donc eu des groupes où tous ont volé, en général même plusieurs fois, et des groupes où plusieurs n'ont jamais volé. La notion de suppléant a aussi évolué : aujourd'hui, pour les missions de longue durée à bord de l'ISS, lorsqu'un équipage est sélectionné, on désigne comme suppléant l'équipage titulaire du vol suivant. C'est assez logique puisque leurs missions se ressemblent beaucoup.

Être retenu au sein d'une promotion d'astronautes donne, bien sûr, plus de chances qu'à d'autres humains de voyager un jour dans le cosmos, mais je ne considère pas que l'on ait déjà un pied dans l'espace à ce moment-là. En ce qui me concerne, j'ai vraiment senti que c'était le cas le jour où j'ai été convoqué dans le bureau du chef des astronautes, qui m'a annoncé mon affectation à une mission concrète, connue et planifiée. Et j'ai senti que j'avais le deuxième pied dans l'espace le jour où les moteurs se sont allumés sur le pas de tir ! Pour donner une image, on peut dire qu'être sélectionné dans un nouveau groupe d'astronautes est la première marche qui conduit à l'espace, la seconde étant d'être affecté à une mission. Si c'est une sélection dédiée à une mission déjà décidée, c'est comme si on gravissait deux marches d'un seul coup. La troisième marche est atteinte lorsqu'on est dans la fusée sur le pas de tir et que les moteurs s'allument, à moins que ne survienne un problème technique à la dernière seconde, mais on sait qu'en principe ce n'est que partie remise de quelques jours ou semaines !

Quelles sont les principales raisons qui font qu'un astronaute, finalement, peut ne jamais voler dans l'espace ?

Dans les années 1960, plusieurs astronautes qui étaient pilotes d'avions à haute performance se sont tués dans des accidents à l'entraînement en vol ou au sol, avant d'avoir pu effectuer une mission dans l'espace. De nos jours, on ne déplore presque plus de tels accidents, mais l'entraînement comporte des risques, puisqu'on soumet les astronautes à des exercices dans des environnements aussi proches que possible du milieu spatial, comme la centrifugeuse, le bassin de plongée, la chambre à vide, les stages de survie, le vol en avion de chasse, etc.

Même si les exemples restent rares, un astronaute sélectionné peut perdre toute chance de voler à la suite d'un comportement inadapté lui valant des sanctions disciplinaires. En 1963, trois cosmonautes de la promotion de Gagarine furent renvoyés de leur groupe après avoir occasionné des troubles en état d'ébriété, perdant stupidement l'opportunité d'inscrire leur nom sur la liste des pionniers de la conquête spatiale. L'un d'entre eux avait pourtant été doublure pour des missions Vostok à plusieurs reprises.

Ce peut être aussi pour des raisons médicales. Dans le deuxième groupe d'astronautes français en 1985, un polytechnicien médecin perdit son aptitude médicale avant qu'un vol ne se présente pour lui. Mais les médecins font tout ce qu'ils peuvent pour maintenir l'aptitude d'un astronaute déjà sélectionné, quitte à déroger à certains critères qui l'auraient pourtant disqualifié définitivement avant sa sélection. On considère que quand on a investi sur un astronaute en l'entraînant à des missions futures, on a tout intérêt à sauvegarder son éligibilité pour le vol spatial.

Il y a également des raisons programmatiques, lorsqu'une agence abandonne un programme par exemple. Ce fut le cas du *Manned Orbiting Laboratory – MOL* – aux États-Unis, qui prévoyait une station orbitale habitée d'observation militaire et pour lequel dix-sept astronautes militaires avaient été sélectionnés. Seuls sept d'entre eux, comme Bob Crippen ou Charles Fullerton, furent reconvertis dans les activités civiles de la Nasa et volèrent à bord de la navette spatiale. Parfois, c'est juste une mission pour laquelle un astronaute a spécifiquement été sélectionné en raison de son domaine de compétences qui est abandonnée : l'un des astronautes du deuxième groupe français, le vétérinaire Michel Viso, retenu par le Cnes pour une mission à bord de la navette spatiale incluant des singes rhésus, n'a pas volé suite à son annulation ; et après l'accident de la navette Challenger, aucune autre mission ne s'est présentée pour lui.

Il peut y avoir des raisons politiques à l'origine du fait de ne pas voler dans l'espace. Le programme Apollo comportait initialement trois missions supplémentaires vers la Lune – Apollo 18, 19 et 20 –, pour lesquelles les fusées étaient construites et les modules de commande et lunaires très avancés. Mais au fil des missions, l'opinion publique s'était désintéressée du programme Apollo et contestait de plus en plus son coût. Confrontée par ailleurs à des choix budgétaires face au développement simultané et coûteux de la navette spatiale, l'administration américaine a décidé l'arrêt prématuré du programme. Cela contribua aussi à réduire à un seul vol spatial la carrière de plusieurs astronautes de l'époque comme Charlie Duke, Al Worden, Walter Cunningham et Rusty Swickaert.

Certains groupes d'astronautes connurent plus de non-volants que d'autres. Ce fut le cas du groupe 16 de la Nasa, dit « les sardines », sélectionné en 1996 à une époque où l'agence manquait de budget pour l'embauche d'ingénieurs, mais en avait suffisamment pour le recrutement d'astronautes. Ce groupe de quarante-quatre personnes fut donc un peu surdimensionné par rapport aux opportunités de vol envisagées, avec l'idée que ces hommes et femmes d'un très haut niveau d'études et de forte motivation seraient de toute façon très utiles en soutien technique, scientifique et opérationnel du programme ISS, même si certains ne volaient finalement pas dans l'espace, ce qui arriva à trois d'entre eux.

Une source fiable de statistiques concernant les missions spatiales a répertorié un peu plus de trois cents astronautes de toutes nationalités n'ayant jamais volé après leur sélection. Si l'on rapporte ce nombre à celui des presque six cents astronautes différents qui sont allés dans l'espace, on voit qu'il est loin d'être négligeable. Mais cette proportion a diminué au sein des groupes les plus récents grâce au progrès des processus de sélection mieux adaptés en nombre et en qualité.

Perdre l'opportunité de voler dans l'espace doit être très difficile après l'espoir que cela a suscité ? Est-ce qu'on parvient toujours à se relancer ?

Je peux vous donner quelques exemples de reconversions d'astronautes qui furent sélectionnés mais qui ne volèrent jamais, et pour commencer ceux de trois Français pour lesquels les réorientations professionnelles furent réussies. Jean-jacques Dordain, l'un des cinq finalistes de la première sélection d'astronautes de l'ESA, passionné d'astronautique, véritable *rocket scientist*, devint finalement directeur en charge des vols habités, puis directeur général de cette agence. Il effectua même trois mandats successifs à ce poste, ce qui constitue un record jamais égalé. C'est lui qui obtint que des astronautes non américains soient pour la première fois intégrés dans des groupes d'astronautes professionnels de la Nasa et traités comme les Américains, y compris pour les affectations en vol. C'est un exemple remarquable de reconversion au service du programme spatial et des vols habités en particulier. Un autre exemple, issu de mon groupe d'astronautes en 1985, est celui de Michel Viso, vétérinaire et biologiste, dont j'ai parlé un peu plus haut. Ses compétences et sa motivation lui valurent d'être finalement recruté par le Cnes au sein de la direction scientifique. Aujourd'hui, c'est un expert international incontournable en exobiologie, la science qui étudie les conditions d'émergence de la vie ailleurs dans l'Univers et la capacité d'adaptation du vivant terrestre au milieu extraterrestre. Il s'agit d'une discipline très exigeante nécessitant des connaissances de haut niveau à la fois en biologie, en chimie, en géologie et en planétologie. Michel a été impliqué dans toutes les missions qui recherchent la vie extraterrestre ou des traces de vie passée, notamment les récentes missions martiennes. Le troisième exemple est celui de Jean-Marc Gasparini, polytechnicien et pilote de chasse sélectionné dans le troisième groupe d'astronautes français en 1990 aux côtés de Philippe Perrin et Léopold Eyharts, avec la perspective de tester la navette spatiale européenne Hermès. Il a perdu son aptitude d'astronaute pour raison médicale, mais est devenu directeur du programme Rafale chez Dassault. En tant que pilote d'essai, il s'est totalement accompli dans ce poste de management de très haut niveau, et à hautes responsabilités puisqu'il tient aussi entre ses mains l'évolution des programmes d'avions de chasse du futur. Un autre exemple : celui de Vladimir Pletser, candidat astronaute sélectionné comme doublure pour des missions scientifiques à bord de la navette spatiale américaine, qui fut finaliste lors de la sélection ESA de 1992 mais non retenu dans le groupe définitif. Ingénieur et physicien, il devint responsable du développement de matériels expérimentaux pour la recherche en apesanteur à l'ESA. Plusieurs manips sur lesquelles il travailla volèrent à bord de fusées-sondes, de capsules automatiques et de navettes spatiales. Il fut aussi responsable du programme de vols paraboliques de l'ESA. Ayant toujours rêvé d'être astronaute, il chercha sans relâche le moyen de voler un jour. Par exemple en participant à la sélection pour un vol Spacelab en candidat libre, où il faillit être pris; plus tard, en soutenant un projet de vol scientifique à bord de l'avion suborbital Lynx de XCOR, mais qui n'aboutit jamais. Il est désormais consultant pour des initiatives de développement du tourisme spatial. Brillant et persévérant, il continue à s'engager intellectuellement et physiquement dans divers projets astronautiques, même si ses chances de voler dans l'espace à ce jour sont faibles. La Belge Marianne Merchez, médecin et pilote de ligne, fut sélectionnée dans le deuxième groupe d'astronautes de l'ESA en 1992 avec moi. Elle a perdu l'occasion d'aller dans l'espace en faisant le choix personnel de ne pas saisir une occasion de vol en Russie en espérant avoir une opportunité américaine qui était assez bien avancée. Ce fut son choix, elle ne le regrette pas. Par la suite, elle a complété ses études et est actuellement très active en psychothérapie spécialisée dans l'accompagnement d'artistes, de sportifs et de décideurs.

Pour des candidats astronautes ou des astronautes sélectionnés qui ont donné beaucoup de leur personne pendant des années, il est toujours très difficile d'accepter de ne jamais pouvoir partir pour l'espace. Tous passent par une remise en question et tentent de trouver un sens à ce qui apparaît d'abord comme une malchance, que ce soit de leur fait ou d'une cause indépendante de leur volonté. Mais la très grande majorité d'entre eux s'engagent dans une autre voie qui leur permet de s'épanouir sur le plan personnel, intellectuel et professionnel. Cela reflète d'ailleurs la qualité du processus de sélection. Quand on est déclaré bon pour le job d'astronaute, cela veut dire qu'on est identifié comme une personne qui sait gérer une situation de stress ou de conflit, qui possède une très bonne stabilité émotionnelle, qui est capable de faire face à des situations redoutées ou difficiles à accepter pouvant sérieusement déstabiliser une personne moins résiliente. Je ne connais pas d'individu déclaré apte au vol spatial mais jamais parti pour l'espace qui ait développé, à cause de cela, des troubles psychologiques graves, voire une dépression sévère. Si c'était arrivé, cela aurait révélé un défaut de sélection, puisqu'on aurait laissé passer jusqu'au bout un candidat incapable de maîtriser une situation de ce genre, une forte déception engendrant un grand stress.

Quelles missions avez-vous effectuées ? Et, tout d'abord, comment se retrouve-t-on affecté à un vol spatial ?

L'affectation à une mission dépend de trois paramètres. Le principal est la rotation : lorsqu'un astronaute rentre d'un vol spatial, son nom est mis en bas de la liste, et il doit attendre que les collègues situés au-dessus de lui se voient tous attribuer une mission avant que ce soit son tour de repartir pour l'espace. Il peut aussi y avoir un facteur dit « d'attitude », c'est-à-dire de comportement : un astronaute qui n'aurait pas une conduite irréprochable pourrait se voir retardé dans ses affectations, voire ne jamais être réaffecté à un vol. Cela s'est déjà produit, mais rarement. Il peut arriver aussi, pour une mission qui demande une expertise très particulière, que l'on choisisse un astronaute n'importe où dans la liste parce qu'il possède les qualifications requises. Ce fut mon cas pour mon troisième vol. Avant l'annonce d'une affectation à une mission spatiale, les astronautes concernés sont convoqués par le chef des astronautes dans son bureau – nous sommes d'ailleurs toujours un peu inquiets lorsqu'il nous convoque, parce que nous nous demandons si nous n'avons pas fait une bêtise ! Il nous dévoile alors la composition de l'équipage et nous demande de garder le secret jusqu'à l'annonce officielle. Et donc même l'ESA n'a pas su que j'avais été assigné à mes deux premiers vols jusqu'à ce que la Nasa l'annonce, ce qui l'a conduite à demander qu'elle en soit informée la prochaine fois. Il arrive que l'annonce d'une affectation par le chef des astronautes donne lieu à quelques blagues, je vous en reparlerai au sujet de mon troisième vol.

Votre première mission spatiale, en 1994, fut consacrée à l'étude de l'atmosphère terrestre.

Je l'appelle souvent ma « mission pour la Terre ». C'était la troisième d'une série de dix consacrées à l'analyse de l'atmosphère tout au long d'un cycle solaire entier, qui dure une dizaine d'années. Une mission par an était programmée pour étudier la composition de l'atmosphère, l'influence du Soleil sur elle, mesurer la constante solaire en fonction du temps ainsi que d'autres paramètres. Les deux premières missions avaient eu lieu en 1992 et en 1993, celle-ci était nommée Atlas-3.

La soute de la navette Atlantis était remplie d'instruments scientifiques comportant des lasers, des sondeurs à différentes fréquences, et des spectromètres pour analyser plus de deux cents composés chimiques présents dans l'atmosphère. Les plus abondants sont l'azote, l'oxygène, et le gaz carbonique ; d'autres sont à l'état de traces, mais avec des spectromètres de très haute résolution, on peut mesurer précisément leurs quantités. L'ozone était particulièrement ciblé, suite à l'inquiétude soulevée par le fameux « trou » au-dessus de l'Antarctique. La première caractéristique de cette mission, celle qui la rendait assez particulière, était son orbite très inclinée afin de survoler une grande partie de la surface terrestre. C'était d'ailleurs l'orbite la plus inclinée possible pour les vols habités – 57° par rapport au plan de l'équateur –, car au-delà les astronautes recevraient des doses de radiations trop importantes. Même en restant situé sous les « ceintures de Van Allen », on évite de se rapprocher des pôles magnétiques terrestres où se concentre le flux de particules ionisées. Le fait de viser une orbite à forte inclinaison fait moins bénéficier de l'effet de fronde de la rotation de la Terre que lorsqu'elle est proche du plan équatorial. On monte donc moins haut, ce qui n'est pas gênant pour étudier notre planète, au contraire, car de plus près les mesures sont plus précises. L'altitude de cette première mission fut de 300 km, alors que pour mon troisième vol, vers Hubble, elle fut deux fois plus élevée. La deuxième caractéristique de cette mission était que nous volions quasiment tout le temps sur le dos. Or les plus grands hublots de la navette, qui sont aussi les meilleurs en qualité optique parmi les dix du cockpit, sont ceux du plafond, qui faisaient alors face à la Terre. Nous observions donc la planète en nous agenouillant au plafond, un peu comme on peut admirer les fonds marins dans un bateau à fond de verre. Ce fut fabuleux. Plusieurs fois par jour, jusqu'à trente-deux reprises, la navette effectuait, durant quelques minutes, une manœuvre pour viser exactement le lever ou le coucher du Soleil, et pointer vers lui des capteurs et des appareils mesurant la diffusion de ses rayons dans les hautes couches de l'atmosphère. Cette mission dura onze jours, et détient toujours l'un des records du nombre de manœuvres de changement d'orientation – on dit aussi « d'attitude » – effectuées par une navette au cours d'un même vol.

Ce fut ma mission la plus fantastique pour l'observation de la Terre. Mon travail fut notamment de manipuler le bras robotique pour larguer un satellite en début de vol, puis le récupérer en fin de mission. Il était bardé d'équipements tellement sensibles que pour éviter qu'il mesure des produits chimiques dégazés depuis les matériaux de la navette, nous l'avions positionné sur la même orbite à quelques dizaines de kilomètres devant nous après l'avoir largué.

En dehors de l'observation atmosphérique, quelles expériences avez-vous réalisées lors de cette première mission ?

Une mission spatiale comporte presque toujours des objectifs secondaires en plus de son objectif principal. L'un d'entre eux fut de tester pour la première fois une nouvelle trajectoire de rendez-vous spatial : il s'agissait de monter comme un ascenseur le long d'une ligne théorique verticale vers la cible à atteindre. Lors des rendez-vous spatiaux des missions précédentes, les vaisseaux se positionnaient toujours sur la même orbite que leur cible, et donc à la même altitude ; ils s'en approchaient ensuite lentement plus ou moins dans l'axe du vol. Mais dans ce cas, le risque de collision n'est pas nul. Au contraire, en s'obligeant à rester sur la verticale d'une cible située au-dessus de nous, on se force à être en permanence à l'apogée d'une l'orbite qui, en cas de panne de moteur, nous fait naturellement descendre et nous éloigne de cette cible. La manœuvre d'évitement est donc assurée sans action nécessaire. Cette procédure consomme aussi moins de carburant. C'était une manœuvre intéressante à tester en préparation des futures missions de rendez-vous avec la station spatiale internationale pour renforcer la sécurité des vols.

Un autre objectif secondaire dans lequel j'étais impliqué fut celui de manipulations expérimentales avec des caloducs, appelés aussi « tubes de chaleur ». Un caloduc est un tube rempli d'un seul et même fluide dont la phase liquide circule dans un sens pendant que la phase gazeuse circule en sens opposé. Comme son nom l'indique, un caloduc permet des échanges de chaleur entre ses extrémités : l'une qui est chaude, par exemple, au contact d'un équipement électronique, l'autre qui est froide fixée, par exemple, à un radiateur exposé au vide spatial – mais pas face au Soleil ! C'est une des techniques passives de régulation thermique des satellites les plus utilisées. Mon rôle a été de tester différents caloducs en chauffant les extrémités chaudes à diverses températures, et en les faisant tourner ou non. Car, comme certains satellites en rotation sur eux-mêmes ont des tubes de chaleur, il fallait déterminer à partir de quelle vitesse de rotation le caloduc ne fonctionnerait plus à cause de l'effet centrifuge qui s'oppose au mouvement du fluide. Cette expérience passionnante m'a occupé une à deux heures chaque jour.

Nous avions aussi embarqué des rats femelles enceintes dans des cages automatisées. Nous n'avions rien à faire, sauf si le sol recevait un signal d'alarme et nous demandait d'ouvrir les cages pour identifier la nature du problème. Une autre expérience a nécessité que tous les astronautes mâchent un coton tous les matins pendant quelques minutes pour l'imbiber de salive. Ils étaient ensuite stockés dans de petites éprouvettes destinées à être analysées après le vol. L'objectif était de savoir si des virus latents dans notre organisme pouvaient se réactiver sous l'effet du stress et des conditions du vol spatial. Au bout de quelques jours, une mauvaise odeur est apparue dans la cabine, comme si l'un des rats était mort. Nous avons demandé au sol de pouvoir ouvrir les cages, mais le problème ne venait pas de là. Nous avons finalement compris que la puanteur provenait du lieu de stockage des éprouvettes, situé non loin. Chaque éprouvette avait un bouchon percé d'un trou recouvert d'une pastille adhésive pour en assurer l'étanchéité. Mais certaines s'étaient décollées et le coton où la salive macérait n'était plus isolé de l'air de la cabine. Nous avons corrigé le problème après avoir souffert pendant deux jours de ces odeurs désagréables.

Une autre anecdote : au cours de cette mission, nous avions fabriqué plus d'eau que nécessaire à notre alimentation, à la fois par les piles à combustible et le recyclage de l'humidité de l'atmosphère. Nous avons donc dû effectuer un *water dump*, une évacuation du liquide en excès pour libérer de l'espace dans les réservoirs. Le sol m'a demandé de filmer cela à l'aide du bras robotique, que j'ai donc réactivé et positionné de sorte que sa caméra filme la petite tuyère d'où allait jaillir le liquide dans l'espace. Sur les écrans de contrôle, nous avons vu le jet de liquide sortir du fuselage mais être dévié vers une des portes de soute de la navette, probablement en raison d'une impureté sur la tuyère d'évacuation. Sur la surface de la porte, une stalactite de glace de près de trois mètres de long s'est alors formée progressivement ! Il a fallu arrêter l'évacuation avant que ce glaçon grandissant ne rejoigne la sortie de la tuyère qu'il aurait bouchée. Nous avons demandé au sol si je pouvais le casser à l'aide du bras robotique. Les contrôleurs n'ont donné leur accord que le lendemain, mais la caméra est tombée en panne et je ne pouvais pas piloter le bras à l'aveugle parce que son extrémité aurait pu cogner contre la structure de la navette. Nous n'avons pas eu d'autre choix que de refermer les portes de la soute en sachant que cette longue stalactite de glace y était accrochée, et nous sommes rentrés dans l'atmosphère comme cela. Nous savions qu'elle allait se casser et craignions que des morceaux puissent percuter des parties sensibles du vaisseau. À cause de l'ouragan Andrew qui sévissait en Floride, l'atterrissage a été reporté d'un jour, et nous nous sommes posés le lendemain sur la base d'Edwards en Californie où il faisait très froid. La première chose que nous avons faite en sortant de la navette a été d'inspecter la porte de la soute. Plusieurs kilos de glace étaient toujours fixés sur sa surface, mais plus rien ne restait de la stalactite ; quelques tuiles de la dérive étaient cassées...

La base d'Edwards est celle où a été franchi pour la première fois le mur du son, et où ont eu lieu tous les essais en vol des avions fantastiques des années 1940 et 1950, comme le X15 que pilotait Neil Armstrong. Laurence, ma femme, était au bord de la piste pour m'accueillir. Le directeur des vols habités du centre Johnson à Houston avait pris l'initiative d'envoyer des familles à l'avance avec un avion de la Nasa à Edwards, alors que la décision n'avait pas encore été prise de nous dérouter vers la Californie : il avait estimé que la probabilité que nous nous posions en Floride était trop faible. Ce fut judicieux. À bord de l'avion qui nous ramenait à Houston, j'avais l'impression que mon corps était très lourd, j'étais un peu nauséeux et j'évitais de bouger la tête. À notre arrivée sur la base d'Ellington Field à Houston, une réception avait été organisée. Des amis étaient présents pour nous recevoir. Il y avait parmi eux le journaliste Michel Chevalet, venu avec du saucisson, du vin rouge et un bon camembert que nous avons mangé à la maison ! Ce soir-là, je me suis couché après une très longue journée, puisque je m'étais levé vingt-sept heures plus tôt en orbite.

Après ce vol, vous avez travaillé au programme de la station spatiale internationale, jusqu'à votre affectation à une deuxième mission, très différente de la première, que vous avez d'ailleurs choisie parmi deux propositions.

Entre leurs missions comme je vous l'ai dit, les astronautes ont une fonction au sein du programme de vols habités, c'est le *job assignement* en anglais. Je m'étais fait remarquer avant mon premier vol avec la conception des écrans de pilotage du bras robotique de la navette, c'est pourquoi on m'a confié alors celle du bras robotique de la station spatiale. J'étais aussi responsable de la validation du logiciel de vol des navettes pour les missions à venir. Nous utilisions pour cela un prototype de ce vaisseau qui ne volait pas, mais était composé des mêmes équipements que les modèles opérationnels.

Un jour, en juillet 1996, le chef des astronautes m'a appelé pour m'annoncer que c'était mon tour de revoler. Il m'a laissé le choix de repartir rapidement pour l'espace ou d'attendre une mission plus intéressante pour moi. Intrigué, je lui ai demandé ce qu'il entendait par là. Il m'a répondu que je pouvais participer à la mission *Spacelab STS 83* prévue en avril 1997, mais que si j'étais prêt à attendre un peu, cela pourrait être une desserte de la station spatiale russe Mir programmée un mois plus tard. J'ai choisi la mission vers Mir ! S'il avait pensé initialement m'affecter à la mission *Spacelab*, c'était parce qu'elle venait en premier dans la liste de rotation des affectations ; mais lors d'un voyage en Russie, il avait rencontré Charlie Precourt, un astronaute américain qui parlait français et qu'on m'avait attribué comme parrain – chaque nouvel astronaute a un parrain d'une ancienne promotion pour le chapeauter. Charlie, qui allait voler sur la mission vers Mir, lui avait exprimé son souhait que j'y participe aussi. Et c'est ainsi que je me suis retrouvé affecté à la mission *STS 84*.

C'était la sixième mission d'accostage d'une navette spatiale américaine à la station russe, dans le cadre du programme de collaboration Shuttle-Mir entre les États-Unis et la Russie. Ce programme s'est déroulé de 1994 à 1998, son objectif étant de préparer la construction de l'ISS en permettant à la Nasa d'acquérir le savoir-faire de la Russie dans le domaine de l'assemblage d'une station spatiale et des séjours de longue durée dans l'espace. Nous devions ramener un Américain qui y séjournait depuis quatre mois et en déposer un autre pour les quatre mois suivants. Nous apportions également des vivres, des expériences scientifiques et du matériel. Entre-temps, Elena Kondakova, une cosmonaute russe qui avait déjà volé plusieurs mois à bord de Mir en 1994 fut rajoutée à notre équipage. Elena était la troisième femme russe à voler dans l'espace, après Valentina Terechkova en 1963 et Svetlana Savitskaïa en 1982 et 1984. Elle était très expérimentée, mais ne parlait quasiment pas anglais. À part elle, le commandant de bord Charlie Precourt, qui effectuait son troisième vol, et moi, l'équipage était composé d'Eileen Collins, la première femme à piloter une navette spatiale affectée ici à son deuxième vol comme pilote, de deux astronautes spécialistes de mission volant pour la première fois, Carlos Noriega, un Américain d'origine péruvienne, et Ed Lu, un Américain d'origine chinoise, et enfin de Michael Foale, qui allait rester à bord de Mir en remplacement de Jerry Linenger qui reviendrait avec nous. Nous étions donc sept au total, mais pas les mêmes à monter et à descendre.

La préparation de la mission nous a amenés à voyager à Moscou. J'ai retrouvé avec plaisir des copains français à l'entraînement à la Cité des étoiles, et son environnement si particulier. Nous sommes arrivés au moment d'Halloween, c'était un peu la fête ; un soir, certains avaient un peu trop bu et ne furent pas en état de faire la première visite le lendemain matin, une excursion à l'extraordinaire musée d'aviation soviétique de Monino à ciel ouvert ! C'était très émouvant d'être en équipage à la Cité des étoiles en ce mois de novembre 1996. Ce fut la seule occasion de rencontrer au sol les deux cosmonautes russes que nous allions retrouver sept mois plus tard à bord de Mir : le commandant Vassili Tsibliev et l'ingénieur de bord Sasha Lazutkin. Nous avons noué des liens étroits avec eux. Bien que déjà vétérans de la navette spatiale, Mike Foale et Jerry Linenger étaient considérés comme passagers sur notre mission, car leur entraînement chez les Russes ne leur donnait pas le temps de s'entraîner avec nous. J'étais donc le seul spécialiste de mission déjà expérimenté sur ce vol, ce qui me valut d'être nommé par Charlie à plusieurs fonctions particulièrement excitantes. Tout d'abord, *payload commander*, c'est-à-dire en charge de la gestion de toutes les activités logistiques et scientifiques réalisées à bord, ce qui fut une véritable expérience de leadership au cours d'une mission spatiale. Également ingénieur navigant pour la phase de rendez-vous, d'accostage et de séparation, et aussi responsable des sorties dans le vide si elles s'avéraient nécessaires, par exemple pour aller dévisser les 96 boulons du système d'amarrage au cas où une panne m'aurait empêché de le contrôler depuis le cockpit.

En février 1997, la station Mir connut un événement presque catastrophique : une cartouche chimique de génération d'oxygène créa un feu intense à bord, dégageant une fumée très épaisse. Les équipages cherchèrent à tâtons les masques à gaz et finirent par sauver leur peau grâce à leur entraînement, à la bonne prise en compte des questions de sécurité dans la conception du vaisseau, à l'aide du sol et aux réactions très adaptées de chacun. Lors de ce genre d'événement, on mesure qu'avoir été bien sélectionné – c'est-à-dire évalué comme il le faut, mentalement, physiquement et psychologiquement, pour ce job – et aussi bien entraîné, permet de se sortir de situations critiques. Le mois suivant, en mars, deux nouveaux incidents majeurs survinrent dans Mir. D'abord, une fuite d'éthylène glycol dans l'habitacle, un produit qui circulait dans des canalisations pour assurer la régulation thermique de la station ; l'équipage fut obligé d'arrêter toutes les pompes de circulation du liquide pour éviter qu'il se répande dans l'atmosphère de Mir. Sans régulation de l'humidité, celle-ci monta à un taux de 100 % et de grosses boules d'eau de condensation s'accumulèrent sur les parois. L'autre incident survint quand l'équipage de Mir testa le pilotage à distance d'un vaisseau ravitailleur depuis la station. L'idée était de pouvoir reprendre en manuel à distance le contrôle d'un vaisseau cargo inhabité au cas où son pilote automatique ne fonctionnerait plus. Le vaisseau frôla la station à la vitesse de plusieurs mètres par seconde, occasionnant une grande frayeur à l'équipage. Le sol essaya de les convaincre que ce n'était pas si dramatique, mais le jour où nous arrivâmes à bord, nous vîmes bien qu'ils avaient eu une sacrée frousse. Cela me fait dire qu'au sol les personnels des centres de contrôle prétendent parfois, à tort, savoir ce qui se passe dans un vaisseau spatial mieux que ceux qui sont à bord eux-mêmes, ce qui est assez stupéfiant. Qui mieux que ceux qui vivent une expérience sur place peuvent la décrire de manière la plus proche possible de la réalité ?

Quand vous êtes arrivé dans Mir, les conditions de vie à bord étaient encore dégradées. Mais vous gardez un souvenir inoubliable de la dimension humaine de cette mission.

Malgré les pépins et les pannes techniques de Mir du moment, nous avons rejoint la station russe comme prévu en mai pour notre mission de ravitaillement. À bord, le taux d'humidité était toujours proche de 100 %. Il y régnait une odeur proche de celle d'une cave à vin. L'équipage russe avait rangé son chantier de réparation des pannes le mieux possible pour nous accueillir. Lors de la semaine où la navette est restée accostée à Mir, nous avons transféré quatre tonnes de matériel. J'ai organisé un mémorable repas international avec de la nourriture venant des pays des membres d'équipage, d'origine russe, chinoise, française et américaine. Nous avons même pu profiter de ce dîner pendant trois heures sans qu'aucune alarme ne retentisse dans l'un ou l'autre des vaisseaux, alors que Mir connaissait régulièrement de fausses alarmes à cette période.

La veille de la séparation de la navette de la station, je n'arrivais pas à dormir. Je suis allé regarder le film *Outbreak* – son titre est *Alerte* en français – avec mes amis russes qui avaient plein de cassettes vidéo. C'était génial de regarder un film sur un vieux téléviseur cathodique comme à la maison, mais en flottant devant. Il y avait heureusement des sous-titres en anglais, car le doublage en russe était fait par une seule et même voix monocorde pour tous les personnages ! Une fois séparés de Mir, nous avons poursuivi la mission pendant quelques jours pour continuer le programme scientifique. J'avais chargé Elena des expériences de croissance de plantes, Ed et Carlos d'expériences technologiques, et me suis occupé de celles sur les globules blancs, les têtards et le sperme d'oursin ! La veille du retour sur Terre, n'ayant toujours pas sommeil deux heures après le moment prévu pour dormir, j'ai absorbé un somnifère. Et là, j'ai vécu la seule expérience d'hallucination de ma vie, de surcroît dans l'espace ! J'ai vu plein d'animaux et de personnes qui n'avaient pas leur place à bord, ce qui m'a fait me poser des questions au point de faire peur à mes collègues. Ed Lu a réveillé Jerry, l'astronaute américain médecin que nous ramenions avec nous après quatre mois dans Mir, et lui a dit : « Billy Bob a l'air de dérailler, il parle d'animaux, de plusieurs personnes à bord... ! » – mes collègues américains m'ont toujours appelé Billy Bob, plus facile à prononcer que mon vrai prénom ! Jerry lui a alors demandé de vérifier la façon dont je respirais, question qui l'a effrayé encore plus. Ed Lu a alors réveillé le commandant de bord qui dormait dans le cockpit. Celui-ci l'a rassuré en lui demandant de s'assurer que je m'endormais bien, et de passer lui-même une bonne nuit en prévision du retour sur Terre le jour suivant.

Le lendemain, malgré ces effets indésirables du somnifère, je me suis réveillé tout à fait normalement, et j'ai fait sans problème mon travail de coordination de la préparation du vaisseau pour le retour. Nous nous sommes posés à Cap Canaveral de nuit. À l'arrivée sur la piste, nos compagnes nous attendaient. Après un bref examen médical, nous sommes allés tous ensemble au cinéma local assister à la première projection publique du film *Mission to Mir* tourné en format géant, dont nous avions annoncé l'avant-première depuis l'espace. Ce soir-là, le retour dans nos condominiums respectifs fut aussi mémorable. Valery Rioumine, ancien cosmonaute, mari d'Elena Kondakova et chef du programme *Mir* nous a invités, Laurence et moi, à les rejoindre pour fêter la mission. Dans leur salon, le buffet était gigantesque et les bouteilles trop nombreuses pour seulement quatre personnes ! Je ne me souviens pas de la suite ! C'est Laurence, ma femme, qui m'a ramené dans nos quartiers !

Un mois après notre retour, en juin, alors que Mike Foale était à bord, Mir connut à nouveau l'une des pires catastrophes qui puissent arriver en milieu confiné : une collision avec un vaisseau ravitailleur, lors du même essai que celui qui avait été déjà tenté en mars. Mais cette fois, le vaisseau percuta la station, arrachant une partie de panneau solaire et créant une fuite d'air importante. La station perdit un tiers de son atmosphère avant que l'équipage ne réussisse à identifier l'origine de la fuite. Ils isolèrent alors le module concerné, sauvant la station et leurs vies, et purent rentrer plus tard sains et saufs sur Terre.

Tout comme je qualifie souvent mon premier vol spatial de « mission pour la Terre », j'aime appeler ce deuxième vol ma « mission pour les hommes ». Car elle a consisté en un ravitaillement et une entraide d'humains dans l'espace : nous leur avons apporté des vivres et du matériel, notamment un générateur d'oxygène à partir d'urine recyclée qui évitait d'utiliser des cartouches chimiques comme celle qui avait déclenché le feu en février. Mais aussi parce que notre visite leur a donné du réconfort après de longs mois d'isolement avec ces grosses pannes survenues à bord. Nous nous étions sentis responsables de leur sort, et savions que le succès de leur mission dépendait de la nôtre. Le séjour fut rempli de partage entre les hommes et femmes de l'équipage, avec des cadeaux, des échanges passionnants et même des discussions philosophiques sur notre rôle dans l'espace. Nous avons aussi beaucoup appris sur les vols de longue durée, ce qui était un des objectifs communs à toutes ces missions d'accostage de la navette à Mir, comme je l'ai dit précédemment. Je suis reparti avec le grand regret de ne pouvoir rester plus longtemps à bord; contrairement à la navette spatiale qui s'apparente à un lieu de travail, Mir était une véritable maison de l'espace, un lieu de vie.

De retour sur Terre, vous avez continué à travailler sur le programme de la station spatiale internationale. Puis votre affectation à un troisième vol spatial s'est présentée plus rapidement que prévu. Vous l'avez même apprise de manière un peu cocasse.

Après mon deuxième vol, j'ai repris le travail de conception des écrans de contrôle du bras robotique de la station spatiale internationale. Je suis allé présenter mes idées aux Japonais, aux Canadiens et aux Européens, afin que tous comprennent et s'approprient mes concepts opérationnels. Pour ce bras – et tout autre dont l'ISS allait être équipée –, je voulais faciliter le pilotage en choisissant des repères relatifs à la destination des mouvements :

un peu comme sur votre GPS où l'on vous indique la distance restante jusqu'à destination, plutôt que la longitude et la latitude de votre position à comparer avec celle du point visé. Dans le cas d'un bras robotique, il y avait six paramètres à piloter en même temps. J'avais donc inventé une représentation graphique ressemblant à celle d'un jeu vidéo en 3D pour rendre intuitives les actions sur les manches de pilotage. Quand j'ai revu les Japonais plusieurs années après, ils se souvenaient de cette réunion chez eux à Tsukuba, où j'avais révolutionné leur vision de l'opérateur aux commandes d'un robot en rendant le pilotage très intuitif.

Un jour, de retour au travail après des vacances avec ma femme en Amérique du Sud, l'astronaute Scott Kelly, qui partageait le même bureau que moi, m'a informé qu'un troisième gyroscope du télescope spatial Hubble venait de tomber en panne et que la Nasa semblait vouloir rajouter une mission de sauvetage en urgence avec seulement six mois d'entraînement, au lieu d'un an habituellement. Il a ajouté que, parmi les noms qui circulaient pour les membres d'équipage pressentis, figurait le mien. J'ai souri en lui répondant que c'était sympa que l'on pense à moi, mais que ce n'était pas encore mon tour de revoler. La règle de rotation pour les affectations aux missions que j'ai décrite plus haut est en général respectée. J'ai donc continué mon travail quotidien, y compris quelques vols en T-38 avec Scott que je voyais quotidiennement. Quelques jours plus tard, le chef des astronautes, Charlie Precourt, commandant de bord de mon vol précédent, nous a convoqués, Scott et moi, dans son bureau, où se trouvait aussi Curt Brown, le pilote de mon premier vol, qui était alors responsable de la sécurité. Charlie nous a demandé très sérieusement de confirmer que nous avions bien volé récemment en T-38 de Cap Canaveral à Houston, tel jour à telle heure. Nous nous sommes regardés avec Scott, interrogatifs, et avons acquiescé. Il nous a alors informés qu'une plainte avait été déposée par l'aviation civile pour un *air miss* – une violation des règles de circulation aérienne pouvant conduire à une collision –, en l'occurrence une sortie de notre couloir aérien. Je suis devenu tout rouge, et avec Scott nous avons répondu que nous ne nous souvenions pas d'avoir fait quelque chose qui ne fût pas dans les règles. Au bout de quelques minutes, j'ai vu Scott esquisser un sourire et Charlie ne plus pouvoir masquer le fait qu'il plaisantait et éclater de rire ! Il nous a avoué que c'était une blague et qu'il nous avait convoqués tous les deux avec Curt Brown qui allait commander en octobre 1999 une mission de réparation du télescope spatial Hubble, parce que nous allions en faire partie. Waow ! Là je suis passé de l'état de stress de celui qui a fait une grosse bêtise et n'en est même pas au courant, à l'état de surexcitation de l'astronaute auquel on apprend qu'il va effectuer son troisième vol spatial ! Qui plus est pour une mission considérée à l'époque comme la mission reine dont tous les astronautes rêvaient ! En effet, aller vers Hubble comportait à la fois un rendez-vous spatial, des manœuvres robotiques complexes, des sorties dans l'espace et un vol à l'altitude la plus élevée possible en navette, environ 600 km. Cela reste proche de la Terre, mais la perspective est un peu différente et on se sent vraiment plus haut. Les quatre autres membres d'équipage étaient ceux déjà nommés pour les sorties dans l'espace de la mission de maintenance du télescope Hubble planifiée pour l'été 2000. Ils avaient déjà commencé à s'entraîner depuis un an. C'était John Grunsfeld et Steve Smith, américains, tous deux de ma promotion, Claude Nicollier, suisse, et Michael Foale, anglo-américain, avec qui j'avais volé vers la station Mir deux ans plus tôt. Au total, un équipage de sept, dont deux avec lesquels j'avais déjà voyagé dans l'espace. Désormais, la mission de maintenance d'Hubble programmée pour 2000 était scindée en deux : au cours de celle de fin 1999, nous allions effectuer non seulement les réparations urgentes, mais aussi une partie des opérations de mise à jour du télescope prévues initialement un an plus tard. Nous avions six mois pour nous entraîner, de fin mars à début octobre. Charlie m'a confirmé que ce n'était pas à mon tour de revoler, mais qu'il n'y avait que trois personnes jugées suffisamment qualifiées pour accéder immédiatement au niveau expert lors de l'entraînement robotique pour cette mission. Les deux autres étaient des femmes : la première avait quitté le corps actif des astronautes pour monter en grade dans le management et cela n'aurait pas été loyal vis-à-vis d'autres de la solliciter ; la deuxième revenait tout juste d'un vol spatial et ne pouvait pas repartir aussi vite. Nous avons commencé l'entraînement sans délai, avec un seul jour de congé entre le jour de l'affectation et celui du décollage. Ce fut le programme d'entraînement le plus court de l'histoire des missions des navettes spatiales.

Mais l'état de santé de Hubble s'est encore dégradé avant votre mission ?

Oui. Notre décollage a été décalé plusieurs fois pour des raisons diverses : programmatiques, techniques et météorologiques… Au cours de cette période de retards successifs, un quatrième gyroscope d'Hubble est tombé en panne. Avec seulement deux gyroscopes restants, le télescope est devenu totalement inopérant et est passé en mode survie. Mon entraînement au pilotage du bras robotique a dû évoluer parce que, contrairement aux missions précédentes, nous savions qu'Hubble ne se trouverait pas dans une orientation coopérative, mais imprévisible, avec juste l'axe des panneaux solaires pointé grossièrement vers le Soleil pour maintenir ses batteries chargées. Notre mission de maintenance était devenue une mission de sauvetage. La préparation au rendez-vous spatial avec Hubble a aussi inclus des techniques d'approche à la boussole et à l'œil. Au cas où nous aurions perdu les données de vol relatif fournis par le radar et les ordinateurs de bord, nous aurions ainsi pu estimer la position et la vitesse du télescope par sa taille angulaire, et sa direction par un viseur optique qui était déjà utilisé dans les missions Apollo, le COAS – *Crew Optical Alignment System.*

J'ai donc eu la chance de participer à trois rendez-vous spatiaux, un lors de chacune de mes missions. C'est quelque chose d'assez fascinant, parce que cela ne répond à aucune logique à laquelle nous sommes habitués sur Terre. Il faut bien connaître la mécanique orbitale pour comprendre les enjeux techniques et économiser le carburant. Pour vous donner une idée : la première chose à faire pour ralentir à l'approche de la cible est d'accélérer : vous voyez que ce n'est pas intuitif !

La manipulation d'Hubble avec le bras robotique a été une tâche délicate ?

Au lieu de début octobre 1999, nous avons finalement décollé de Cap Canaveral le 19 décembre. La Nasa craignait que l'éventuel bug de l'an 2000 ait des conséquences graves en cours de mission, et voulait que toutes les navettes soient au sol avant le 31 décembre. Cela a entraîné le raccourcissement de notre mission. Dans l'espace, nous avons trouvé Hubble dans une orientation très défavorable, puisqu'il était à l'envers et en légère rotation sur lui-même. J'ai donc pratiqué une sorte de vol en patrouille serrée que l'on nomme en anglais *tracking and capture*, entre l'extrémité du bras robotique et le télescope, en épousant son déplacement et sa rotation tout en l'approchant. Mes collègues étaient très attentifs à mes gestes dans le cockpit, mais ils m'avaient vu faire à l'entraînement et étaient confiants. La veille du décollage, le patron de la Nasa était venu nous voir afin de nous dire qu'il comptait sur nous pour redorer le blason de l'agence en réussissant cette mission de sauvetage, car une sonde venait de rater sa descente sur Mars et s'était écrasée. Il n'avait pas oublié de me glisser à l'oreille de me souvenir qu'au moment de la capture, j'aurais six milliards de dollars entre les mains, la valeur estimée du programme du télescope spatial à ce moment-là.

J'ai donc attrapé le télescope, lui ai fait faire une pirouette et différentes manœuvres pour le fixer sur un berceau dans la soute de la navette. Dès le lendemain, nous avons commencé les sorties dans l'espace pour le réparer. De façon à ne pas perdre de temps, j'avais mis en œuvre plusieurs dispositions assez particulières pour cette mission, qui n'avaient pas été appliquées lors des missions précédentes et ne furent pas reprises lors des suivantes vers Hubble. Elles étaient un peu osées. La première concernait la façon de dialoguer par radio avec mes collègues en sortie extravéhiculaire. D'habitude, quand l'astronaute qui pilote le bras robotique veut communiquer avec eux, il doit d'abord lâcher un des deux manches de pilotage en position neutre avant de venir appuyer sur l'interrupteur du boîtier de transmission radio qu'il porte à la ceinture.

Sinon, les manches étant montés sur simples ressorts, ils rebondissent autour de leur position neutre, et le bras fait pareil dans l'espace. Pour éviter cette interruption de pilotage nécessaire à chaque transmission radio, j'avais fixé ce boîtier sur mon cale-pied pour l'activer à l'aide de l'orteil à chaque fois que je parlais à mes collègues, tout en gardant le contrôle des deux manettes. La seconde concernait les vitesses de pilotage. J'avais obtenu la confiance du directeur pour déroger à une des règles de sécurité fondamentales en manipulation robotique : celle qui n'autorise que les gammes de vitesses lentes pour les rotations et translations lorsque le bras se déplace à moins de trois mètres de la navette ou du télescope. J'ai pu ainsi utiliser le mode de vitesse rapide pour tous les déplacements de mes collègues en scaphandre fixés à l'extrémité du bras robotique. Ces choix furent très utiles, car même avec ces vitesses rapides et mon astuce pour commander la radio, les sorties dans l'espace ont duré beaucoup plus longtemps que prévu, au point que nous avons frôlé le record de l'époque de 8 h 29 : nos trois sorties ont duré plus de huit heures chacune et se sont placées en deuxième, troisième et quatrième places derrière ce record. À ce jour, vingt-trois ans plus tard, elles figurent encore dans le Top 7 des plus longues de l'Histoire. Pour nos collègues à l'extérieur, les ressources en oxygène, en eau et en électricité, tout comme l'épuration du gaz carbonique, étaient fournies par leurs scaphandres en totale autonomie, donc limitées. C'était vraiment plus délicat, et toutes les marges ont été utilisées véritablement à la limite. Le gain de temps obtenu par mes astuces fut donc crucial.

Après ma « mission pour la Terre » et ma « mission pour les hommes », je considère celle-ci comme ma « mission pour la science », avec un certain nombre de challenges mémorables comme l'entraînement très court ou le rendez-vous avec un télescope non coopératif. Aux commandes du bras, à chaque action que me demandaient mes collègues (« Billy Bob amène-moi vers la baie numéro deux… Déplace-moi de deux pouces à droite… Donne-moi 10° de roulis à gauche… 20° de lacet à droite… 30° de tangage vers l'avant… »), il fallait que j'agisse simultanément sur les manches de translation et de rotation de façon à leur donner exactement le mouvement qu'ils attendaient. Si je m'étais trompé une seule fois, j'aurais perdu instantanément et définitivement leur confiance. Ce fut pour moi une mission très enrichissante : j'étais à la fois l'ingénieur navigant pour la montée, le rendez-vous et la rentrée dans l'atmosphère, et le pilote du bras robotique cinq jours d'affilée pour capturer le télescope, déplacer mes collègues à l'extérieur pendant plus de huit heures par jour, tout en restant concentré en permanence. J'ai finalement relâché Hubble, entièrement réparé, le 25 décembre. Ce fut une très grande satisfaction et un beau cadeau de Noël pour nous et, surtout, pour les milliers de scientifiques travaillant avec ce télescope !

Une mission difficile et très technique, mais avec toujours une place pour des moments de camaraderie…

Le retour fut légèrement retardé en raison de la météo, ce qui nous donna quelques heures de temps libre. C'est là que j'ai reçu le plus beau cours d'astronomie de ma vie, dans le cockpit de la navette, par Michael Foale, John Grunsfeld et Claude Nicollier, tous trois astrophysiciens de formation. Nous avions éteint toutes les lumières de la cabine en accord avec le commandant de bord, nous regardions le ciel étoilé, c'était fantastique et passionnant.

Une autre anecdote me revient à l'esprit : à l'occasion de cette mission, nous étions sept, dont Scott Kelly qui effectuait son premier vol alors que les six autres totalisaient dix-huit vols spatiaux avant le décollage. Nous nous sommes donc amusés à lui faire une petite farce comme souvent aux *rookies* : nous l'avons laissé seul un moment dans le cockpit pendant que nous nous sommes réunis dans le pont inférieur et grimés en fixant chacun sur notre visage une photo de Marc, son frère jumeau et aussi astronaute. Quand il est descendu, il s'est retrouvé nez à nez avec six visages qui lui ressemblaient, puisqu'ils sont vrais jumeaux !

J'étais très proche de Scott. Partageant le même bureau, nous échangions beaucoup. Je lui avais souvent parlé de l'expérience du vol spatial, comme il le déclare dans son propre livre *Endurance*, et il me considérait un peu comme un coach ou un grand frère l'ayant aidé à bien se préparer à son premier vol. Je ne lui avais pas dit que les vétérans faisaient souvent des blagues aux nouveaux. En voici une autre. Après que nous sommes arrivés en orbite, je lui ai caché tous ses slips, sauf un. Quand il a voulu se changer le premier jour, il n'en a trouvé qu'un seul, et nous avons lu de l'inquiétude sur son visage ! Nous l'avons laissé mariner quinze minutes, puis lui avons avoué la blague. Il s'est vengé à la fin du vol sans que je l'aie vu venir ! Au moment de m'équiper pour la rentrée dans l'atmosphère, je cherchais mes sous-vêtements et ma sous-combinaison de refroidissement appelée *Liquid Cooling Garnment,* que l'on porte sous la combinaison orange de protection en cas de dépressurisation. Je ne les trouvais pas. Je commençais à être inquiet, car si nous devions faire une évacuation d'urgence en vol… j'étais mort. Et, de la même façon, au bout de vingt minutes, il m'a dit : « Écoute, Billy Bob, tu m'as fait une bonne blague au début du vol. Donc là j'ai pensé en faire une aussi et j'espère que tu ne m'en voudras pas ! » Je n'avais pas du tout imaginé qu'il trouverait si vite sa vengeance ! Scott a été si bien noté qu'il a été nommé commandant de bord dès son deuxième vol. Nous étions très fiers d'avoir réussi cette mission, et moi en particulier d'avoir inventé ces petites astuces pour gagner du temps lors des sorties dans l'espace. Nous avions le sentiment d'avoir vraiment servi la communauté scientifique. Hubble est encore considéré à ce jour comme le télescope le plus moderne dans l'espace, même si on l'a lancé il y a trente ans. Et John Grunsfeld est celui qui y a le plus contribué, puisqu'il a encore volé sur les deux missions suivantes vers Hubble en 2002 et en 2009.

J'étais pressenti et poussé par John pour une autre mission vers Hubble en 2004. Malheureusement, l'accident de Columbia en 2003 a interdit toute mission autre que vers l'ISS, puisque seule la station pouvait servir de havre de sécurité à l'équipage d'une navette qui aurait subi trop de dégradations du bouclier thermique pour réussir le retour sur Terre. Finalement, une dernière mission vers Hubble fut ressuscitée de justesse par une sénatrice pugnace du Maryland, où se trouvait le centre de contrôle du télescope.

Mais à ce moment-là, tellement d'astronautes de la Nasa n'avaient pas encore volé dans l'espace qu'on décida d'y affecter trois vétérans extrêmement expérimentés et quatre primo-volants. Cette mission vers Hubble, qui eut lieu en 2009, fut celle qui comporta l'équipage le moins expérimenté, mais ses membres eurent beaucoup de temps pour s'entraîner.

Au moment d'écrire ces lignes, le James Webb Space Telescope (JWST), souvent désigné comme le successeur du télescope spatial Hubble, est arrivé à son point de stationnement à 1,5 million de kilomètres de la Terre et a parfaitement réalisé les opérations extrêmement complexes de déploiement puis d'alignement de ses dix-huit miroirs indépendants, avec une précision équivalente à un dix millième de l'épaisseur d'un cheveu humain ! Ses premières images de l'univers lointain, remontant aux origines, dépassent toutes les attentes et lui promettent une vie encore plus riche de découvertes que celle de son prédécesseur.

Quelles sont les grandes étapes dans le métier d'astronaute ?

On peut distinguer trois grandes périodes dans la carrière d'un astronaute : tout d'abord, l'exercice de sa profession avant sa sélection ; puis, la période pendant laquelle il est actif en tant qu'astronaute ; et enfin, une troisième vie lorsqu'il n'est plus éligible pour un vol spatial, soit parce qu'il a quitté le corps actif des astronautes pour occuper des fonctions de management dans son agence spatiale, soit parce qu'il a quitté son agence.

Pendant la période d'activité en tant qu'astronaute, il y a aussi trois grandes phases, dont certaines sont récurrentes : la formation de base, qui est nécessaire avant d'être éligible pour un premier vol ; l'affectation à une mission spatiale, où il s'entraîne à plein-temps, puis part pour l'espace ; et enfin, entre les vols, l'exercice de tâches diverses au sol, où l'expertise qu'il a acquise par ses missions est exploitée comme une valeur ajoutée mise au service d'un programme spatial. Cela peut être le soutien à une mission en cours, l'implication dans une mission à venir, ou la définition de missions plus lointaines utilisant, par exemple, de nouveaux vaisseaux, fusées ou scaphandres.

Un point particulier dans ce métier est que les responsabilités que l'on confie à un astronaute lors de son dernier vol sont de même nature, de même intensité et de même niveau de responsabilités que celles qu'on lui confie pour sa première mission : tant qu'il est actif, il réalise le même type de travail. Prenons le cas de John Young, qui est pour moi à ce jour le plus grand astronaute de l'Histoire, compte tenu de son palmarès spatial. Lors de son premier vol sur *Gemini 3* avec Gus Grissom, qui était aussi le premier vol habité de cette capsule, il a eu des responsabilités de gestion de systèmes, de suivi de procédures, d'essai de techniques de mise en orbite et de rentrée qui ont été aussi importantes et ont requis autant de compétences que celles qu'il a exercées lors de son deuxième vol, sur *Gemini 10*, qui a comporté deux rendez-vous spatiaux vers deux étages de fusée *Agena* à deux altitudes différentes. Le titre de commandant de bord qu'il avait lors de ce deuxième vol ne changeait pas fondamentalement la nature de son travail. Je veux dire par là qu'un astronaute à qui on confie une tâche la réussira parfaitement bien que ce soit lors de son premier vol ou de son sixième. John Young est ensuite allé deux fois vers la Lune, puis a volé à deux reprises à bord de la navette spatiale, dont il a commandé le vol inaugural. Le travail auquel on l'avait affecté au sol entre sa mission précédente et cette mission d'essai de la navette spatiale avait consisté justement à participer à la mise au point des interfaces homme-machine, à tester le logiciel, à aller dans les simulateurs de navette et à valider les procédures. C'est le type de travail que l'on confie à tous les astronautes. Leur expertise est très demandée par les équipes des programmes au sol pour savoir, dans le cas des interfaces homme-machine par exemple, comment disposer les informations sur un écran de contrôle, comment concevoir un manche de pilotage et où placer les interrupteurs dans le cockpit.

On a aussi besoin d'astronautes au sol pour occuper à chaque mission spatiale le poste de *capcom*, diminutif de « capsule communicateur », c'est-à-dire de celui qui est chargé des communications avec l'équipage en vol. C'est du travail de soutien opérationnel. L'astronaute américain Story Musgrave, après son sixième et dernier vol dans l'espace à l'âge de 61 ans, a été *capcom* pour des missions de la navette spatiale, exactement comme il l'avait été à l'époque pour des missions Apollo avant même son premier vol. Les astronautes peuvent aussi être affectés au centre de préparation des vaisseaux spatiaux. Du temps des navettes, on les nommait *cape crusader* : ils allaient régulièrement à Cap Canaveral pour vérifier leur remise en état de vol après chaque retour de mission en vue des suivantes. On peut également impliquer les astronautes dans la définition de programmes, d'équipements ou de vaisseaux futurs : c'est doublement intéressant parce qu'ils sont alors naturellement prédisposés à devenir ceux qui testeront en premier ces nouveaux matériels dans l'espace, comme John Young pour la navette spatiale. Lorsque j'étais responsable du logiciel de la station spatiale internationale et, en particulier, des écrans de contrôle de toutes les interfaces homme-machine, j'allais dans des simulateurs prototypes tester tous les concepts que je définissais.

Il ne faut pas voir les grandes étapes du métier d'astronaute comme celles d'une progression de carrière. Ce n'est pas comparable au monde de l'entreprise, où, au fur et à mesure que l'on acquiert de l'expérience professionnelle, on est affecté à des tâches comportant des responsabilités accrues de gestion humaine, technique ou financière. Certains astronautes ont réalisé au cours de leur carrière plusieurs missions presque identiques. Le Russe Guennadi Padalka, qui détient le record de durée cumulée dans l'espace (878 jours), a volé cinq fois : un vol de quatre mois à bord de la station Mir et quatre de six mois à bord de l'*ISS*. Il a été commandant de bord lors de missions successives qui se sont beaucoup ressemblé en termes de responsabilités et de connaissances requises. Bien sûr, au quotidien, ce n'étaient pas toujours les mêmes expériences scientifiques et technologiques qui étaient réalisées, car le programme expérimental de l'ISS évolue régulièrement, mais le travail restait le même.

Cela dit, depuis 2022, on observe ce qu'on pourrait qualifier de quatrième phase possible dans la carrière d'un astronaute puisque, pour la première fois, une mission privée – *Axiom 1* – a été commandée par un astronaute professionnel privé qui avait quitté son agence spatiale quinze ans auparavant. Ce passage du service public au privé en tant qu'astronaute actif est nouveau en astronautique, mais déjà ancien en aéronautique.

Considérant, d'une part, l'impact sur la vie familiale, les sacrifices et le temps consacré à l'entraînement aux missions spatiales et, d'autre part, la récompense des semaines ou des mois passés dans l'espace, quel bilan faites-vous du métier d'astronaute ? Le recommanderiez-vous ?

Il est fondamental de prendre en considération l'impact sur la vie familiale du métier d'astronaute avant de s'y engager. Dans mon cas, avec un père pilote de chasse dans l'armée de l'air, j'ai été habitué très tôt à changer régulièrement d'école, d'amis et de repères pour la vie quotidienne, car nous déménagions tous les deux ans. Les astronautes sont amenés à voyager souvent et dans le monde entier pour s'entraîner sur les éléments de la station spatiale internationale qui viennent de différents pays. Ils se rendent au Japon, au Canada, dans plusieurs pays européens, en Russie, aux États-Unis. On les fait d'ailleurs souvent voyager le week-end, ce dont ils se plaignent régulièrement car ils considèrent que les déplacements professionnels devraient plutôt être effectués pendant des journées de travail en semaine. Cela illustre les contraintes qui pèsent sur la vie familiale. Certains astronautes sont célibataires et n'ont pas ces difficultés. D'autres étaient tout justes fiancés ou avaient fondé un foyer lors de leur sélection, et le soutien du partenaire est alors naturel. Mais pour les ménages déjà formés avant la sélection, il est souvent plus difficile pour le conjoint de s'adapter à un tel mode de vie. Quand les enfants sont là, des contraintes supplémentaires apparaissent, et il est crucial que toute la famille soutienne la profession de l'astronaute, qu'il soit homme ou femme. Pour ma part, j'ai été sélectionné avant même d'être marié et d'avoir des enfants, et forcément la personne avec laquelle j'ai construit ma vie a compris que c'était là que j'allais investir mon temps professionnel. J'étais basé aux États-Unis, car je volais sur la navette spatiale, j'ai donc eu moins de déplacements à faire que ceux qui s'entraînent aujourd'hui pour des missions dans l'ISS ou pour des programmes internationaux futurs comme le « Gateway ».

Ce qui impacte aussi la famille d'un astronaute, c'est le fait que son métier soit risqué. Son conjoint et ses enfants doivent être informés et comprendre quel est ce risque, et comment il est maîtrisé. L'astronaute lui-même a un rôle pédagogique important pour le faire accepter aux membres de sa famille. Mais le jour du lancement, ce n'est pas facile pour eux. C'est pour cela que les agences spatiales donnent l'occasion aux membres de la famille d'un astronaute d'assister à un décollage avant que ce ne soit à son tour de partir pour l'espace : ils savent ainsi à quoi cela ressemble et peuvent s'approprier cette partie du vol spatial habité.

Certains astronautes ont eu des problèmes familiaux à cause du poids médiatique de leur métier, qui implique aussi beaucoup de déplacements et de sollicitations par les médias et différentes organisations gouvernementales ou privées. Tout cela prend du temps et met en avant son image avec ou sans celle de sa famille, ses proches n'étant pas forcément préparés à cet aspect de la profession.

Aujourd'hui, les agences spatiales ont compris l'intérêt de faire participer les familles à certaines séances d'entraînement de l'astronaute, de manière à les impliquer dans l'aventure. Pour l'organisation des déplacements et des voyages, elles ne considèrent plus les astronautes isolément, mais comme associés à leur conjoint, à leurs enfants et à leur famille. C'est de tout l'ensemble qu'elles s'efforcent de tenir compte. Ces stratégies nouvelles permettent de mieux faire accepter les contraintes du métier d'astronaute par leur entourage proche.

Quel bilan faites-vous aujourd'hui de votre métier ?

Enfant, je rêvais d'aller dans l'espace, mais comme je l'ai dit plus haut, je n'imaginais pas que cela nécessiterait d'en faire un métier ou que c'était un lieu de travail pour des professionnels. Dans ma tête de gosse, je voulais le faire juste pour le *fun* ! Plus tard, j'ai eu la chance de bénéficier d'un concours de circonstances favorable : être dans le bon pays au bon moment pour candidater au métier d'astronaute, avoir un bon bagage académique, un bon dossier médical, et un peu de chance à la fin pour faire partie des finalistes sélectionnés. Il y a tant de personnes qui aimeraient exercer ce métier mais qui ne sont pas nées au bon endroit, qui ne sont pas dans la tranche d'âge demandée au bon moment ou qui ont des problèmes médicaux. Quelqu'un qui rêve depuis son enfance d'être astronaute n'a pas la garantie d'y arriver, même s'il réunit toutes les conditions pour cela. Le facteur chance intervient toujours. Pour ma part, moi qui suis un fana de l'espace et des techniques spatiales, un astronauticien dans l'âme, je me suis totalement réalisé en tant qu'être humain en ce qui concerne mon parcours professionnel et mon métier. Si je devais en faire un bilan, ce serait que je ne regrette rien. Si j'avais à recommencer, je referais exactement la même chose. Mais ce n'est pas parce que je me suis épanoui dans ce métier fantastique que je le conseille à toute autre personne avec la garantie qu'il la rendra heureuse.

Justement, à qui conseilleriez-vous ce métier et à qui ne le conseilleriez-vous pas ?

Ma profession n'est certainement pas à recommander à tout le monde, mais plutôt aux passionnés qui en rêvent. Un bon astronaute est d'abord celui qui sait au fond de lui-même que ce type d'activité professionnelle lui plaît et qu'il a envie d'y investir sa vie. Mais ce métier ne conviendra pas à une personne non adaptée mentalement ou psychologiquement pour l'exercer, qui n'a pas l'adresse gestuelle requise ou l'intérêt pour la technique que j'ai eus. Je ne le conseille à quelqu'un que si je le sens fait pour cela dans sa tête, dans son corps, dans son cœur, dans sa volonté profonde. Je croise parfois des personnes dans des clubs de parachutisme ou d'aviation à propos desquelles je me dis qu'elles feraient d'excellents astronautes. Si elles me demandent des conseils, je passe du temps à dialoguer avec elles. Je réponds régulièrement à des questions de jeunes me demandant mon avis et des suggestions sur leur parcours. Par exemple, telle ingénieure en propulsion spatiale qui est aussi championne de parachutisme, ou telle doctorante en biologie, qui pratique la course au large, l'Ironman et l'alpinisme. Ce sont des personnes ayant un excellent bagage scientifique ou technique et qui démontrent aussi de par leurs activités extraprofessionnelles leur goût pour l'aventure et l'effort dans des disciplines exigeantes, sans être casse-cou pour autant. Elles ont envie de devenir astronautes parce qu'elles savent que cela leur permettra d'aller encore plus loin dans leur passion. Je leur conseille, bien sûr, de tenter la sélection, en les prévenant qu'on n'est jamais certain d'être retenu à la fin du processus, comme je le disais plus haut, même si on a tous les atouts et qu'on réussit toutes les étapes. Il y a toujours à la fin quelques dizaines de finalistes tous déclarés bons pour le job, mais seulement six, sept ou huit, pas plus, sont retenus. Il n'y a pas en Europe de sélection de vingt ou trente astronautes à la fois, comme l'a fait la Nasa dans le cadre du programme de la navette spatiale.

Une chose très importante est de ne pas sacrifier une passion que l'on a au fond de soi ou une carrière « terrestre » pour laquelle on se sent fait, dans le but d'augmenter ses chances de devenir astronaute d'après ce que l'on croit ou ce que l'on entend. Des personnes me posent souvent la question de savoir si cela vaut le coût qu'elles choisissent certaines études plutôt que d'autres dans le but d'être astronautes, et devenir de préférence pilote, ingénieur ou médecin. Je leur réponds qu'il faut d'abord faire ce qui leur plaît sur Terre. Si elles étudient dans le domaine des sciences, des techniques, de l'ingénierie ou des mathématiques, ce qu'on nomme *STEM* dans le jargon anglo-saxon, c'est un bon point, parce que les astronautes sélectionnés à notre époque ont tous suivi des études et exercé un métier à caractère « mathématico-scientifico-technique ». Certains viennent de métiers opérationnels, ce ne sont pas forcément des matheux, mais ils savent manipuler des machines complexes, aiment la technique et les opérations. Ils sont scaphandriers, sous-mariniers, pilotes d'avion ou d'hélicoptère. Un autre exemple est celui des médecins, qui ont arrêté assez tôt les mathématiques dans leurs études, mais ont quand même développé un esprit scientifique. Il y a aussi des ingénieurs et des scientifiques. Mais toujours pas de juristes, d'écrivains, d'artistes ou de professionnels des sciences sociales. Cela dit, certains candidats cumulent parfois en parallèle des parcours brillants dans les *STEM* et non *STEM*.

Finalement, lorsque vous conseillez ce métier, que mettez-vous en avant ?

Quand je conseille le métier d'astronaute, j'explique qu'il est exaltant à plusieurs titres. Tout d'abord, il est très enrichissant intellectuellement. On apprend beaucoup de choses dans des domaines techniques et des disciplines très variés, comme les mathématiques, la géométrie, la mécanique orbitale, la propulsion spatiale, la photographie, l'énergie, l'automatique, etc. On nous enseigne le pilotage et, pour ceux qui aiment l'habileté gestuelle, c'est toujours excitant de chercher la précision des mouvements et de la trajectoire. On étudie les systèmes de support-vie des vaisseaux spatiaux de nouvelle génération qui recyclent l'atmosphère et les liquides. La formation inclut aussi une familiarisation avec les sciences qui bénéficieront de nos missions spatiales, telles que l'océanographie, la climatologie, la géologie, la physiologie humaine, la biologie, la physique fondamentale. Pour les astronautes, c'est l'occasion de s'ouvrir à un large éventail de domaines fascinants.

Ensuite, ce métier permet de réaliser des activités d'exploration et de découverte, et donc de satisfaire son goût pour l'aventure. Chaque mission spatiale en a sa part : les sorties dans l'espace, la capture de satellite, la manipulation d'outils complexes. Ceux qui retourneront sur la Lune et iront sur Mars exploreront de nouveaux territoires. C'est une perspective extraordinaire pour les générations actuelles, à l'image de celle des astronautes du programme

Apollo. Certains aiment aussi éprouver la sensation de puissance que l'on ressent à maîtriser des énergies hors du commun. Car on parle de dizaines de gigawatts lors d'un lancement de fusée.

Sur le plan humain, c'est un métier très gratifiant. Les astronautes forment une confrérie, une communauté très soudée. Même sans se parler, les hommes et les femmes qui ont l'expérience du vol spatial et qui se rencontrent lors d'événements publics ont déjà un lien par le simple regard : ils savent qu'ils font partie d'une même famille dont les membres ont vécu quelque chose d'extraordinaire et d'extraterrestre, en prenant de grands risques et en ayant traversé les mêmes souffrances et sacrifices pour y arriver.

Et puis, il y a la satisfaction de réussir des missions d'exploration comportant des défis de très haut niveau, qui contribuent à l'accroissement des connaissances au bénéfice de la communauté scientifique, de la société et de l'humanité au sens large, pour l'amélioration des conditions de vie, de santé et de sécurité de tous les Terriens.

C'est pour cet enrichissement intellectuel, pour le dépassement de soi et pour la satisfaction d'être au service d'une cause noble que je conforte ceux qui, au fond d'eux-mêmes, ressentent l'envie de devenir astronaute sans qu'ils sachent toujours pourquoi.

Les astronautes d'aujourd'hui sont-ils les mêmes que ceux du début de la conquête spatiale ?

En tant que professionnels, les astronautes réalisent toujours des tâches similaires, qui sont celles d'opérateurs de machines complexes. Au début de la conquête spatiale, ces machines étaient les vaisseaux, les scaphandres et les matériels robotiques. À notre époque, il y a en plus un éventail très large d'appareillages scientifiques qu'ils doivent savoir manipuler. Les astronautes d'aujourd'hui sont très différents au niveau de leur profil type, qui est passé de masculin militaire pilote d'avion à haute performance et pilote d'essai à celui de femme civile scientifique non-pilote, qualifiée dans des domaines très éloignés de l'aéronautique ou de l'astronautique. La pilote du deuxième vaisseau *Crew Dragon*, par exemple, était océanographe. Les profils sont désormais très divers : dans les dernières sélections, la moitié des astronautes sont scientifiques de profession. Il y a toujours des pilotes et des opérateurs, mais ils sont recrutés dans des gammes de métiers plus larges, comme les pilotes d'hélicoptère ou les sous-mariniers.

Pourquoi ces profils ont-ils évolué ? Tout d'abord, cela vient de l'évolution des missions. Les premiers séjours dans l'espace consistaient à évaluer la capacité de l'être humain à travailler, vivre et dormir normalement dans cet environnement. À l'époque, tout était à apprendre, on ne connaissait rien. C'est pour cela que le profil de pilote d'essai convenait très bien, car leur travail consiste justement à essayer de nouvelles machines, à ouvrir ce qu'on appelle le domaine de vol, c'est-à-dire le domaine de fonctionnement d'un nouvel engin. Aujourd'hui, les astronautes montent dans des vaisseaux certifiés qui ont déjà été mis au point et validés lors d'essais en vol, des vaisseaux spatiaux habités depuis des années, voire des décennies comme la Station spatiale internationale. Ils ne testent rien de vraiment très nouveau en termes de matériel critique. Bien sûr, lors de chaque mission, on améliore certains équipements, par exemple les systèmes de recyclage de l'atmosphère, donc cet esprit d'essai perdure. En revanche, un astronaute reste toujours un explorateur dans le sens où chaque mission comprend des objectifs nouveaux par rapport aux missions précédentes. Ce sera le cas notamment avec le retour vers la Lune dans les années à venir, qui va faire appel à des vaisseaux différents et confronter un peu les équipages à l'inexploré, même si la Lune a déjà été visitée.

J'appelle volontiers les premiers astronautes les « cow-boys de l'espace », car ils s'aventuraient dans des domaines inexplorés sans savoir exactement dans le détail comment ils allaient s'y prendre. Ils innovaient en réalisant des manœuvres parfois un peu acrobatiques et prenaient des décisions en temps réel qui n'étaient pas écrites dans les procédures. C'étaient des pilotes qui cherchaient tous à aller toujours plus haut et plus vite ; ils n'étaient pas forcément passionnés d'espace, mais pour eux l'espace était la façon d'atteindre ces buts. La priorité, pour certains, n'était pas de servir leur pays, mais de réaliser une activité en phase avec leur goût pour l'aventure, la puissance, la vitesse et l'altitude. Aujourd'hui, on maîtrise très bien ce qu'on fait en orbite basse terrestre, c'est d'ailleurs pour cela que la Nasa sous-traite désormais les services de transport d'astronautes. Tout est devenu très codifié, les procédures sont très détaillées et ont été validées par des groupes d'experts ; les astronautes ne prennent pas d'initiatives vraiment importantes sans avoir consulté le centre de contrôle. Cela se reflète dans l'atmosphère qui règne dans les installations au sol où les astronautes travaillent et se préparent à leur mission. Si vous comparez cet environnement à celui dans lequel travaillaient et s'entraînaient les astronautes de l'époque Mercury, Gemini et même Apollo aux États-Unis, vous sentez que c'est devenu un peu plus bureaucratique et aseptisé. C'est un peu pareil en Russie, à la Cité des étoiles. Les profils ont changé et l'ambiance a changé également. L'astronaute actuel ne fait plus d'écarts de langage ou de comportement. Il doit même formellement adhérer à un « code de conduite de l'équipage » et le signer. Il respecte des règles bien définies, la désobéissance étant moins acceptée que par le passé. Au début de l'ère spatiale, les premiers astronautes et cosmonautes avaient aussi une autorité importante sur le programme : les commandants de bord choisissaient leurs membres d'équipage et pouvaient tenir tête à un chef de programme en lui imposant leur point de vue. Aujourd'hui, l'astronaute ne se positionne plus au même niveau que le haut de la hiérarchie et doit se soumettre aux instructions, aux obligations et aux exigences des directeurs. Il ne peut plus exiger juste par son aura, en le proclamant haut et fort en réunion, la modification d'une procédure, d'un système ou d'une organisation du plan de vol.

Dans l'espace, au cours de la mission, les comportements aussi ont évolué. Il arrivait que des astronautes désobéissent aux ordres du contrôle au sol ou fassent semblant de ne pas les entendre. Aujourd'hui, le directeur de vol est reconnu par tous comme l'autorité numéro un lors d'une mission. Un astronaute qui ne respecterait pas ses consignes pourrait être sanctionné, mis à pied, voire ne jamais revoler dans l'espace. De même, alors qu'il s'est produit dans le passé de graves altercations en vol entre astronautes du fait de personnalités à fort ego et de conditions de vie très rudes à bord, les relations des astronautes entre eux sont bien meilleures de nos jours. Cela vient du fait que les critères de sélection en matière de personnalité privilégient désormais l'empathie et la capacité de travail en équipe et que la qualité de vie dans les vaisseaux modernes est bien meilleure.

En conclusion, je dirais que dans la mentalité, dans la façon de recruter, dans les profils professionnels sélectionnés pour faire partie des nouveaux corps d'astronautes, nous sommes vraiment dans une nouvelle ère par rapport au début de la conquête spatiale. Mais, même si nous sommes entrés dans un certain ordre et une certaine discipline, l'esprit d'explorateur, la passion, l'envie de se dépasser, restent toujours présents chez les astronautes professionnels depuis le premier vol habité de Youri Gagarine dont on a célébré le soixantième anniversaire en 2021.

Certains astronautes de légende ont-ils été des modèles pour vous ? Quels rapports avez-vous eus avec eux ?

Tous les astronautes ont leurs modèles. Beaucoup d'astronautes de légende m'ont impressionné du côté russe comme du côté américain. Parmi les cosmonautes, que j'ai moins fréquentés, j'ai partagé plusieurs moments avec Alexeï Leonov, que j'admirais pour avoir réalisé de grandes premières spatiales. Il a été le pionnier des sorties dans l'espace, il a aussi participé à un vol mémorable dans l'histoire de la coopération entre les deux grandes puissances : la rencontre Apollo-Soyouz en orbite. C'était quelqu'un de jovial, qui aimait chanter, danser, raconter des anecdotes. Il m'a donné la conviction qu'un cosmonaute est le type même du gars sympa ! Pourtant, c'était un dur à cuire, il y avait une force tranquille perceptible en lui, doublée d'une force physique incroyable. Je pense aussi à Vladimir Djanibekov, qui fut le commandant de bord de la première mission de Jean-Loup Chrétien, un cosmonaute au regard d'acier clair et perçant, reconnu pour être le commandant idéal des missions en coopération internationale. Il a à son actif plusieurs vols avec des astronautes non soviétiques : cinq en sept ans, un record. J'ai eu la chance de l'avoir comme guide personnel à Tachkent lors d'un congrès d'astronautique sur les vols habités, et il m'a fait visiter sa ville puisqu'il est d'origine ouzbek. Toutefois, je ne dirais pas que ces cosmonautes ont été des modèles pour moi, dans le sens où je n'ai pas ressenti l'envie de leur ressembler, probablement parce que trop éloigné de leur culture, mais j'ai de l'admiration pour leurs exploits.

Ce sont donc plutôt des astronautes américains qui furent des exemples pour vous ?

Oui, deux d'entre eux le furent, en plus d'être aussi des amis personnels. Tout d'abord, Story Musgrave, le seul à avoir volé sur les cinq navettes américaines, et le second à avoir totalisé six vols dans l'espace. Story Musgrave était quelqu'un qui pensait « *out of the box* », comme on dit. Il se posait des questions qu'aucun astronaute ne se posait. Il allait au-delà de la technique, il était curieux de tout. Sa biographie est si incroyable qu'elle donne l'impression qu'il a vécu plusieurs vies. Son enfance et son adolescence atypiques n'auraient pas laissé croire un seul instant qu'il deviendrait astronaute. Après avoir raté son bac et s'être engagé comme mécanicien à bord d'un porte-avions, il s'est finalement passionné pour les études et a été diplômé en mathématiques, en chimie, en informatique, en médecine, en physiologie et en littérature ! Puis il a eu une carrière d'astronaute des plus riches et a battu plusieurs records. C'est quelqu'un à qui j'avais envie de ressembler, notamment pour sa manière d'appréhender le vol spatial comme une expérience extraterrestre. Il profitait de chaque moment libre en orbite pour analyser les bouleversements subis par son corps dans l'environnement spatial et aussi ses réactions mentales. Il essayait de se sentir devenir un véritable « *spaceman* », selon son expression, c'est-à-dire un être appartenant à l'espace et non plus juste un Terrien qui tente de s'y adapter tout en continuant à penser comme un Terrien. C'était ainsi que je voulais vivre ma propre expérience. Alors que j'étais en quarantaine avant mon premier vol, il a eu la gentillesse de venir me voir, et m'a donné des idées de choses vraiment inouïes à faire ou à ressentir dans l'espace. Par exemple, se forcer à vivre une journée entière en positon inversée dans la navette, c'est-à-dire la tête en bas, debout sur le plafond, ce qui est facile à faire puisqu'en apesanteur on peut aisément orienter son corps dans n'importe quelle direction. Or la tendance naturelle des astronautes, qui se réfèrent aux séances de simulation effectuées sur Terre, est de se positionner toujours avec les pieds vers le plancher.

J'ai eu la chance aussi de l'avoir comme coach lors de mes tout premiers entraînements en piscine pour obtenir ma qualification pour les sorties dans l'espace. Cela se passait à Houston, dans un immense bassin où était immergée une maquette de la soute de la navette spatiale. Un astronaute chevronné accompagnait chaque nouveau qui commençait ces exercices de qualification. J'avais effectué la première plongée avec Claude Nicollier, un ami astronaute suisse ; Story fut mon coach suivant. Un jour, nous nous entraînions dans l'eau à réaliser une sortie dans l'espace pour fermer à la main les portes de la soute de la navette en cas de défaillance de la commande des moteurs de fermeture. Pour cela, il fallait manipuler des outils particuliers qui demandaient des efforts importants dans les avant-bras et les mains. Cela nécessitait de déployer auparavant un cale-pied pour se fixer. Ce jour-là, contrairement à la méthode proposée dans la procédure, Story Musgrave m'a dit qu'il allait se fixer à des arceaux à proximité et me tenir par les jambes. Comme cela, si j'avais besoin de me déplacer, il le ferait et je n'aurais pas à repositionner le cale-pied. Les procédures de positionnement du corps pendant les sorties dans l'espace ne sont que des méthodes suggérées par analyse. Elles ne sont pas obligatoires, contrairement aux procédures de gestion du cockpit. L'instructeur nous laissait donc faire tant que la tâche était accomplie. Cette proposition de Story m'a rappelé la tentative de déploiement manuelle d'un panneau solaire de la station Skylab par un astronaute à moitié sorti de la capsule, lui-même retenu par les jambes par un collègue sanglé dans son siège pendant que le troisième actionnait les moteurs du vaisseau pour faire bouger l'ensemble. Story Musgrave a été un modèle pour moi dans le sens où il m'a aidé à me développer en tant qu'astronaute au-delà de la compétence technique opérationnelle pure, et à apprécier le vol spatial dans tous ses aspects.

Le second astronaute que vous citez souvent comme modèle est John Young.

Oui, c'est un autre astronaute de légende américain et, pour moi, le plus grand de l'Histoire à ce jour. En 1983, il totalisait six vols spatiaux, et ce n'est que quinze ans plus tard qu'un autre a égalé ce chiffre, Story Musgrave en l'occurrence ! Il a participé à deux vols Gemini, dont le premier, à deux vols Apollo vers la Lune, dont un alunissage, et à deux vols en navette spatiale, dont le premier. J'ai adoré lire sa biographie qui s'appelle *Forever Young*, je la conseille à tout fana d'aéronautique et d'espace, car son parcours est exceptionnel. Il était brillant à l'école et donc bien parti, contrairement à d'autres astronautes plutôt en échec dans leur adolescence et qui ont rebondi suite à des déclics ou à des rencontres. C'était juste un gars bien sous tous rapports : bien à l'école, bien dans le sport, bien socialement. Il tenait ses engagements personnels et professionnels, comme celui d'avoir voulu devenir pilote d'avion de chasse en ayant dû commencer par être marin, puis pilote d'hélicoptère. En tant qu'astronaute et pilote d'essai, il allait au cœur du sujet, presque plus curieux techniquement et plus pointu qu'un ingénieur. J'admirais aussi son souci de la sécurité, présent dans tout ce qu'il faisait. Il était d'ailleurs assistant du directeur du centre des vols spatiaux pour les questions de sécurité, qu'il cherchait toujours à améliorer.

Je l'ai eu comme instructeur dans le cockpit du simulateur de vol haute-fidélité de la navette spatiale. Il occupait la place de gauche, celle du commandant de bord, et moi la place du pilote, à droite. Lors d'une séance dédiée aux avortements de lancement dus à d'autres pannes que celle des trois moteurs, par exemple une dépressurisation de la cabine quelques minutes après le décollage, il m'a dit : « Je vais te montrer une façon de retourner au sol plus vite que ce que prévoit la procédure normale. » Celle-ci se cale, en effet, sur le scénario de perte d'un moteur, et les ordinateurs calculent alors les manœuvres de retournement pour revenir vers le site de lancement où se trouve la piste, en fonction du débit de carburant consommé par les deux moteurs restants. John m'a expliqué : « La trajectoire de retour avec deux moteurs a été qualifiée à la suite d'un très grand nombre de simulations. C'est pour cela qu'on s'y tient, mais je suis sûr qu'on pourrait faire mieux. Voilà ce que nous allons faire : au moment de déclarer le retour d'urgence, tu pousseras la manette des gaz à fond pour contrecarrer la réduction de poussée des trois moteurs commandée par les ordinateurs; la consommation de carburant étant alors plus rapide, on reviendra sur Terre en moins de vingt minutes au lieu de trente. Cette façon de faire n'est pas proposée dans la *check-list*, uniquement parce qu'on n'a pas pris le temps de l'évaluer complètement. Mais cette séance de simulation te montrera de quoi est capable la navette. » John avait une connaissance très poussée de la machine, et connaissait les procédures par cœur, puisque c'était lui qui les avait mises au point. Mais pour autant, il était pragmatique et ne négligeait pas certaines astuces qui permettaient de gagner du temps.

J'apprenais avec lui à développer ce que l'on appelle la « *situational awareness* », cette capacité à conserver une vision globale de la situation tout en gardant sa concentration sur une action précise. Dit autrement, il s'agit de la faculté d'appréhender son environnement dans sa globalité sans perdre le fil de l'action en cours. Cela développe une forme d'intuition très utile dans une mission spatiale, et rend aussi service dans toute situation complexe de la vie courante qui nécessite de prendre en compte un grand nombre d'informations simultanément.

Vous avez déjà évoqué vos vols en T-38 avec John Young. Ils restent mémorables pour vous.

J'adorais voler avec John Young en T-38, et lui m'aimait bien parce que je m'accommodais facilement de ce que certains qualifieraient peut-être de caprices, en tout cas de sa façon de faire. Voler avec lui en T-38 était vraiment un *must* ! La première fois que j'ai volé avec John, j'ai désespérément cherché dans les armoires du hangar de la base d'Ellington, où étaient basés les T-38, mon sac de vol qui contenait mon casque, ma tablette, mes gants et mon parachute. Le mécanicien m'a dit : « Ne cherche pas. Quand on vole en T-38 avec John Young, on est traité comme si on partait dans l'espace, tout l'équipement est déjà installé dans le cockpit ! » Habituellement, seul le prochain équipage à décoller en navette bénéficiait de ce service de luxe de pouvoir aller jusqu'aux avions sur le parking sans rien porter, juste vêtu de la combinaison de vol. Avec John, il y avait exception ! Dans l'avion, le partage des tâches était simple. Il pilotait pendant la première moitié du vol et je m'occupais de la navigation et de la radio. Et, à mi-parcours, il me disait : « À toi les commandes, je fais la navigation et la radio. » Et là, il n'hésitait jamais à répondre à mes questions sur ses missions Gemini et Apollo, ou sur les problèmes techniques du développement de la navette spatiale.

C'était quelqu'un qui avait un cœur énorme. Il était aussi très juste, antipolitique, anticopinage. Il voulait bien faire le job en se donnant le temps qu'il fallait, en se posant toutes les questions, même celles auxquelles les autres ne pensaient pas. Il allait plus loin que tout le monde pour creuser les détails. Quand, à l'approche de ses 70 ans, son autorisation de vol en T-38 a été conditionnée à la présence d'un *duty day extender*, c'est-à-dire un copilote en place arrière lui permettant de voler longtemps sans devoir faire de longues pauses sur une journée entière, il me disait souvent : « *Billy Bob, do you want to kick the tires at KSC ?* » (« Billy Bob, est-ce que tu viens avec moi pour aller taper dans les pneus de la navette au centre spatial Kennedy ? »), car il aimait se rendre sur le terrain pour voir les techniciens préparer les navettes pour les missions suivantes.

Il m'a invité plusieurs fois chez lui à titre amical et en famille. Nous étions juste entre nous avec mes enfants, ma femme Laurence et sa femme Suzy, et c'était délicieux. C'était un grand astronaute pour ses qualités professionnelles et aussi ses qualités humaines, une personnalité droite, loyale, passionnée et dévouée, idéale dans cette ère pionnière de l'astronautique. C'est peut-être pour cela qu'il a réalisé des choses prestigieuses. Bien sûr, il s'est trouvé au bon moment au bon endroit, mais pourquoi l'a-t-on choisi lui plutôt qu'un de ses collègues de promotion ? Parce que c'était un grand monsieur. Comme quoi, pour atteindre les sommets, le meilleur moyen n'est pas de jouer des coudes ou d'essayer d'écraser ses voisins, mais d'avancer honnêtement et avec engagement dans la mission que l'on s'est donnée ou que l'on a acceptée.

Je remercie ces personnes qui m'ont accompagné au cours de ma dizaine d'années passées à Houston en tant qu'astronaute de la Nasa et qui m'ont donné envie de progresser encore pour leur ressembler. J'ai vu en John Young l'astronaute que je souhaitais être dans le travail, car pour moi il était le meilleur d'entre nous, tant pour les tâches à réaliser en orbite et la façon de s'y préparer au sol, que pour les activités annexes de soutien aux programmes. En Story Musgrave, j'ai vu celui dont je voulais partager l'enthousiasme pour tout ce qui était au-delà de la performance d'astronaute.

Je termine par dire quelques mots sur Charles Précourt, qui n'est peut-être pas un astronaute de légende, mais qui fut un grand astronaute pour moi. Désigné comme mon parrain dès mon arrivée à la Nasa, il fut le commandant de bord de mon deuxième vol spatial. Lorsqu'il était chef du bureau des astronautes, c'est lui qui m'a convoqué pour m'affecter à ma troisième mission. J'ai aussi beaucoup volé en T-38 avec lui. Il parlait français et nous avons partagé plusieurs voyages pour visiter ses amis de longue date en France. C'était un astronaute de très haut calibre, reconnu comme l'un des plus performants et compétents. Il a contribué, par exemple, à mettre au point les procédures détaillées d'avortement d'urgence du lancement de la navette en cas de perte d'un, de deux ou de trois de ses moteurs cryogéniques, selon les recommandations de John Young, qui souhaitait donner une véritable chance de survie à tout équipage faisant face à des scénarios considérés comme impraticables auparavant.

L'histoire et l'utilité de la conquête spatiale

Vous avez co-écrit une *Histoire de la conquête spatiale*. Quels sont les épisodes de celle-ci que vous mettriez en avant ?

Je crois que tout est passionnant dans ce livre dédié aux vols habités, parce qu'il relate une épopée spatiale riche de prouesses humaines, technologiques, et de réalisations remarquables. Mais s'il faut insister sur certains épisodes, je ne pourrais pas ne pas évoquer pour commencer le premier humain à avoir voyagé dans l'espace, Youri Alexeïevitch Gagarine. Son vol est important parce que ce fut le premier et qu'il fut réussi. Qui plus est, ce fut d'emblée un vol orbital, donc plus difficile techniquement et plus long que les vols suborbitaux que les Américains effectuèrent un peu plus tard, d'une durée de quelques minutes seulement. L'exploit de Youri fut le résultat d'une décision politique audacieuse, une prouesse technologique et une performance humaine de l'astronaute et de l'équipe qui réussit malgré la pression. Et surtout, il a marqué le début d'une très grande aventure de l'Humanité. Je cite souvent les premiers mots de Gagarine dans l'espace : « Je me sens bien et c'est magnifique. » S'il avait dit « Je ne me sens pas bien et le paysage est décevant », cela aurait cassé tout de suite l'aura du vol spatial. Mais ses mots ont été répétés par tous ceux qui l'ont suivi et ont même poussé plusieurs milliardaires à s'offrir un vol touristique en orbite terrestre pour quelques dizaines de millions de dollars.

Le deuxième épisode que je citerais est évidemment Apollo 11. Bien sûr, je saute quelques étapes importantes : la première femme dans l'espace, le premier humain à effectuer une sortie dans le vide spatial en scaphandre, mais je dirais que cela devait arriver, ce n'étaient pas des étapes aussi fondamentales. Apollo 11, c'est l'aboutissement d'une course effrénée à l'espace entre deux superpuissances, que les Américains ont gagnée malgré des échecs cuisants, voire fatals, au sol ou au décollage. Les vols préparatoires se sont tous déroulés avec succès, puisque les équipages sont toujours revenus sains et saufs, ils ont permis d'apprendre beaucoup pour rendre les missions suivantes toujours plus sûres. Malgré les incidents survenus lors des vols Mercury, Gemini et Apollo qui ont précédé Apollo 11, les Américains ont tenu le pari de réussir à poser des humains sur la Lune avant la fin de la décennie des années 1960. Ce furent les premiers à fouler le sol d'un autre corps céleste, à découvrir une autre gravité.

Le troisième épisode que je mettrais en avant, parce qu'il a été très médiatisé et qu'il a bouleversé une grande partie de la population, c'est l'accident de la navette spatiale Challenger. Deux accidents mortels étaient survenus avant celui-ci du côté russe avec des vaisseaux Soyouz, mais les médias n'en avaient pas beaucoup parlé : le premier lors d'un vol d'essai avec un prototype, le second lors de la rentrée atmosphérique d'un équipage de trois cosmonautes. En janvier 1986, quand Challenger a décollé, vingt-quatre tirs de navettes spatiales avaient déjà été effectués avec succès. Il s'était donc installé une certaine confiance dans le système. Si je cite Challenger, c'est surtout parce que cette mission fut une tentative de démocratisation du vol spatial en montrant que même une personne non astronaute professionnelle, en l'occurrence une institutrice, pourrait voler dans l'espace. Et pourtant, cette mission nous a appris que le vol spatial reste très risqué, même lorsqu'on pense qu'il est devenu relativement banal. Le constat a été fait aussi que le management pouvait devenir trop complaisant sous la pression politique, et négliger les avertissements donnés avant le lancement par les spécialistes, qui avaient prévenu qu'il faisait trop froid pour lancer une navette. Beaucoup de leçons sont à tirer de cet accident qui fut la première catastrophe humaine en vol avec perte d'équipage suivie mondialement en direct. Elle a permis de comprendre que cette activité devait être réservée à des professionnels. Notons que les quatre accidents mortels en vol survenus à ce jour – les deux accidents soviétiques en 1967 et 1971, celle de

Challenger dont nous parlons ici, puis celle de Columbia en 2013 – ont toujours eu lieu dans la phase très dynamique de la montée ou de la rentrée dans l'atmosphère. D'autres incidents graves sont survenus dans l'espace en orbite terrestre, vers la Lune et autour de la Lune, mais à chaque fois les équipages ont été ramenés sains et saufs.

Le quatrième épisode que je citerai est la performance du cosmonaute Valery Poliakov, qui détient à ce jour le record de durée passée dans l'espace en continu. Depuis son exploit en 1995 qui, soulignons-le, n'a jamais été égalé ou battu, on sait qu'un humain peut vivre quatorze mois exposé aux effets de l'apesanteur et retrouver une vie normale sur Terre. C'est donc encourageant pour les vols de longue durée qui devront avoir lieu dans le futur, pour aller vers Mars par exemple.

Le cinquième épisode que je trouve important est le premier vol habité réalisé par la Chine en 2003. Comme ce pays n'avait jamais volé en coopération avec la Russie auparavant, le premier Chinois dans l'espace fut lancé par une fusée chinoise dans une capsule chinoise depuis le territoire chinois. Cela a montré la progression spectaculaire de ce pays dans le domaine spatial et a élargi le nombre des puissances qui maîtrisent le vol habité, quarante ans après les Soviétiques et les Américains dans les années soixante. J'ai participé en 2018 à la célébration du cinquantième anniversaire de la création du centre des astronautes chinois à Pékin, l'ACC ou *Astronaut Center of China*. Entre la création de ce centre en 1968 et le premier vol d'un Chinois, il s'est passé trente-cinq ans, mais depuis cette nation a fortement progressé. Si j'ai donné cet exemple d'épisode majeur de la conquête spatiale, c'est parce qu'il est important de montrer qu'un grand pays visionnaire et volontaire peut s'engager seul dans un programme spatial sans qu'il y ait nécessairement de course ou de compétition à la performance avec un autre.

Enfin, pour terminer, je voudrais souligner un épisode ou plutôt une période, la décennie 2020-2030, qui représente plusieurs chapitres à fin du livre sur l'histoire de la conquête spatiale. Elle permet de présenter au lecteur l'ère astronautique actuelle qui s'annonce fantastique avec la reprise du tourisme en orbite, le retour vers la Lune, l'arrivée de nouveaux vaisseaux de transport, de nouvelles stations spatiales… En une décennie, nous allons vivre de nombreux bouleversements et innovations, dont de nouvelles façons de décider, financer et gérer des programmes spatiaux. C'est une période captivante qui a déjà commencé, pour laquelle nous avons voulu donner au lecteur l'image la plus réaliste de ce qui va se produire soixante ans après les premiers vols habités dans l'espace.

Quels sont vos souvenirs du premier pas de l'Homme sur la Lune en juillet 1969 ?

J'avais dix ans et demi en juillet 1969. Donc je garde des souvenirs assez forts du premier pas de l'Homme sur la Lune, même si peut-être certains détails m'échappent. J'avais été préparé à cet événement par mon professeur du CM2, qui nous parlait régulièrement de l'espace à l'occasion des missions Apollo préalables à l'arrivée d'humains sur la surface de la Lune. Donc, dans la classe, nous attendions tous avec impatience ce moment qui, de surcroît, était prévu après la fin de l'année scolaire, donc sans contraintes susceptibles de gêner le suivi en direct. À la maison, nous étions convenus avec mes parents que, le jour J, ils nous réveilleraient au milieu de la nuit pour assister à l'événement : le soir, nous irions nous coucher un peu plus tard que l'heure normale pour voir l'alunissage vers 21 h, puis irions dormir quelques heures avant de revenir vers 3 h du matin devant le poste de télévision pour assister aux premiers pas sur le sol lunaire.

Cette nuit-là, nous nous sommes donc retrouvés en famille tous les cinq devant notre écran en noir et blanc. Je me souviens très bien des images un peu floues d'une caméra qui montrait des ombres : l'ombre du module lunaire, l'ombre d'une silhouette qui bougeait et apparemment descendait une échelle. Ce n'était pas très net. Et quelques instants plus tard, sur une partie de l'écran, l'image du président américain Richard Nixon qui conversait par radio en direct avec l'équipage d'Apollo 11 posé sur la Lune. J'étais fasciné de voir qu'il était possible que des personnes situées sur la Terre et sur la Lune puissent dialoguer entre elles. Je connaissais le principe de la radio, mais je n'avais pas encore vu la série *Star Trek* qui, plus tard, a démultiplié mon intérêt et ma passion pour l'espace. Mon père, qui était pilote de chasse et donc très averti sur les questions aéronautiques et spatiales, commentait ce qui se passait sous nos yeux. Je me souviens que nous ne nous sommes pas couchés tout de suite après. Cette nuit-là, nous n'avons pas beaucoup dormi, et il était déjà clair que nous n'allions pas manquer un seul des alunissages suivants.

Je n'avais pas vraiment conscience, même si le professeur nous l'avait dit à l'école, qu'il s'agissait d'une compétition entre deux grandes puissances spatiales. C'était plutôt à mes yeux un exploit réussi par des humains comme vous et moi, mes parents, mon professeur ou bien des gens dans la rue. Ils avaient été capables de voyager vers la Lune, de s'y poser et de se tenir debout à sa surface. Je comprenais tout de même qu'un grand nombre d'hommes et de femmes sur Terre avaient contribué à ce succès : il avait bien fallu que des gens inventent et construisent la fusée et les vaisseaux spatiaux qui avaient permis ce voyage.

C'est donc pour moi un souvenir d'exploit de l'Humanité, et je le ressens toujours comme tel plus de cinquante ans après. Aujourd'hui, bien sûr, je sais qu'il s'agissait surtout d'un défi politique. Mais avec du recul, je retiens que ce qui permet aux humains de réaliser de grandes choses, comme l'envoi d'hommes sur la Lune, est de pouvoir réunir un certain nombre de conditions favorables. D'abord, il faut avoir une vision. Puis, il faut un appui politique fort – je fais référence au président américain et au soutien du Congrès. Il faut disposer d'un budget important : à l'époque, celui de la Nasa était presque sans limites. Il faut posséder le savoir-faire technologique. Il faut avoir un large réseau industriel à impliquer dans le programme – la Nasa a fait appel à 30 000 sous-traitants pour Apollo –, et savoir coordonner tous les intervenants grâce à des techniques de gestion de projets complexes – la Nasa les a mises au point à l'époque et elles servent toujours. Enfin, il faut le soutien inconditionnel de tout un peuple. Voilà ce qui rend possibles des réalisations aussi remarquables. C'est le souvenir un peu augmenté que j'en ai aujourd'hui avec de la distance.

Quels programmes spatiaux différents auraient pu être retenus dans l'histoire de la conquête spatiale habitée ? Le paysage astronautique pourrait-il être aujourd'hui radicalement différent ?

Dans l'histoire de l'astronautique, plusieurs programmes spatiaux habités ou automatiques ont été abandonnés avant leur phase opérationnelle, c'est-à-dire avant que les vaisseaux imaginés ne volent et ne remplissent leur mission. Je vais en citer deux en particulier, car ils seront facilement identifiés par le grand public pour avoir été très médiatisés à leur époque. Ils auraient certainement changé le paysage astronautique actuel de l'orbite basse terrestre et des missions lunaires.

Tout d'abord, le projet de navette spatiale européenne Hermès, nommée ainsi en référence au messager des dieux de la mythologie grecque. Ce programme a vu le jour dans les années 1980 en s'inspirant de celui de la navette américaine. L'Europe voulait disposer, elle aussi, d'un vaisseau réutilisable, capable de se poser intact à l'horizontale sur une piste d'avion à la fin de ses missions spatiales. Après des opérations de maintenance, Hermès aurait pu repartir pour l'espace lancée par une fusée Ariane 5. Elle ressemblait à un gros avion de chasse muni d'ailes delta, mais elle était plus petite que la navette américaine, dont la taille s'approchait davantage de celle d'un avion de ligne.

C'est l'agence spatiale française, le Cnes, qui a d'abord conçu ce programme, puis la France l'a proposé à l'Agence spatiale européenne. Il a été ensuite dévoilé aux industriels. Avec Jean-Loup Chrétien, Patrick Baudry et les nouveaux astronautes français dont je faisais partie, nous avons assisté à Paris à la présentation de ce projet à ses futurs acteurs européens. Il faisait vraiment consensus, tout le monde était enthousiasmé. Pourtant, avec le recul, on mesure qu'il était démesuré et trop ambitieux. La navette Hermès était souvent comparée, en raison de ses dimensions et de son poids, au Tornado, ce gros chasseur bombardier conçu par l'Italie, le Royaume-Uni et l'Allemagne dans les années 1970. Or dans ce gabarit d'environ 15 mètres de long, 15 mètres d'envergure et d'un poids de 15 tonnes, on envisageait des vols spatiaux de six personnes pendant un mois en autonomie complète. Dans une portion de la soute, on pensait transporter un satellite de type *Spot*, d'un poids de deux tonnes et plutôt volumineux. Hermès aurait été aussi équipée d'un sas pour les sorties dans l'espace et d'un bras robotique pour des opérations de construction ou de réparation de satellites en orbite. Et assez tôt dans le développement du programme, les partenaires ont inévitablement compris qu'il fallait en réduire les ambitions. Ils ont donc raccourci la durée prévue pour les missions spatiales et réduit l'équipage à trois astronautes. La capacité d'emporter un satellite dans la soute a été supprimée, et celle-ci ne pourrait plus s'ouvrir sur l'espace. Le sas de sortie spatiale est devenu une interface d'adaptation au lanceur Ariane 5 qui aurait été larguée à la fin de chaque mission. Malgré cela, le programme *Hermès* a été annulé en 1992, sept ans après son début officiel. S'il avait été poursuivi jusqu'au bout, même avec des capacités et des objectifs réduits, le programme de la Station spatiale internationale aurait été certainement différent. Les Européens disposant d'un moyen d'accès indépendant à l'ISS complémentaire de celui des Américains, les Russes auraient joué un rôle beaucoup moins critique et n'auraient peut-être pas été invités à rejoindre ce programme. Et surtout, les astronautes européens auraient volé plus régulièrement à bord de la Station spatiale internationale et certainement participé à des missions autonomes vers d'autres destinations. L'abandon du programme *Hermès* reste encore de nos jours un grand regret pour les Européens. Il illustre, dans le domaine de l'astronautique, l'excès d'ambition qui finit par être rattrapé par le bon sens et la réalité.

Le deuxième exemple que je veux évoquer est celui du programme *Constellation* lancé par l'administration George W. Bush au début des années 2000. Il comprenait un lanceur lourd aux caractéristiques comparables à celles de la fusée *Saturn V*, une spacieuse capsule habitée pouvant transporter sept personnes en orbite terrestre ou quatre vers la Lune et Mars, ainsi qu'un module lunaire volumineux permettant de faire alunir quatre astronautes et de les héberger pour des missions prolongées en surface. À terme, une base lunaire permanente aurait été construite au pôle sud et habitée par périodes de plusieurs mois. Ce programme visait à coloniser la Lune pour y mener des recherches scientifiques et y préparer l'exploration future de la planète Mars. Mais il fut jugé trop ambitieux, trop coûteux et insuffisamment innovant par le président Barak Obama, qui l'annula en 2010.

Si le projet *Constellation* avait été mené à son terme, des infrastructures en orbite lunaire seraient probablement présentes aujourd'hui et le retour de l'Homme à la surface de la Lune aurait déjà eu lieu. Il n'y aurait pas eu besoin d'en relancer une nouvelle version minimaliste, comme l'a fait l'administration Trump en 2017. L'Humanité se serait préparée plus tôt à envoyer des hommes et des femmes sur Mars, ce qui ne sera possible qu'après avoir acquis suffisamment d'expérience en entraînant les équipages, en testant le matériel et en répétant les opérations nécessaires pour un tel voyage dans l'environnement de la Lune ou à sa surface.

Outre *Hermès* et *Constellation* dans les années 1980 et 2000, des annulations de programmes spatiaux se sont produites tout au long de l'histoire de l'astronautique. Dans les années 1960, les Américains ont imaginé un programme de station orbitale militaire habitée appelée *MOL*, ou *Military Orbiting Laboratory*, en remplacement d'un autre programme spatial, le *Dyna-Soar*, premier avion spatial ailé jamais imaginé. Il ressemblait un peu à la navette Hermès, vingt-cinq ans plus tôt. Il ne s'agissait pas pour le *MOL* de placer des soldats armés dans l'espace, mais d'effectuer des missions de reconnaissance et d'observation de la Terre à usage militaire. Les Soviétiques l'ont d'ailleurs fait un peu plus tard avec leurs stations *Almaz*. À la différence des programmes *Hermès* et *Constellation*, qui furent arrêtés avant même qu'un seul lancement de vaisseau ait eu lieu, la conception de ce projet fut suffisamment avancée pour qu'une maquette du *MOL* soit placée en orbite lors d'un unique test en vol avec une capsule Gemini. Mais si le programme *MOL* avait été mené à son terme, il n'aurait pas changé grand-chose au paysage astronautique officiel : des missions habitées secrètes auraient eu lieu sans que le public sache rien de leur contenu.

Faut-il ne voir dans l'abandon de certains programmes spatiaux ambitieux qu'un gaspillage de budgets publics et un frein à l'élan de la conquête spatiale ?

Divers motifs peuvent conduire les décideurs à abandonner des programmes. Pour le *MOL* dont je viens de parler, ce furent principalement des raisons de concurrence budgétaire avec la guerre du Vietnam. Pour *Hermès*, ce furent des considérations techniques et programmatiques : les acteurs n'étaient pas parvenus à évoluer vers des solutions techniques acceptables permettant d'accomplir des missions utiles. Pour *Constellation*, ce furent des raisons politiques : l'administration Obama, qui avait succédé à celle de Georges W. Bush, avait d'autres priorités.

Ces annulations de programmes qui ont consommé pendant quelques années des ressources d'argent public m'inspirent pourtant quelques réflexions positives. Ils ont tous contribué à accroître le savoir-faire des ingénieurs et des scientifiques. La plupart des technologies, des matériels et des équipements qui avaient commencé à être étudiés, développés ou testés ont finalement servi dans d'autres programmes. En ce qui concerne la navette Hermès par exemple, les ordinateurs prévus pour l'équiper ont été utilisés pour la Station spatiale internationale ; les études pour le bouclier thermique envisagé ont servi au projet de vaisseau spatial réutilisable ARV, ou *Advance Re-entry Vehicle*, et au projet IXV, ou *Intermediate Experimental Vehicle* ; celles du bras robotique ont contribué au projet ERA, ou *European Robotic Arm*, présent sur le module russe *Nauka*, « *Science* » en français, de l'ISS ; le système de support de vie a servi à mettre au point celui qui est utilisé à bord du module européen *Columbus*. Il faut rappeler aussi que les budgets des programmes spatiaux, qu'ils aboutissent ou non, sont consommés essentiellement en salaires. Plus de 90 % de l'argent investi sert à rémunérer les scientifiques, les ingénieurs, les gestionnaires de projet, les juristes, les commerciaux qui font tous avancer le savoir, le savoir-faire et le « savoir-faire faire ».

Il faut beaucoup d'audace pour décider de lancer un programme spatial, car il n'est jamais garanti de pouvoir le mener au bout avec succès dans les temps et dans l'enveloppe budgétaire prévue initialement. Les choix techniques envisagés au départ sont souvent dépassés lorsqu'on le réussit. Même les programmes qui n'ont pas été annulés ont débuté alors qu'une grande partie des problèmes à résoudre n'avaient pas encore de solutions connues. Le cas le plus extrême est celui d'Apollo. Quand Kennedy a prononcé son célèbre discours devant le Congrès pour demander aux États-Unis de s'engager à poser un homme sur la Lune et à le ramener sain et sauf sur Terre avant la fin des années 1960, les Américains n'avaient pas encore envoyé d'astronaute en orbite terrestre. L'astronautique est une discipline très difficile, et le vol spatial habité en particulier. Pour mener un programme à son terme il faut une motivation politique forte avec des arguments solides pour dépasser les conflits, les priorités budgétaires ou la préférence de l'opinion pour d'autres projets. Mais comme je l'ai dit au sujet d'Apollo, quand il est issu d'une vision forte, porteuse de valeurs, d'ambition, de fierté et qu'il a le soutien de toute une population, même s'il a les plus grandes raisons techniques, budgétaires et calendaires de dépasser les limites fixées, il garde de bonnes chances d'aller au bout.

Ces deux dernières décennies, nous avons assisté au développement de projets spatiaux basés sur la vision, les ambitions et le financement d'entrepreneurs privés. Ils rencontrent moins de contraintes politiques que ceux des agences nationales et ne mettent pas en jeu des fonds publics. Ils auront peut-être plus souvent la chance d'aboutir, car ils dépendent de milliardaires qui y investissent leur propre fortune et qui sont décisionnaires pour les choix techniques et programmatiques. Leur motivation est si forte et leur vision si attractive qu'ils attirent et recrutent les meilleurs techniciens et ingénieurs en astronautique pour réussir.

Donc, même si des programmes sont annulés, je reste convaincu, pour toutes ces raisons, que nous retournerons bientôt sur la Lune et que nous poserons un jour des hommes et des femmes sur Mars, même si ce n'est pas dans les années qui viennent. L'histoire de la conquête spatiale est ainsi faite : des programmes spatiaux sont abandonnés, d'autres les remplacent, et malgré tout elle demeure dynamique et passionnante.

Quels sont les bénéfices des programmes spatiaux habités pour l'Humanité ?

Aujourd'hui, la plus grande partie des budgets spatiaux est attribuée à des programmes militaires ou d'applications commerciales, comme les télécommunications, la navigation, la météorologie et l'observation de la Terre, pour lesquels les investissements sont rentables et surtout très utiles à la société. Les programmes spatiaux habités procurent également à l'Humanité des bénéfices nombreux, je vais les énumérer.

Commençons par les bénéfices immatériels. Ces programmes motivent les étudiants à s'engager dans des filières et des carrières scientifiques. Pour le programme Apollo par exemple, des études ont montré qu'un très grand nombre d'adolescents au lycée dans les années 1960 en ont été fortement inspirés pour choisir les filières scientifiques et même poursuivre leurs études jusqu'au doctorat. Ces jeunes sont à l'origine de la puissance militaro-industrielle et aérospatiale des États-Unis. Sans Apollo, le monde n'aurait pas connu l'essor industriel et technologique de ces dernières décennies, qui a demandé beaucoup de rigueur, d'engagement et d'efforts organisationnels. De la même façon, si en Europe un programme spatial habité comme celui de la navette Hermès ou d'une capsule avait été mené à son terme, une émulation semblable en aurait découlé. Quand le programme *Hermès* a été lancé dans les années 1980, on a vu des ingénieurs en aéronautique migrer vers ce projet et vers le secteur spatial en général. À l'inverse, quand le programme extrêmement innovant de l'Airbus A380 a été lancé, on a vu des ingénieurs du secteur spatial migrer vers l'aéronautique pour y travailler. C'est dire combien les programmes aéronautiques ou spatiaux ambitieux savent attirer les jeunes générations : ils les enthousiasment et les motivent à résoudre des problèmes difficiles, à ne pas baisser les bras face aux défis rencontrés, mais à travailler encore plus dur pour trouver des solutions. On manque aujourd'hui cruellement de scientifiques, d'ingénieurs, de spécialistes et de techniciens dans l'industrie. Si l'Europe avait accordé une place plus large aux programmes de vols spatiaux habités, si on avait conservé le projet *Hermès* ou, au moins, un dérivé, plus de jeunes auraient capables de travailler dans l'industrie des hautes technologies. Le monde n'en serait pas forcément différent, mais le partenariat international le serait probablement, et la compétitivité de nos entreprises à haute valeur ajoutée en serait accrue.

D'autres bénéfices immatériels sont d'ordre géopolitique, comme dans le cas du programme de la station spatiale internationale, qui est un exemple d'entente et de collaboration entre des peuples qui jadis ont pu être en conflit. Sur le plan stratégique, les programmes spatiaux, dont les vols habités, procurent aux nations spatiales une certaine avance et indépendance technologiques. Ils génèrent aussi une capacité d'organisation très complexe d'acteurs très nombreux et très différents. Souvenez-vous du programme Apollo qui a forcé la Nasa à inventer de nouvelles techniques de gestion de grands projets afin de pouvoir gérer plus de 30 000 sous-traitants ! Sur un plan philosophique, la présence de l'homme dans l'espace est en conformité avec sa soif d'exploration, de découverte et d'évolution. Il ne peut borner sa curiosité, son besoin apprendre et de comprendre au seul monde qui l'a vu naître.

Pour envoyer des hommes et des femmes dans l'espace, il faut concevoir des technologies, des matériels, des équipements très performants et extrêmement fiables pour garantir leur sécurité et leur survie. Depuis plus de soixante ans, des milliers d'ingénieurs employés par les agences spatiales et le secteur industriel ont mis leur savoir-faire au service des missions habitées. Ils ont dû développer, pour ne prendre que quelques exemples, des vêtements de protection contre les conditions extrêmes, des équipements médicaux miniaturisés ou utilisables à distance, des systèmes de recyclage de l'atmosphère et des eaux usées, des appareils d'entraînement musculaire et de rééducation, de nouvelles techniques de préparation, de conservation et d'analyse biologique des aliments… Mais toutes ces inventions n'ont pas servi qu'aux astronautes. Elles ont abouti à des milliers de brevets, dont les licences d'exploitation ont pu être obtenues par des entrepreneurs privés pour des applications terrestres. Aux États-Unis par exemple, la loi impose à la Nasa de tout mettre en œuvre pour faciliter le transfert de ses technologies vers le secteur industriel privé, spatial ou non spatial. Il existe même des programmes de partage des infrastructures de recherche de la Nasa avec le secteur privé. Ainsi, dans la vie quotidienne, nous utilisons nombre d'objets ou d'équipements dérivés directement de la technologie des vols spatiaux habités. Des thermomètres infrarouges aux pansements anti-hémorragiques en passant par les capteurs biométriques connectés, les appareils de détection de cancers cutanés, certaines crèmes anti-âge, les équipements grand froid, les textiles anti-agression des forces de police, les matelas à mémoire de forme, les fauteuils ergonomiques pour le travail… La liste des retombées du secteur spatial habité est très longue, et il existe des sites internet qui les répertorient. Ces technologies servent à l'Humanité tout entière, y compris dans les régions les plus défavorisées, pour ne citer que les systèmes de filtration et de conservation d'eau ou les appareils de télémédecine.

Il faut aussi dire que les robots et les systèmes automatiques utilisés dans l'espace ne peuvent pas toujours remplacer l'intelligence et l'initiative des humains. Nombre d'expériences scientifiques menées par les astronautes depuis des décennies à bord des stations spatiales n'auraient pas pu être embarquées dans des laboratoires automatiques car difficilement programmables ou trop complexes. La présence d'humains dans l'espace est une valeur ajoutée pour la recherche menée en apesanteur. Elle l'est aussi pour les études médicales menées sur les astronautes eux-mêmes, qui ont enrichi depuis soixante ans la compréhension de la physiologie humaine et des phénomènes de vieillissement.

Que répondez-vous à ceux qui pensent que les budgets consacrés aux vols habités devraient être réaffectés à des causes humanitaires ?

Certaines personnes pensent qu'il est inutile d'envoyer des hommes dans l'espace alors que la misère et la souffrance humaine ne sont pas éradiquées sur Terre. Elles considèrent sans doute les budgets des vols habités à la fois comme démesurés et mal employés, voire gaspillés, et qu'ils devraient plutôt être consacrés à l'amélioration du quotidien de nombreux humains sur la planète. Ces opinions sont fondées sur une méconnaissance de certains chiffres et de certains faits pourtant assez consensuels de nos jours. Cela fait partie aussi du rôle des astronautes que d'expliquer au public parfois sceptique le coût et les bénéfices de l'envoi d'hommes et de femmes dans l'espace.

Parlons tout d'abord du poids financier réel des programmes spatiaux habités pour le contribuable. Ils représentent en France aujourd'hui environ 1 euro par an et par citoyen. Cela reste donc très raisonnable, voire même dérisoire, en comparaison par exemple du budget de l'Éducation nationale, qui est de l'ordre de 1 000 euros par an et par citoyen. On peut comparer aussi cette somme aux 80 euros dépensés en moyenne par chaque Français par an dans les jeux de hasard. Certes, à l'échelle de la population française, le budget des vols habités représente environ 70 millions d'euros par an et, bien sûr, on pourrait faire beaucoup d'autres choses avec ces fonds. Mais je pense que si cette contribution d'un euro était supprimée ou, au contraire, doublée, cela ne changerait rien au quotidien de nos compatriotes en matière de sécurité, d'éducation, de protection sociale, de défense nationale ou de recherche scientifique. Il n'y a pas de vases communicants entre les différents domaines budgétés par l'État. Il n'est pas évident de transférer le budget de secteurs technologiques comme le spatial à des activités qui n'ont absolument rien à voir avec lui ou à des causes humanitaires. Il serait probablement dispersé, éparpillé, et le bénéfice réel en resterait à démontrer. Reprenons le cas de l'Europe : pour un euro de plus par citoyen européen et par an, au bout de cinq à huit ans, l'Europe et donc la France se seraient dotées de leur propre vaisseau de transport spatial. Si nos élites et décideurs politiques étaient mieux éduqués sur ce qu'apportent réellement le vol habité et l'astronautique en général, ils auraient compris que pour une somme très modique relativement à d'autres grands postes budgétaires de l'État nous aurions pu avoir notre totale autonomie spatiale, une grande fierté nationale et une motivation pour toute la jeunesse à travers un tel programme.

Certaines personnes ont aussi le sentiment que le budget des vols habités est de l'argent perdu, un peu comme s'il était jeté par les fenêtres dans l'espace et qu'on ne le revoyait jamais. Pourtant, comme je l'ai dit, ces budgets sont essentiellement dépensés en salaires, donc non seulement sur Terre, mais dans leur propre pays. Une caractéristique des programmes spatiaux, contrairement à beaucoup d'autres domaines comme l'industrie automobile ou l'électroménager, est qu'ils ne sont pas délocalisés. Ils financent avant tout les salaires de citoyens des pays qui investissent dans les activités spatiales. Ils font vivre et travailler des dizaines de milliers de personnes. Par ailleurs, sans ces programmes, on se priverait de quelques milliers de cerveaux qui aident notre société à élever son savoir-faire et à rendre fiers de leurs capacités notre pays et l'Europe.

Pour parler enfin du retour financier sur investissement de ces programmes, on peut reprendre l'exemple d'Apollo. De nombreuses études ont reconnu *a posteriori* que ses retombées économiques directes et indirectes aux États-Unis avaient été au moins dix fois supérieures à ce qu'il avait coûté à chaque Américain. Et pourtant, ce fut un budget colossal, puisque dans les années 1960, la Nasa recevait annuellement jusqu'à 4 % du budget de l'État. Encore une fois, on peut répondre aux détracteurs du vol habité que celui-ci, tout comme les autres programmes spatiaux, produit un nombre considérable de retombées qui améliorent le quotidien des humains, y compris de ceux les plus défavorisés sur la planète.

La vie quotidienne à bord d'un vaisseau spatial

Votre vaisseau spatial fut à trois reprises l'emblématique « navette spatiale ». Aujourd'hui encore, que vous inspire-t-elle ?

Parler de la navette spatiale, c'est tout un poème astronautique ! Je me sens vraiment privilégié d'avoir connu ce vaisseau unique en son genre. Car les autres engins qui ont transporté et transportent encore des hommes et des femmes dans l'espace sont des capsules. Leur forme est compacte, plus ou moins conique, elles sont équipées d'un bouclier thermique ablatif qui se consume lors de la rentrée dans l'atmosphère. Mais surtout, leur volume habitable est très réduit. L'équipage y est installé en position recroquevillée avec juste un peu de place pour se dégourdir les jambes en se détachant des harnais. Au contraire, pour le vol habité, la navette fut un véritable avion spatial, et le seul de l'Histoire.

Lors du décollage, comme elle était placée en position verticale, les astronautes expérimentaient un véritable lancement de fusée. En orbite, ils pouvaient presque la considérer comme une mini-station spatiale composée de plusieurs volumes pour vivre, travailler et dormir. Quand la soute contenait un module pressurisé connecté à la zone avant habitable, l'espace de vie et de travail s'en trouvait encore agrandi. Au retour, ce n'était pas seulement un bolide compact entouré d'une boule de feu qui fendait l'atmosphère puis se posait sous parachutes, ce que font les capsules habitées, c'était un avion piloté depuis la phase de rentrée jusqu'à son atterrissage à l'horizontale sur une piste. La navette reste aussi à ce jour le seul vaisseau habité à avoir été intégralement réutilisé plusieurs fois, c'est-à-dire bouclier thermique compris, contrairement à la capsule *Crew Dragon* qui revole avec des tuiles neuves. Ces caractéristiques font d'elle un engin spatial extraordinaire, véritablement mythique, qui occupera toujours une place à part dans l'épopée astronautique.

Bien sûr, j'ai regretté qu'elle ait arrêté de voler plus tôt que prévu, puisque la modernisation de son cockpit terminée au début des années 2000 avait été décidée en prévision de son utilisation jusqu'en 2020. Mais après l'accident de *Columbia* en 2003, la Nasa a dû se rendre à l'évidence qu'il n'était pas raisonnable de transporter dans un même vaisseau à la fois un équipage et des cargaisons de plus de vingt tonnes que l'on pouvait confier à des fusées automatiques. La navette spatiale fut donc arrêtée pour des raisons que tous les astronautes reconnaissent comme logiques. D'abord, les missions étaient très onéreuses, parce que cet engin très complexe nécessitait beaucoup de travail de préparation avant chaque vol : on estimait le coût moyen d'une mission en orbite terrestre à cinq cents millions de dollars, alors qu'avec une capsule il est environ cinq fois moindre. En fait, cette comparaison n'est pas tout à fait légitime, car la navette ne servait pas seulement à convoyer des astronautes entre la Terre et l'espace, elle avait toute une mission à accomplir en orbite, qui pouvait durer jusqu'à dix-sept jours, et devait assurer la survie d'un équipage comportant jusqu'à huit personnes. Mais surtout, le programme fut stoppé prématurément parce que les vols en navette spatiale étaient reconnus comme très risqués, en tout cas davantage que les vols en capsules. Contrairement à celles-ci, par exemple, lors du lancement de la navette, certaines phases n'avaient aucun scénario de sauvetage de l'équipage en cas d'incident grave.

Comme l'assemblage de l'ISS n'était pas achevé au moment de l'accident de *Columbia*, la Nasa devait encore utiliser la navette puisqu'elle avait été conçue pour permettre des opérations d'assemblage de grandes structures dans l'espace grâce à son sas de sortie dans le vide en scaphandre et à son bras robotique. Il ne fut donc pas possible de la mettre au rancart immédiatement. Mais seules les missions vers la station spatiale internationale restèrent autorisées par le Congrès, considérant que l'ISS pouvait servir de havre de sécurité si les inspections du bouclier thermique faites après lancement révélaient de graves dommages. Il y eut tout de même une exception parmi les vols qui avaient repris en 2005 vers la station : une ultime mission de maintenance du télescope spatial Hubble fut effectuée en 2009, à la condition qu'une autre navette soit prête à décoller à tout moment pour aller sauver l'équipage en cas d'incident. Mais une fois l'ISS complètement assemblée en 2011, les trois facteurs défavorables de la navette qu'étaient son coût, son risque élevé et l'absence de nouvelle mission orbitale complexe, la condamnèrent au rebut.

La navette spatiale restera éternellement un merveilleux vaisseau à l'esthétique majestueuse, un *space bird* comme l'appelait John Young. En arrivant sur le pas de tir, on la voyait toujours du côté où se trouvait l'avion spatial, appelé aussi « orbiteur » car c'était la seule partie de tout ce qui décollait qui atteignait l'orbite. C'était le point de vue le plus magnifique que l'on pût avoir sur ce vaisseau. Quelques personnes privilégiées étaient autorisées à se rendre de l'autre côté du pas de tir, mais elles ne distinguaient alors qu'un gros réservoir orange suspendu entre deux gros propulseurs à poudre, dont dépassaient à peine les bouts d'aile. Ce n'était pas aussi beau. La Nasa organisait des séances de *night viewing*, où des astronautes accompagnés de quelques invités pouvaient assister à une centaine de mètres du pas de tir à l'illumination de la navette et de l'ensemble de la structure de lancement par des phares au xénon très puissants. Elle avait alors l'aspect d'un oiseau blanc en sucre glace, et cela forçait l'admiration de tous ceux qui se trouvaient là. Une fusée longiligne au sommet de laquelle se trouve une petite capsule parfois protégée par une coiffe ne donne pas un tel spectacle. Là c'était saisissant, grandiose, unique.

Ce que m'inspire ce vaisseau extraordinaire, c'est un grand respect devant la prouesse des hommes et des femmes qui furent capables de décider, de concevoir, de construire et de faire voler dans l'espace un engin aussi futuriste. La navette spatiale était un véritable vaisseau de science-fiction, celui qui, dans l'histoire réelle de l'astronautique, nous a le plus rapprochés de *Star Trek* ou de *Star Wars*.

Comment est organisée la vie quotidienne dans l'espace ?

Parlons tout d'abord de la durée qui définit la journée dans l'espace. Pour les astronautes en mission spatiale, l'alternance du jour et de la nuit telle qu'on la connaît sur Terre et qui rythme traditionnellement la vie des humains n'est plus la même. En orbite terrestre, le Soleil se lève et se couche 16 fois par 24 heures, les occupants de l'ISS voient donc alterner des périodes de luminosité et d'obscurité toutes les 45 minutes. Lors des missions Apollo, comme les alunissages étaient toujours effectués au cours du jour lunaire dont la durée équivaut à deux semaines terrestres, les astronautes ne voyaient jamais le Soleil se coucher au cours de leur séjour à la surface. Malgré ces différences, la vie et les activités en mission doivent être calées sur des repères temporels stables. C'est pour cela que la durée d'une journée type dans l'espace est conventionnellement fixée à 24 heures. C'est aussi plus simple pour les communications avec les équipes au sol, qui vivent au rythme terrestre.

Pour détailler l'organisation de la vie quotidienne dans l'espace, prenons l'exemple d'une mission en orbite où des tâches identiques se répètent de jour en jour. Sur une journée de 24 heures, une période de 8 heures est consacrée au sommeil. Typiquement, les heures qui précèdent et qui suivent cette période de sommeil, que l'on appelle *pre-sleep* et *post-sleep*, sont consacrées aux repas, à la toilette et au rangement des affaires personnelles. Ces activités sont assez voisines de ce que l'on fait sur Terre, à quelques nuances près. Il faut être très organisé, penser à tout fixer, car on perd facilement les objets en apesanteur, et tout ranger, sinon le désordre s'amplifie petit à petit jusqu'au moment où il devient très difficile de le résorber. Le matin, à la fin de la période *post-sleep*, les astronautes consacrent du temps à la consultation du plan de vol du jour, afin de se faire une première idée générale de la journée de travail qui les attend. Le plan de vol décrit en détail l'activité de chaque astronaute, souvent à la minute près, et indique la localisation dans le vaisseau de chacune des tâches prévues. Il donne aussi les créneaux horaires des repas, qui peuvent être différents selon les activités de chacun, et les plages horaires consacrées à la pratique du sport.

Puis la journée de travail commence. Elle dure en moyenne 12 heures au cours des vols de longue durée, et atteint facilement 14 à 16 heures au cours des missions courtes. L'activité professionnelle d'un astronaute est composée de tâches très variées en comparaison de celles que l'on effectue quotidiennement dans de nombreux métiers sur Terre. Un jour, il manipule un bras robotique pendant plus de 8 heures d'affilée pour réparer un satellite. Un autre jour, il se consacre entièrement à un rendez-vous spatial avec un cargo ravitailleur. Un autre jour encore, il met en œuvre une expérience scientifique ou assure la maintenance d'un système d'épuration d'eau. Le matin, il peut être laborantin et, l'après-midi, préparer une sortie dans l'espace qui aura lieu quelques jours plus tard. Au cours de la même journée, il endosse à tour de rôle les fonctions de pilote, de plombier, d'électricien et de bricoleur. Mais, même si ses tâches varient d'une journée à l'autre et d'une mission à l'autre, un astronaute reste toujours un opérateur de machines complexes, qui manipule des pupitres de contrôle, des appareils et des outils de toutes sortes.

Si certaines activités de la journée sont planifiées à des heures précises, d'autres peuvent être réalisées sans horaire, voire sans semaine ni mois imposés au cours de la mission. Dans ce cas, c'est l'astronaute qui choisit de les effectuer à un instant donné en fonction du temps disponible que lui laisse son planning.

La journée est aussi rythmée par les sessions d'entraînement physique qu'il faut réaliser 6 jours sur 7 lors des missions de longue durée pour préserver l'organisme des effets délétères de l'apesanteur. Des plages de deux heures et demie sont prévues quotidiennement pour l'activité sportive, qui incluent le temps nécessaire pour se changer, s'équiper, mettre en route les appareils d'exercice et, à la fin, tout ranger, se laver et se rhabiller. Les tâches ménagères sont aussi inscrites sur le plan de vol, et régulièrement les astronautes passent l'aspirateur dans les diverses parties de leur vaisseau ou dans les modules de leur station spatiale. Ils nettoient aussi les filtres à air dans lesquels s'accumulent nombre d'objets, de débris et de particules.

Le repas du soir est, dans la mesure du possible, programmé à la même heure pour tout l'équipage, ce qui en fait un moment privilégié pour se retrouver, se détendre, dialoguer et échanger sur le vécu de la journée. Puis chacun rejoint sa cabine personnelle, où il dispose d'un peu de temps avant de dormir pour communiquer avec sa famille, préparer des événements médiatiques à venir ou transmettre des photos, des vidéos et des commentaires à ses *community managers* sur Terre pour alimenter les réseaux sociaux. Il est fréquent que les astronautes sacrifient un peu de leur temps de sommeil planifié à observer la Terre, dans le cas de la station spatiale internationale, à travers les hublots multiples et larges de la *Cupola*, véritable véranda ouverte sur l'espace.

Contrairement aux missions longues à bord des stations spatiales où plusieurs jours ou semaines peuvent s'écouler dans une certaine routine, on ne peut pas parler vraiment d'une organisation régulière de la vie quotidienne au cours des missions courtes, comme celles des années 1960 ou la plupart des missions en navette spatiale de 1981 à 2011. D'une journée sur l'autre, les astronautes mènent des actions radicalement différentes en fonction des étapes du vol. Les missions Apollo en furent l'illustration, avec la diversité des phases de décollage, de manœuvres orbitales, de mise en œuvre des différents modules du vaisseau de descente vers la Lune, d'opérations de surface, de redécollage, de rendez-vous spatiaux, de corrections de trajectoire. Dans ce cas, la journée de travail ne peut pas être calquée sur le timing des journées de travail sur Terre. De même, les rituels de la vie quotidienne, comme les repas, la toilette et le sommeil, s'organisent lors de créneaux horaires que les impératifs techniques de la mission laissent vacants.

Quels sont les points les plus difficiles pour un astronaute en mission spatiale ? La promiscuité, la charge de travail ou le manque de sommeil ?

Les difficultés rencontrées par les astronautes en mission spatiale ont évolué au fil de l'histoire des vols habités. Au début, les ingénieurs manquaient d'expérience et concevaient des vaisseaux sans pouvoir se baser sur les enseignements de programmes précédents ; pour les astronautes, toutes les tâches étaient nouvelles, et certaines se révélaient très éprouvantes. Je pense en particulier à Eugene Cernan, le second Américain à avoir effectué une sortie dans l'espace en 1966 lors de la mission Gemini 9, qui eut beaucoup de difficultés à réaliser les opérations prévues et accumula une fatigue importante. Mais à chaque étape franchie, les équipements et l'entraînement étaient améliorés, parfois même certaines tâches étaient automatisées. Les astronautes de notre époque ne connaissent donc plus les difficultés rencontrées par leurs prédécesseurs dans les années 1960. En revanche, ils devront affronter d'autres défis et d'autres problématiques quand ils participeront à des missions nouvelles ou plus complexes, comme le retour sur la Lune et le voyage vers Mars.

Qu'est-ce qui est aujourd'hui le plus éprouvant pour les astronautes ? Ce n'est plus tellement la promiscuité dans les capsules spatiales comme par le passé, car elles ne sont utilisées le plus souvent que quelques heures, tout au plus deux jours, pour convoyer un équipage depuis la Terre vers la station spatiale par exemple ; les astronautes supportent très bien ces courtes périodes de confinement, d'autant qu'ils y ont été entraînés. En revanche, la charge de travail peut rester une difficulté importante. Certains équipages se sont plaints dans leurs rapports qu'on exigeait trop d'eux. Les planificateurs qui élaborent les plans de vol savent qu'ils doivent ménager dans l'emploi du temps des astronautes des temps de pause, des moments de détente, de sport, et respecter la durée de leur sommeil. Mais la surcharge de travail peut survenir lorsqu'une tâche donnée prend plus de temps que prévu. C'est le cas si un problème d'interface survient, qu'un outil s'avère mal approprié, ou bien qu'une panne apparaît et nécessite d'aménager une procédure et une réparation sans attendre. Certaines opérations qui devaient être effectuées en quelques dizaines de minutes peuvent alors accaparer l'astronaute plusieurs heures durant. Lors de mon troisième vol spatial pour réparer le télescope Hubble, les trois sorties dans l'espace se prolongèrent plus de deux heures de plus que leur durée maximale théorique de six heures. À chaque fois, ce fut très fatigant physiquement pour les astronautes en scaphandre et mentalement pour les coéquipiers qui les assistaient depuis la navette. Les sorties extra-véhiculaires longues sont probablement ce qui est le plus difficile physiquement dans ce métier. Mais la combinaison d'efforts physiques et de concentration mentale que peuvent demander certaines opérations à l'intérieur d'un vaisseau peut être épuisante aussi, par exemple lorsqu'il faut réparer une grosse machinerie complexe. Scott Kelly le décrit très bien dans son livre *Endurance*: quand il a dû démonter le système d'épuration du gaz carbonique de l'atmosphère à bord de l'ISS, le *CDRA*, ça a été une épreuve pénible pour lui. Aujourd'hui, il n'y a plus vraiment de tâches qui soient physiquement exténuantes. Les sorties dans l'espace sont ponctuées de pauses. Leur durée ne provient pas tant de la difficulté physique à réaliser le travail demandé que de la nécessité d'attendre que certaines actions soient effectuées en parallèle par des opérateurs au sol ou depuis l'intérieur du vaisseau. Et si une tâche s'avère prendre trop de temps, elle peut être stoppée puis reprise lors d'une prochaine sortie dans l'espace.

Le sommeil est effectivement un des points les plus sensibles. Il est très fréquent qu'un astronaute réduise son temps de sommeil pour terminer un travail qui lui prend plus de temps que prévu, parce qu'il a envie de regarder la Terre par les hublots ou encore de tenir son blog à jour et alimenter ses réseaux sociaux. Dans l'espace, les astronautes dorment en moyenne six heures par nuit, bien que huit heures soient planifiées dans le plan de vol. C'est inférieur à la moyenne de sommeil des Terriens, et cela retentit de manière insidieuse au fil des semaines sur leurs performances physiques et cognitives, et même sur leur humeur. Or, ce que craint le plus un astronaute, c'est de faire une erreur par négligence, inadvertance ou manque de concentration. Il est donc très important d'être prévenu des conséquences de la fatigue et de protéger son sommeil. En mission, il faut rester lucide sur ses capacités et ne pas hésiter à demander de l'aide aux collègues.

Une des difficultés majeures pour les astronautes me semble être aussi la gestion équilibrée du temps : comment réaliser au mieux le travail programmé tout en prenant le temps de manger correctement, de dormir suffisamment et d'avoir des loisirs pour se détendre ? Gérer son temps peut devenir encore plus crucial au cours des phases particulièrement intenses d'une mission spatiale. Lors de mes vols en navette, je me souviens de deux moments précis où il fallait réussir à tenir un timing serré : juste après l'arrivée en orbite, moment que l'on appelle *post-insertion*, pour reconfigurer la navette de fusée en mini-station spatiale ; et juste avant la désorbitation, moment que l'on appelle le *deorbit-prep*, pour reconfigurer le vaisseau orbital en avion. Nous devions avoir réussi nos procédures à temps, sinon la navette n'aurait pas été prête pour la rentrée atmosphérique qui ne pouvait pas être retardée une fois commencé la manœuvre de désorbitation : celle-ci nous obligeait à nous poser dans l'heure qui suivait.

Il y a aussi la difficulté psychologique de conserver sa motivation au fil des mois jusqu'au dernier jour de la mission. Car si certaines activités sont stimulantes, si le métier d'astronaute est passionnant sous de nombreux aspects, nombre de tâches demeurent répétitives, comme le travail de laborantin, la manipulation d'expériences scientifiques identiques sur de longues durées, l'entretien et le maintien de l'ordre dans le vaisseau. Il faut réussir à rester concentré avec le même niveau d'excellence et de performance du début à la fin de la mission.

Mais il n'y a pas que dans l'espace que se rencontrent des challenges. Mon vécu m'amène à penser que l'entraînement au sol demeure plus difficile pour un astronaute que la mission en elle-même. Il est volontairement très intense, car les instructeurs veulent nous pousser dans nos retranchements pour nous apprendre à faire face à toutes les situations dégradées. Nous répétons de multiples fois les mêmes tâches avec des pannes différentes qu'ils introduisent dans les simulateurs. La difficulté est de réussir à rester performants dans l'application des procédures, ne pas manquer une seule étape qui pourrait faire basculer complètement le succès d'une expérience ou de la mission. Nous devons demeurer concentrés en permanence pendant des heures sans faire la moindre erreur, dans des conditions de pénibilité rarement atteintes en situation réelle.

De quoi peut avoir peur un astronaute ?

Essayons de définir tout d'abord ce qu'est la peur. Elle sous-entend toujours, à mon sens, la peur de l'inconnu. C'est la crainte que ne se produise une situation que nous ne souhaitons pas ou que nous redoutons, suite à un événement que nous ne pouvons pas maîtriser, fruit du hasard ou d'une succession d'imprévus. La peur serait aussi de perdre la capacité de contrôle de soi-même et les facultés intellectuelles et émotionnelles nécessaires pour gérer une situation complexe lorsqu'elle survient. Nous allons voir que, dans ce sens, l'astronaute n'a pas peur, parce qu'il a développé au cours de sa formation le contrôle de soi en situation complexe redoutée et qui ferait paniquer un néophyte.

Quelles sont donc les peurs ou, du moins, les inquiétudes que peut avoir un astronaute au cours des diverses phases de sa carrière ? Tout d'abord, une fois sélectionné, la principale crainte d'un astronaute est qu'un événement fasse qu'il ne soit jamais affecté à une mission spatiale. En premier lieu, il imagine que cela puisse être un motif médical. Il peut le redouter s'il se sait porteur d'une particularité physique initialement compatible avec son métier mais qui risque d'évoluer au fil des années et de devenir disqualifiante. Ce fut le cas d'Alan Shepard, qui avait conscience d'avoir une anomalie au niveau de l'oreille interne, l'organe responsable du sens de l'équilibre. Il réussit à la dissimuler avant son premier vol, mais fut disqualifié peu après. Plus tard, il subit une intervention chirurgicale et regagna son aptitude, ce qui lui permit de marcher sur la Lune. Deke Slayton, qui appartenait lui aussi au premier groupe d'astronautes américains, fut disqualifié avant son premier vol. Mais quinze ans plus tard, il obtint une dérogation et participa à la mission spatiale Apollo-Soyouz. Même avec un état de santé irréprochable, une hygiène de vie parfaite et la pratique assidue du sport, l'astronaute craint toujours que les médecins ne découvrent en lui lors d'une visite de routine un problème médical dont il n'a pas conscience. Ce problème n'a pas forcément de conséquence pour la vie sur Terre, mais peut être rédhibitoire pour le vol spatial. Heureusement, comme on l'a vu pour Shepard et Slayton, l'espoir demeure de trouver une solution, voire une dérogation, car les médecins font tout pour sauvegarder l'aptitude de celui ou de celle sur qui on a beaucoup investi par la sélection et l'entraînement.

Qu'en est-il de la peur de la mort ? Les statistiques sont là, on sait que le vol spatial est une activité dangereuse. Une fois qu'un astronaute est affecté à une mission, le risque de mourir est abordé lors de l'entraînement. Pour celui qui vient d'un métier à risque, comme un pilote de chasse qui a effectué des missions de guerre ou un nageur de combat, ce n'est pas une découverte : il a déjà été confronté à des situations similaires à celles que rencontrent les astronautes. En revanche, pour celui qui exerçait un métier non dangereux, un scientifique par exemple, il faut intégrer le fait que le risque de mourir est bien plus élevé que lors de son activité précédente. C'est pour cela que le jury de sélection s'intéresse aux situations à risque qu'aurait pu rencontrer un(e) candidat(e) lors d'activités extraprofessionnelles. Pratiquer le pilotage, l'escalade, le parachutisme ou la plongée est *a priori* gage d'une certaine maîtrise de soi. Au début de l'entraînement, l'astronaute qui n'a pas encore été confronté au danger va être légitimement préoccupé par la notion de risque et, logiquement, va réexaminer ses contrats d'assurance et prendre des dispositions testamentaires afin de se préserver, lui et sa famille, en cas d'accident. C'est ce que nous avait conseillé mon premier commandant de bord lors de notre toute première réunion d'équipage. Puis, au cours de l'entraînement, l'astronaute est placé face à des situations de plus en plus critiques et à des pannes de plus en plus complexes dans des simulateurs à haute-fidélité. Parfois, il a peur de ne pas être à la hauteur, de rater une procédure, de faire une erreur. Mais peu à peu, il développe ses compétences, améliore sa performance et gagne la confiance d'être capable de faire face à toutes les pannes possibles de son vaisseau. Il acquiert une certaine capacité de résilience et la conviction légitime qu'il saura faire face à tous les imprévus qui ne manqueront pas d'arriver, avec l'aide de son équipage. Ainsi, il dépasse progressivement l'inquiétude liée aux statistiques de risque. La peur de mourir ne s'estompe jamais, mais elle est sous contrôle.

Lors des quelques jours qui précèdent sa mission, un astronaute peut craindre que ne survienne un incident de dernière minute qui l'empêchera de partir, comme une mauvaise entorse lors d'un footing ou une maladie infectieuse. On se souvient de Ken Mattingly qui fut écarté de la mission Apollo 13 une semaine avant le lancement pour possible rougeole en incubation. C'est pourquoi les activités physiques à risque comme le ski sont proscrites six mois avant le vol spatial. De même, les contacts avec d'autres personnes sont limités pendant la période de quarantaine précédant le décollage et dont la durée – une ou deux semaines – dépend de celle de la mission. Mais à ce stade, l'astronaute est impatient de monter dans son vaisseau et ressent beaucoup plus d'excitation que d'appréhension à l'idée de s'envoler pour l'espace.

Et lorsqu'il est prêt au décollage, la peur qui lui reste est celle de l'erreur humaine, celle de créer un problème technique ou de faire échouer une expérience scientifique, sabotant ainsi la mission qui lui a été confiée. Bien sûr, il ne souhaite pas être éjecté sur le pas de tir à cause d'une panne du premier étage. Mais ce n'est pas la peur de mourir qui le déstabilise. Personne ne l'a forcé à candidater pour être astronaute, personne ne l'a obligé à accepter une mission spatiale, ce jour est donc pour lui le résultat d'un engagement personnel de longue haleine. Il a traversé beaucoup d'embûches, de difficultés, depuis les tests de sélection jusqu'aux épreuves d'entraînement et de simulations les plus complexes. Il s'est endurci vis-à-vis des risques inhérents à son métier, même celui de la mort dont il s'est accommodé. Il connaît les accidents qui ont eu lieu dans le passé. Sanglé dans son siège lors du compte à rebours, il est tellement encombré intellectuellement par le contenu de la mission que ce qui l'obsède est de s'appliquer à respecter les procédures et à bien faire son job : il a juste envie de remplir sa mission. Il est prêt, et il n'y a pas de place en lui pour cette peur de l'inconnu que connaîtrait un novice à qui on aurait donné un billet pour aller dans l'espace du jour au lendemain. Au cours de la mission, comme toute personne qui part loin des siens, l'astronaute peut craindre qu'il arrive quelque chose de grave à ses proches et qu'il soit impuissant à les aider. Certains ont perdu des parents alors qu'ils étaient dans l'espace, et cela a été difficile pour eux de ne pas pouvoir les accompagner.

Une autre inquiétude que peut éprouver un astronaute en cours de carrière est celle de ne pas revoler pour des raisons indépendantes de sa volonté. Par exemple, l'annulation des missions Apollo 18, 19 et 20, prévues au début du programme, fut un coup dur pour leurs équipages. L'inquiétude peut accompagner aussi la question de savoir ce qu'il fera après son ou ses vols spatiaux : se consacrer à l'entraînement pour une mission est tellement passionnant que cela peut occulter la réflexion sur l'avenir, et le doute peut surgir lorsqu'elle est achevée. C'est pourquoi, lorsque j'étais « coach » du troisième groupe d'astronautes de l'ESA en 2009 pour leur première année d'entraînement, je les incitais à réfléchir régulièrement à ce qu'ils souhaiteraient faire pendant les périodes sans affectation ou même après leur dernier vol, sans attendre les propositions de leur propre management qui ne sera jamais aussi bien placé qu'eux-mêmes pour imaginer les opportunités bénéfiques aux deux parties.

Que vous a appris le métier d'astronaute en ce qui concerne le travail d'équipe et le rapport aux autres ?

Dans le domaine du vol spatial habité, le travail d'équipe est fondamental, aussi bien pour les astronautes que pour les instructeurs qui les forment et les contrôleurs qui les assistent depuis le sol. Au fond, ces entités professionnelles n'en font qu'une, elles forment ensemble un tout opérationnel, une seule et même équipe dédiée à la réussite d'une mission commune.

La capacité à travailler en équipe est un élément déterminant lors de la sélection des astronautes : on n'apprend pas aux astronautes le travail en équipe, on ne retient que des candidats qui ont déjà cette aptitude et cette habitude dans leur milieu professionnel d'origine. Cette capacité sera ensuite adaptée au métier d'astronaute lors de leur formation : ils seront entraînés, par exemple, à la gestion des ressources « homme-machine » en équipage, grâce à l'enseignement du *Cockpit Resource Management*.

Le premier facteur qui fait le succès du travail d'équipe est que tous et toutes se soient approprié une définition identique du but de la mission et du chemin pour atteindre ce but. C'est ce que j'appelle avoir la même vision. Chacun doit avoir la même réponse à la question « Pourquoi je fais ce que je fais ? ». Lors de mon troisième vol spatial, la réponse tenait en une courte phrase : « Réparer le télescope Hubble ». C'était la raison d'être qui animait dès le réveil tous ceux qui étaient impliqués dans cette mission, astronautes et contrôleurs, aussi bien pendant l'entraînement qu'en vol. Mais si quelqu'un cherche à bien faire son job pour d'autres motivations premières, notamment pour sa promotion personnelle, cela ne fonctionnera pas aussi bien que si tout le monde est porté par le même but. Parfois, au sein d'une équipe, des individus qui ont des personnalités opposées peuvent être en désaccord. Heureusement, l'objectif commun l'emporte souvent sur les conflits interpersonnels liés aux tempéraments différents. Par exemple, lors du projet d'avion solaire *Solar Impulse*, il est arrivé que les deux pilotes ne soient pas d'accord sur des questions annexes. Mais l'envie de réussir ce tour du monde à l'énergie solaire exclusivement l'a toujours emporté.

Un autre facteur fondamental est la confiance mutuelle. Le métier d'astronaute m'a appris l'importance de la confiance que chacun place dans les autres et aussi en soi. Cette confiance s'acquiert par deux sous-facteurs fondamentaux : la compétence et une bonne communication. Chacun doit démontrer aux autres comme à soi sa compétence. Si un astronaute sent au fond de lui qu'il n'a pas acquis le niveau de préparation suffisant pour réaliser une tâche donnée, il ne se mentira pas à lui-même et demandera à faire des séances de simulateur supplémentaires. Il faut aussi pratiquer une bonne communication entre membres d'équipage, basée sur ce que j'appelle « l'écoute active ». C'est une forme généreuse d'écoute, où l'on prête vraiment attention à l'autre, où l'on se pose la question de la raison qui l'amène à vous dire ce qu'il ou elle vous dit, par opposition à une écoute plus égoïste où l'on attend seulement d'entendre quelque chose qui nous intéresse. Prenons un exemple. Vous êtes responsable du système électrique à bord de la navette, et vous gérez un court-circuit. Au même moment, je suis responsable du système de propulsion et dois gérer une fuite de carburant. Pour cela, j'ouvre et ferme à tour de rôle les valves des canalisations de carburant pour identifier la portion de tuyau où la pression baisse, donc l'endroit où se trouve la fuite. Imaginez que je ne sois pas encore arrivé à la valve toujours ouverte où se situe la fuite ; je vous entends dire : « Attention tout le monde, je vais couper la pile à combustible numéro 2. » S'il se trouve que c'est cette pile qui alimente cette valve et que mon écoute égoïste me garde trop centré sur mon problème sans me soucier du travail des autres, la fuite de carburant ne sera jamais stoppée et mettra en danger tout l'équipage. Il faut donc savoir écouter l'autre avec une grande attention et en toute humilité.

Le troisième facteur de réussite du travail en équipe est d'avoir conscience d'une forme de dépendance mutuelle, de comprendre que le succès de la mission comme la sécurité de chacun relèvent du travail de tous. Vu sa complexité, aucune mission spatiale ne peut reposer sur les épaules d'un seul astronaute.

Saint-Exupéry a magnifiquement résumé la manière d'obtenir le meilleur d'un groupe, dans une phrase plutôt destinée au leader de celui-ci – le commandant d'une mission spatiale a le rôle de leader plutôt pendant la phase d'entraînement comme porte-parole représentant et défendant les intérêts de l'équipage auprès des autorités et des chefs de programme, mais si on observe un équipage fonctionner en vol, il est difficile de dire qui est le commandant de bord, sauf si un problème important survient car c'est alors son rôle que de prendre une décision. Saint-Exupéry disait poétiquement : « Si tu veux construire un bateau, ne rassemble pas tes hommes et femmes pour leur donner des ordres, pour expliquer chaque détail, pour leur dire où trouver chaque chose. Si tu veux construire un bateau, fais naître dans le cœur de tes hommes et femmes le désir de la mer. » Il est primordial que chacun dans l'équipe ait envie de faire ce qu'il fait pour la même raison et soit heureux dans sa tâche. C'est le rôle du leader d'entretenir cet état d'esprit. Je me souviens d'avoir questionné Charlie Precourt, commandant de bord lors de mon deuxième vol spatial. Il en était à son troisième vol, mais le premier avec ce grade. Je lui ai demandé ce qui faisait la différence entre son rôle de commandant et ses fonctions lors de ses autres vols, sachant que dans les deux cas les compétences et les responsabilités techniques sont identiques. Il m'a répondu : « Rendre mon équipage heureux ! » Je me souviens aussi de Kennedy lors d'une visite du hall d'assemblage du vaisseau lunaire qui fut surpris de voir un homme nettoyant le sol de la salle. Il lui demanda pourquoi il balayait. Celui-ci, qui s'était très justement approprié le but commun du projet Apollo, lui répondit : « J'aide mon pays à envoyer un homme sur la Lune ! »

Malgré votre haut niveau de préparation aux tâches à effectuer en vol, avez-vous dû parfois « improviser », par exemple « bricoler » quelque chose à bord ?

Il est rare qu'un bricolage effectué en vol par des astronautes soit complexe ou conditionne la réussite d'une mission. C'est arrivé pourtant à quelques reprises. L'exemple le plus célèbre est celui d'Apollo 13 : pour réduire le taux de gaz carbonique trop élevé à l'intérieur du module lunaire où s'étaient réfugiés les trois astronautes après l'explosion dans le module de service, ils durent, avec l'aide des contrôleurs au sol, bricoler une interface avec divers objets à leur disposition pour adapter entre eux les filtres d'épuration des deux vaisseaux, de forme ronde pour l'un et carrée pour l'autre. Ce cas de figure reste exceptionnel. Dans toutes les missions spatiales, les astronautes prennent des initiatives en temps réel qui n'ont pas été prévues à l'entraînement afin de faciliter la réalisation de certaines tâches. Mais il s'agit la plupart du temps d'actions mineures. Les simulateurs utilisés pour l'entraînement aux missions spatiales sont de très haute-fidélité et les astronautes y répètent très régulièrement des phases précises de leur mission ; si certaines astuces leur viennent à l'esprit lors de l'entraînement pour faciliter leur travail, elles sont alors adoptées avant le vol. Mais elles ne remettent pas pour autant en question les procédures déjà définies et ne nécessitent pas de créer de nouveaux outils.

Je vais donner comme exemple l'astuce que mon collègue astronaute John Grunsfeld et moi-même avions imaginée puis mise en œuvre pour travailler sur Biorack, une armoire scientifique à bord de la navette spatiale. Comme elle était équipée d'une enceinte étanche pour la manipulation de produits toxiques, il fallait glisser les mains dans de longs gants de caoutchouc tournés vers l'intérieur de cette boîte pour pouvoir travailler sur des expériences en milieu confiné. Or, dans le même temps, il fallait fréquemment communiquer avec le centre de contrôle, ce qui nécessitait à chaque fois d'arrêter la manipulation en cours et de sortir les mains des gants pour accéder au boîtier de la radio. Nous avions donc fixé avec du scotch ce boîtier au niveau du cale-pied au lieu de le porter comme prévu à la ceinture, et ainsi nous n'avions plus qu'à presser avec un orteil l'interrupteur pour entrer en communication avec le sol sans lâcher des mains l'expérience en cours. C'était vraiment du bricolage, car rien n'avait été fait pour officialiser cette astuce imaginée avant nos vols à l'aide d'une interface certifiée. Nous l'avons tous deux mise en œuvre lors de missions différentes et cela a très bien fonctionné. Quelques années plus tard, comme je l'ai décrit plus haut dans la question sur mes missions, je me suis resservi de ce bricolage pour mon troisième vol spatial. J'ai adapté cette astuce afin de pouvoir piloter le bras robotique de la navette sans lâcher ses commandes quand il fallait communiquer par radio avec mes collègues en scaphandre situés en dehors du vaisseau ou avec le sol. Cela n'avait d'ailleurs pas plu au commandant de bord, qui m'avait dit : « Billy Bob, à la moindre entourloupe, tu me défais tout ça ! » Mais cela a bien fonctionné et a contribué à rentabiliser les sorties spatiales par le gain de temps apporté.

À bord de la navette spatiale, nous avions une trousse à outils qui permettait toutes sortes de bricolages. Nous pouvions travailler sur des connexions électriques et électroniques, fabriquer et souder des fils par exemple. Il est arrivé aussi que nous bricolions des fixations d'appareils photo lorsque les systèmes de bras articulés ne fonctionnaient pas ou n'étaient pas adaptables à l'endroit où nous voulions les placer. Pour dormir, nous fabriquions des systèmes qui nous permettaient de conserver une position recroquevillée sans effort parce que naturellement dans l'espace le torse se cambre lors du sommeil. C'est un exemple d'improvisation dont le besoin se fait sentir seulement en apesanteur parce qu'il est invisible lors de l'entraînement sur Terre. Quand j'ai voulu pour la première fois dormir au plafond afin de libérer de la place pour que mes collègues continuent à travailler en dessous, j'ai dû faire preuve d'imagination pour trouver l'endroit et la manière d'attacher mon sac de couchage, car je n'avais jamais fait cela en simulateur.

Mais finalement, le type de bricolage que les astronautes effectuent au quotidien est basé principalement sur l'utilisation de deux matériaux simples : les gros rouleaux de scotch gris très résistants et les bandes velcro que l'on peut découper. Leur utilisation commence avant le décollage : quand nous vérifiions l'habitacle de la navette quinze jours avant le lancement, nous pré-installions les câbles de nos ordinateurs portables et placions déjà quelques cale-pieds aux endroits identifiés pendant l'entraînement à l'aide de scotch et de velcro. Leur usage en vol est aussi très fréquent pour faciliter la vie sur de nombreux détails liés aux repas, à la toilette, au travail, au sommeil, pour se positionner ou fixer des check-lists. Quand ils doivent nettoyer les filtres à air par exemple, les astronautes enroulent sur une main une grosse bande de scotch gris partie collante vers l'extérieur et tapotent les grilles d'aération sur lesquelles s'accumulent des couches de poussières et de peluches. Ce genre de bricolage à l'aide de matériaux simples n'est pas élaboré comme celui qui consiste à réparer un appareil ou un système défectueux, mais il fait partie intégrante de la nature du travail de l'astronaute.

Quels sont les meilleurs moments que vous retenez de vos missions spatiales, et de votre carrière en général ?

Un moment très fort dans la carrière d'astronaute, qu'aucun d'entre nous ne peut oublier, est le jour où nous apprenons que nous sommes sélectionnés pour faire partie d'un groupe de professionnels qui vont être amenés à effectuer des missions spatiales. À ce stade, nous ne pouvons pas être certains de voler dans l'espace bien sûr, mais le fait d'être sélectionné est déjà une satisfaction très grande, puisque nous sommes reconnus aptes, qualifiés et performants pour un engagement dans cette profession. Le vol spatial cesse alors d'être un rêve, pour devenir un peu plus concret.

Après la sélection, un moment encore plus marquant est celui où nous apprenons que nous sommes nommés pour une mission. L'annonce de mon affectation à mes trois missions spatiales ne se fit pas de la même manière, mais fut à chaque fois une émotion très forte et un souvenir inoubliable. Que le chef des astronautes de la Nasa ait considéré que j'étais la bonne personne au bon moment pour telle ou telle mission et m'ait choisi pour quelque chose de difficile était à nouveau une marque de reconnaissance. Si être sélectionné augmente toujours la confiance en soi, l'annonce d'une affectation à un vol vous met déjà un pied dans la mission.

D'autres moments mémorables en cours de carrière sont ceux où nous contribuons concrètement à faire avancer notre profession ou notre domaine d'activité par de nouvelles idées qui apportent de la valeur ajoutée. J'ai été très heureux lorsqu'on m'a confié la tâche d'améliorer les techniques de pilotage des bras robotiques canadiens de la navette spatiale et de la station spatiale. J'allais me faire plaisir en réfléchissant à des questions qui m'avaient toujours intéressé, celles de la robotique et de la possibilité d'agir à distance. La robotique représentait pour moi une forme de téléportation non charnelle permettant d'intervenir de loin par instruments interposés. Comme les solutions que j'ai apportées ont satisfait ma hiérarchie et mes collègues, on m'a ensuite confié la direction du comité en charge de définir les standards des interfaces de gestion de la station spatiale internationale, c'est-à-dire les règles graphiques communes, dont les icônes interactives des écrans de contrôle utilisées par les équipages à bord et par les contrôleurs au sol dans les centres de contrôle. Ce fut une expérience fabuleuse : sur le plan technique d'abord, car j'ai toujours été très intéressé par les interfaces homme-machine, mais aussi sur le plan humain. Il m'a fallu diriger une équipe composée d'astronautes, d'ingénieurs et d'instructeurs. Je devais les guider et les convaincre de mes points de vue, et cela à l'échelle de l'ensemble du programme. Je suis donc allé régulièrement visiter les partenaires du programme ISS, notamment très souvent en Russie. Je me souviens aussi de l'ébahissement des Japonais trouvant géniales mes suggestions sur le pilotage de leur bras robotique. J'ai aussi contribué à définir le scénario de rendez-vous de l'ATV avec l'ISS, ce gros vaisseau ravitailleur européen, et le concept de sécurité à l'approche. Ce qui me satisfait, c'est d'avoir apporté ma propre valeur ajoutée à ces programmes qui, sans moi, n'auraient pas été exactement les mêmes, peut-être pas aussi sûrs ou performants.

En ce qui concerne mes missions dans l'espace, les moments les plus merveilleux qui me reviennent à l'esprit sont ceux où je contemplais la Terre. Si vous saviez quelle vue on a d'elle depuis là-haut ! La Terre vous apparaît d'une façon que vous ne pouvez même pas imaginer en film ou en photo. Quand pour la première fois votre champ de vision couvre une grande partie de la planète, à plusieurs milliers de kilomètres à la ronde, vous êtes saisi par la magnificence qui s'offre à vous. Les images des paysages que vous survolez changent très vite du fait de la vitesse du vaisseau. Vous réalisez que la Terre est finie en dimensions, qu'elle est unique, que rien ne lui ressemble, qu'elle est vivante sur le plan climatique, tectonique, géologique et cosmique avec ses aurores polaires et les traces d'impacts passés d'astéroïdes. Elle est isolée sur le fond noir du cosmos avec juste le Soleil et la Lune parfois dans le champ de vue. Vous ne pouvez que tomber amoureux d'elle. C'est un moment très fort que vous partagez avec les autres à bord, mais vous avez du mal à réaliser que tout cela est vrai, que vous êtes véritablement à l'endroit où vous êtes, à contempler cette beauté.

Mes trois missions m'ont apporté chacune de très beaux moments dans des domaines différents. Lors de la première, ce fut justement ce spectacle quotidien de la Terre, car notre mission d'étude de l'atmosphère nous amenait souvent à regarder par les hublots. Lors de la deuxième, ce furent le partage et les échanges avec des hommes et femmes de nations différentes : nous effectuions une mission de ravitaillement d'une station spatiale russe par un vaisseau spatial américain avec un *payload commander* français. J'y avais organisé un mémorable repas international. Lors de mon troisième vol, ce fut le sentiment d'avoir servi la science. Lorsque j'ai relâché le télescope Hubble et que le centre de contrôle nous a dit qu'il était totalement fonctionnel, j'ai pensé aux milliers de scientifiques dans le monde qui allaient pouvoir enfin reprendre leur exploitation, faire de nouvelles découvertes sur l'Univers et ainsi faire progresser le savoir humain. Quand vous vous rendez compte que vous servez à quelque chose dans l'histoire de l'humanité, c'est gratifiant et mémorable. Ce fut le cas de ces trois missions qui furent chacune un succès total.

En dehors de mon métier d'astronaute, deux réalisations professionnelles qui me sont chères furent aussi des sources de très bons moments. La création du premier programme de vols paraboliques en Europe, et l'invention d'une montre faite pour les astronautes qui m'a valu une reconnaissance de l'ESA et d'Omega, qui l'a réalisée. Je suis fier de la porter à mon poignet et de savoir que plusieurs de mes collègues qui l'ont adoptée pour leurs missions spatiales sont ravis de ses fonctions. Je ne suis plus astronaute professionnel en activité, mais savoir que certaines de mes idées ont été traduites en brevets ou en programmes toujours opérationnels me fait plaisir.

Enfin, parmi les moments forts de ma carrière, je retiens des rencontres et des échanges. Avec des anciens qui m'ont guidé, par exemple l'astronaute John Young ou le professeur et grand chef d'agence spatiale Jean-Jacques Dordain. Avec de jeunes esprits brillants que j'ai pu accompagner dans leurs parcours respectifs dans des domaines techniques, artistiques ou sociopolitiques et qui, en retour, m'ont beaucoup appris sur moi-même. Je suis heureux de penser que j'ai pu les inspirer, les guider, les aider à se réaliser en choisissant une voie dans laquelle ils pourront exercer leurs talents et peut-être transmettre à leur tour.

Quelles sont les facéties des astronautes ? Quelles furent les vôtres dans l'espace ?

Dans l'histoire des vols habités, un certain nombre d'astronautes ont fait des blagues pour rire eux-mêmes, pour faire sourire leurs collègues au sol ou amuser le public. Il y a plusieurs types de facéties. La plus classique, très ancienne à la Nasa, est qu'au moment de réaliser la photo officielle et donc très sérieuse d'un équipage, ses membres en profitent pour se faire aussi photographier de manière décalée et humoristique. Cette seconde photo, tolérée par la hiérarchie à condition de ne pas être exploitée dans la presse, reste un souvenir amusant pour l'équipage. Cette pratique a débuté à l'époque du programme Apollo et s'est généralisée avec les vols en navette spatiale. De nos jours, presque tous les équipages de l'ISS ont une photo où ils posent dans des accoutrements inhabituels, ou déguisés en cow-boys, en brigands, en pirates, en membres d'équipage de *Star Trek* ou de *Star Wars*.

Dans l'espace, on a connu toutes sortes de facéties. Sur la Lune, plusieurs astronautes ont improvisé des moments de jeu et d'humour, qui sont restés célèbres de par le décalage avec le sérieux des missions. Alan Shepard a joué au golf ; John Young a effectué un mini « Grand-Prix » avec une jeep lunaire ; Charles Duke et lui ont fait un concours de saut en hauteur nommé « Olympiades lunaires », qui a failli mal se terminer ! Gene Cernan et Harrison Schmitt ont chanté à tue-tête tout en bondissant sur la surface ; Dave Scott a réalisé une expérience de physique de manière amusante : pour illustrer le fait que dans le vide la vitesse des corps en chute ne dépend pas de leur poids, il a lâché en même temps et de la même hauteur une plume et un marteau qui ont atteint le sol au même instant.

À bord de la navette ou de la station spatiale internationale, une blague traditionnelle consiste, pour les astronautes les plus expérimentés, à surprendre les nouvelles recrues en adoptant des postures inhabituelles. Par exemple, un « bleu » rejoignant ses collègues pour le repas sera surpris de les trouver tous nonchalamment attablés au plafond ! Les astronautes ont aussi pour habitude de se déguiser lors de certaines occasions. On a vu des tenues de gorille, des tenues évoquant le passé des astronautes, des tenues de personnages de science-fiction. L'Italien Lucas Parmitano a traversé la station en volant bras tendus et vêtu comme Superman. La facétie la plus courante consiste à se déguiser en personnage très connu de bande dessinée, de film d'aventures ou d'espace, puis à apparaître comme un intrus n'étant pas censé être à bord au moment d'une conférence vidéo avec le sol. Un jour, un astronaute s'est adressé au centre de contrôle en faisant un salut de la main à la manière de Spock dans *Star Trek* et en répétant sa célèbre formule « Longue vie et prospérité ». Je ne parle pas, bien sûr, de conférences officielles, en présence d'un président de la République par exemple ! Parfois, des facéties se calquent sur celles qui sont en vogue sur Terre, comme le *mannequin challenge* – filmé par Thomas Pesquet en 2016 à bord de l'ISS.

Les astronautes inventent aussi des jeux en apesanteur. Un jeu d'orientation consiste à faire tourner sur lui-même dans plusieurs sens un astronaute qui s'est mis en boule, puis à arrêter son mouvement et à lui demander dans quelle direction se trouve la Terre sans ouvrir les yeux. Ce peut être aussi un jeu de cache-cache, ou un jeu de ballon à l'occasion de la coupe du monde de football ou de rugby. Il y a aussi les petites mises en scène que réalisent des astronautes pour envoyer un message sympathique à leur famille, à des amis ou à d'anciens collègues de travail.

À titre personnel, j'ai réalisé peu de facéties lors de mon premier vol, mais davantage au cours du second et encore plus dans le troisième. J'ai joué avec un collègue à chasser des boules d'eau lors de ma première mission. Nous avions aussi inventé un jeu d'habileté pour deux : l'un faisait flotter en apesanteur dans la plus parfaite immobilité possible un rouleau de scotch, et l'autre lançait vers lui en ligne droite un crayon qui devait le traverser. Cela paraît simple, mais je vous assure qu'à deux mètres de distance il est très difficile de faire garder au crayon son alignement avec la direction de son déplacement. La fléchette improvisée a plutôt tendance à heurter la cible par le travers ! Nous avons aussi joué au ping-pong dans l'espace, en fabriquant une balle à l'aide du scotch gris et en nous servant de nos check-lists comme de raquettes. J'ai également dansé en apesanteur, profitant du fait de voler avec trois collègues féminines. J'ai participé à une course entre membres d'équipage dans le long tunnel qui reliait l'avant de la navette à un module pressurisé logé à l'arrière de la soute. J'ai évoqué plus haut dans le livre la farce que j'avais faite à Scott Kelly, le seul « bleu » de ma troisième mission, en cachant ses slips à bord de la navette. Lorsqu'il avait ouvert son placard, il avait paniqué un moment en comprenant qu'il n'en avait qu'un de rechange pour huit jours ! Et aussi la plaisanterie de le surprendre en nous réunissant tous, sauf lui, au pont inférieur de la navette avec sur nos visages sa photo portrait faisant allusion à son vrai jumeau – astronaute lui aussi – que beaucoup de contrôleurs et d'instructeurs confondaient encore. En nous rejoignant, il s'était trouvé nez à nez avec six personnes ayant le même visage que lui ! Le jour de Noël – le seul vécu par un équipage de navette spatiale en vol –, l'un de nous s'était déguisé en Père Noël flottant dans la cabine. C'était peut-être moi, mais je ne vous le dirai pas pour ne pas trahir le secret, quoique son accent donnait clairement un indice ! Le contrôle au sol s'était évertué en vain à deviner l'identité de l'astronaute concerné.

Les astronautes ont chacun leurs facéties favorites, cela dépend de leur culture, de leur tempérament plus ou moins joueur, de leur envie de faire des clins d'œil ou des blagues au centre de contrôle ou à leur famille quand ils sont en vidéo en direct. Elles font partie intégrante des vols habités. Ces plaisanteries sont effectuées lors des moments de détente qui suivent des tâches difficiles, comme un rendez-vous spatial ou une sortie dans l'espace, ou bien lors du temps libre parce que c'est l'occasion de se relâcher, mais pas sur le temps de travail, à moins qu'elles ne soient très brèves ou faites lors d'une pause. L'idée est de se détendre et de montrer aussi au public que les astronautes sont des hommes et des femmes comme les autres, aimant plaisanter ensemble, rire ou jouer de temps en temps.

Lors des vols spatiaux du futur, plus longs et plus éloignés de la Terre, il est vraisemblable que des facéties classiques ou originales et de sources d'inspiration renouvelées, continueront à ponctuer les moments intenses ou difficiles. L'humour a toujours accompagné les hommes et les femmes selon des modes d'expression propres à leur culture, pour décompresser, pour se détendre, pour favoriser les relations sociales ou souder une équipe, ou même pour se remettre en question par l'autodérision. Les vols spatiaux offrant un environnement véritablement extraterrestre, nul doute que le développement de l'exploration du cosmos fera naître un humour « spatial » à son image, selon de nouvelles normes culturelles et symboliques propres à ce milieu.

Y a-t-il des choses que les astronautes ne peuvent pas dire, ou que vous-même souhaitez garder secrètes ?

Il y a tout d'abord la question du secret-défense. Dans le passé, des missions spatiales habitées militaires ont eu lieu du côté soviétique ou russe comme du côté américain. Certains vols de navette spatiale menés exclusivement pour le compte du département de la Défense des États-Unis furent des missions classifiées. Les astronautes comme les équipes au sol étaient alors tenus au secret, la nature des charges utiles n'était pas révélée à la presse, la date et l'heure des lancements non plus. Mais suite à l'accident de la navette Challenger en 1986, les militaires ont préféré se contenter des lanceurs traditionnels (Titan, Atlas, Delta) pour leurs missions spatiales, donc sans la contribution d'astronautes. Quelques missions civiles de navette ont tout de même convoyé par la suite des satellites militaires, mais sans être classifiées. Moi-même, je n'ai pas participé à des missions militaires, et n'ai donc jamais été tenu au secret-défense en tant qu'astronaute. Lors de mes entraînements, on ne m'a jamais communiqué non plus d'information secrète. Cependant, un exemplaire des plans complets et détaillés de la navette spatiale était fourni à chacun des astronautes pour maximiser sa connaissance du fonctionnement du vaisseau. Ces documents étaient considérés comme information sensible que nous nous engagions à n'utiliser que dans l'exercice de notre fonction et à ne pas divulguer en dehors du cercle professionnel. Ils auraient pu, en effet, aider une organisation extérieure à concevoir un nouvel engin spatial habité.

C'est dans le domaine médical que la pratique du secret est la plus courante dans mon métier, et c'est bien normal. Tout comme votre médecin ne peut pas communiquer à autrui des informations concernant votre santé, les médecins en charge des astronautes respectent aussi le secret professionnel. Si un astronaute a des problèmes de santé qui ne l'empêchent pas de participer à une mission, ils ne seront pas révélés. S'il est inapte au vol, on dira juste que c'est pour motif médical. En mission, le suivi médical de chaque astronaute est organisé sous forme de vidéoconférences privées avec son médecin d'équipage attitré, sur une fréquence cryptée que personne d'autre ne peut écouter.

En matière de technologie ou de science, un astronaute est parfois contraint à ne pas livrer d'informations sur des expériences qu'il mène en vol si elles peuvent conduire à des brevets d'invention pour l'industriel ou le laboratoire commanditaire. Il signe alors un document l'engageant à la confidentialité. Pour ma part, je n'ai jamais été responsable d'une expérience pour laquelle j'avais besoin d'informations protégées pour la réaliser. Il est arrivé que certaines parties soient sujettes à protection industrielle, mais il n'était pas nécessaire que je connaisse les détails de ces informations pour faire mon travail d'opérateur des instruments en question.

Quand les astronautes communiquent entre eux ou avec le sol par la radio pour raisons professionnelles, une manière familière de s'exprimer n'a pas sa place. Ils recourent à un langage normalisé en ce qui concerne les termes employés et la façon de s'adresser aux personnes. Les mots doivent être précis et les phrases claires pour ne pas laisser place au doute. Les échanges doivent être succincts et compréhensibles pour ne pas accaparer la fréquence. Bien sûr, le langage doit être exempt de tout juron, grossièreté ou propos inapproprié.

Il y a ce qu'on ne peut pas dire, mais aussi ce qu'on ne veut pas dire. Selon sa culture et son éducation, un astronaute sera plus ou moins enclin à exprimer ses émotions. Certains ne parleront pas de leur vie privée ou de leur vie intime en mission. Un tabou traditionnel dans l'espace est celui du sexe, sujet sur lequel un astronaute ne s'exprimerait probablement pas facilement. Je pense sincèrement, connaissant beaucoup de collègues russes et américains, qu'il n'y a pas eu encore de relations sexuelles dans l'espace, ni entre hommes et femmes ni entre personnes du même sexe. Si cela avait eu lieu, ce serait connu dans le milieu des astronautes, mais nous n'en parlerions pas au public.

Depuis le début de l'ère spatiale, la pratique du non-dit et du secret chez les astronautes a évolué. La course à l'espace était une compétition entre deux superpuissances, il ne fallait pas faciliter la tâche de l'adversaire en livrant des informations techniques à la presse, par exemple. De nos jours, les programmes internationaux comme celui de la station spatiale ont libéré la communication et la collaboration entre les partenaires de nations différentes. Sur un plan individuel, les astronautes qui commettaient des erreurs ou manquaient de professionnalisme dans leurs actions ou comportements, n'aimaient guère l'avouer. Il y avait chez eux une certaine sacralisation de l'infaillibilité de l'astronaute, et ils acceptaient mal la faute. Dans les années 1990, on a compris, au contraire, qu'il était noble de la part d'un astronaute de reconnaître une erreur et utile pour les autres qu'il partage son analyse des conditions l'ayant amené à la commettre. La communication s'est libérée sur ce sujet. Désormais, si un astronaute se trompe, on considère que cela ne peut pas être entièrement de sa faute. S'il a été sélectionné, entraîné, qualifié puis affecté en vol, c'est bien parce qu'on l'a jugé apte à la tâche qu'on lui a confiée. On cherchera donc plutôt à reconstituer la chaîne d'événements qui ont conduit à l'erreur, comme un module de l'entraînement mal organisé, une procédure mal écrite ou une interface mal conçue.

D'une manière générale, les astronautes sont encouragés de nos jours à communiquer sur tout ce qu'ils font : leur préparation, leur vie quotidienne à bord, leur travail, leur pratique du sport, leurs repas, leur sommeil, leur toilette. Il n'y a pas de questions taboues chez les astronautes en coopération internationale lors de missions civiles dédiées à la recherche scientifique. Ces missions étant financées par de l'argent public, il y a un devoir de rendre compte de la manière dont les budgets sont dépensés, et de ce à quoi elles servent. La communication et la transparence ont aussi été favorisées par l'apparition des réseaux sociaux.

Lors de mes interviews comme lors des échanges que j'ai eus avec le public ou des étudiants, j'ai toujours répondu franchement et systématiquement aux questions que l'on me posait. Parfois, on m'a demandé si j'avais connaissance de certains secrets, si j'avais vu des choses là-haut que je ne pouvais pas dire. Vous le savez, notre époque est propice aux croyances de toutes sortes et au complotisme, surtout dans les domaines peu accessibles au grand public. Eh bien, quitte à décevoir, je n'ai rapporté de mes voyages spatiaux aucune révélation ni aucun scoop propre à les alimenter. Je vous confirme que la Terre est ronde ! Je n'ai croisé dans l'espace ni ovni ni extraterrestre ! Et mes nombreux collègues astronautes avec lesquels j'ai si souvent dialogué, depuis les marcheurs lunaires jusqu'à Thomas Pesquet, vous confirmeront tous la même chose !

Depuis l'espace : l'*overview effect*, la vision du cosmos

En 1968, lors de la mission Apollo 8, des hommes se sont pour la première fois suffisamment éloignés de la Terre pour pouvoir la contempler dans sa globalité. Leurs témoignages, les photos et vidéos de la planète bleue dans l'écrin du noir du cosmos ont probablement instillé à l'Humanité le début d'une conscience planétaire et écologique. L'un des astronautes d'Apollo 8, Williams Anders, a dit : « Nous avons fait tout ce trajet pour explorer la Lune, et la chose la plus importante est que nous avons découvert la Terre. » Pouvez-vous nous parler en détail de la vision de la Terre depuis l'espace ? Qu'est-ce qui, à vos yeux, est le plus impressionnant ?

Évoquons tout d'abord la vision de la Terre qu'ont eue les astronautes des missions Apollo, parce qu'elle est très particulière et différente de celle que j'ai eue lors de mes propres missions. Comme ces astronautes sont allés environ mille fois plus loin que les missions orbitales terrestres classiques, ils ont pu voir un hémisphère entier de la planète ; ils sont donc les seuls à avoir contemplé la Terre dans sa globalité, en termes de périmètre. Mais puisqu'ils s'éloignaient d'elle, ils ne pouvaient pas voir défiler sa surface, contrairement aux astronautes lancés à 28 000 km/h en orbite basse autour du globe. Ils ne la voyaient pas non plus tourner sur elle-même, sa rotation complète en 24 h étant trop lente pour être distinguée en temps réel. Pour les astronautes d'Apollo, la Terre paraissait donc immobile, suspendue dans le noir du cosmos, et toute petite. Ils pouvaient avoir, eux aussi, l'étrange sentiment d'être immobiles au milieu de nulle part dans l'espace, voici pourquoi : sur Terre, plusieurs facteurs donnent une impression de vitesse : le bruit d'un moteur, le changement de la scène visuelle, la modification de la taille apparente d'un l'objet quand il s'éloigne ou se rapproche ; à bord de leur vaisseau lancé vers la Lune à plus de 10 km/s, tous moteurs éteints, ils pouvaient constater qu'ils s'éloignaient de la Terre parce que sa taille apparente diminuait d'une minute à l'autre ; mais une fois très loin d'elle et pas encore assez proches de la Lune, c'est-à-dire à la moitié de leur parcours, la taille apparente des deux astres ne se modifiant pas à l'œil nu, ils se trouvaient confrontés à une sensation d'immobilité dans le cosmos. Ceux qui partiront un jour vers Mars auront encore une autre vision particulière de la Terre, puisqu'elle leur semblera diminuer de taille de semaine en semaine jusqu'à la perdre de vue.

Parlons maintenant de la vision de la Terre depuis l'orbite terrestre. Une première caractéristique en est le champ de vue, c'est-à-dire la portion de surface terrestre que vous pouvez apercevoir d'un coup d'œil depuis l'espace. Il dépend de deux facteurs : l'altitude et l'inclinaison de l'orbite. Concernant l'altitude, plus vous êtes près de la Terre plus le champ de vue de la planète que vous embrassez du regard est limité. La distance (D) de l'horizon dans toutes les directions peut être calculée en kilomètres par une équation très simple : $D = 80 \times \sqrt{2h}$, où h est l'altitude également exprimée en kilomètres. Par exemple, si vous êtes à 2 km de hauteur sur une Terre parfaitement sphérique et lisse, l'horizon se trouvera à environ 160 km de vous. Depuis un avion de ligne volant à 12 km d'altitude, l'équation donne 390 km. Lors de mon premier vol spatial à 300 km d'altitude, je voyais donc au maximum jusqu'à 1 960 km, moins loin que lors de mon troisième vol à 600 km d'altitude – 2 770 km. Le second facteur – l'inclinaison de l'orbite – est l'angle que fait le plan dans lequel se trouve la trajectoire du vaisseau avec le plan de l'équateur. Les passagers d'un vaisseau qui orbite en permanence à la verticale de l'équateur voient toujours la même bande de Terre située jusqu'à environ 2 500 km au nord et au sud de l'équateur, mais jamais au-delà. Au contraire, si l'orbite du vaisseau est très inclinée par rapport au plan de l'équateur, ils survolent et peuvent observer une plus grande partie de la Terre ; au cours de chaque orbite, la Terre ayant tourné sur elle-même, ils passent au-dessus de territoires différents. J'ai eu l'occasion, lors de ma première mission, de voler sur une orbite très inclinée (57°), mais à l'altitude relativement basse de 300 km. En revanche, lors de ma troisième mission, l'altitude était deux fois plus élevée, mais l'orbite deux fois moins inclinée (28,5°). Certains de mes collègues préféraient voler très haut pour embrasser du regard de plus grandes surfaces, même s'ils voyaient toujours les mêmes paysages. C'était le cas lors des missions vers le télescope spatial Hubble, où le vol était centré sur la zone intertropicale. D'autres, au contraire, préféraient les orbites inclinées pour observer des paysages différents, même si l'altitude alors plus basse réduisait un peu le champ de vue. C'est un débat que l'on peut avoir entre astronautes.

Une autre caractéristique de la vision de la Terre depuis l'orbite est la vitesse de défilement du paysage. Pour rester en orbite terrestre, il faut voler horizontalement à une vitesse d'environ 28 000 km/h, ce qui fait faire le tour de la planète en 1 h 30. L'alternance jour-nuit a lieu toutes les 45 minutes : le Soleil se lève 16 fois et se couche 16 fois par journée de 24 heures pour un astronaute en orbite terrestre. Vous survolez pendant 45 minutes le côté de la planète éclairé par le Soleil, puis pendant 45 minutes le côté où il fait nuit. La nuit, c'est vraiment magique ! Vous apercevez les lumières des villes lors du survol des régions habitées, et vous vous amusez à les reconnaître. Parfois, vous voyez des flashes blancs qui illuminent certaines zones : ce sont des éclairs, lorsque vous survolez des orages. Ils peuvent être si nombreux et fréquents qu'ils rappellent visuellement le crépitement des appareils photo autour d'une star de cinéma ! Vous pouvez apercevoir les coulées de lave et les cratères des volcans actifs qui rougeoient dans l'obscurité. Vous distinguez les feux de forêt et les feux agricoles. Il y a aussi les aurores polaires, ces grandes draperies verticales aux couleurs irisées à dominance verte pouvant monter largement au-dessus de 100 km d'altitude. Elles étaient peu actives lors de mes missions et visibles seulement au loin. Des collègues en vol de longue durée ont eu l'impression parfois de baigner littéralement dans ces aurores lors de périodes de forte activité du Soleil, dont elles dépendent. Les aurores participent beaucoup à la magie de la Terre vue depuis l'espace.

Si vous êtes sur une orbite très inclinée, vous survolez pendant 45 minutes l'hémisphère Nord, où vous observez beaucoup de paysages enneigés en hiver ; pendant les 45 minutes suivantes, vous survolez l'hémisphère Sud, qui se trouve alors en été puisqu'il est toujours à la saison opposée. Les saisons alternent donc toutes les 45 minutes sous vos yeux. Grâce à ce défilement rapide, des zones tempérées, désertiques et océaniques se succèdent, et cela ajoute à la dynamique visuelle de la Terre. On ne se lasse pas d'une telle variété de panoramas et de couleurs. On resterait des heures entières avec le nez collé aux hublots s'il n'y avait pas le travail à faire à bord. Mais le défilement fait que le paysage que vous admirez depuis votre vaisseau est très furtif. Il est impossible de se dire en temps réel : « Cet endroit est très beau, je vais régler l'appareil et prendre une photo. » À la vitesse de 28 000 km/h, soit 8 km/s, vous traversez la France en deux minutes ; donc si vous n'avez pas déjà votre appareil en main prêt à fonctionner, il sera trop tard ! Si vous voulez vraiment cette photo, il faudra l'anticiper lors d'une prochaine orbite quand vous survolerez à nouveau cette zone.

La vision de la planète depuis l'espace est vraiment unique, on ne peut pas la reproduire sur Terre. C'est un grand champ de vue qui défile sous les yeux en déroulant une multitude de contrastes, de couleurs, d'éclairages, de paysages végétaux, minéraux et urbains. Ce n'est comparable à rien, il faut être en orbite terrestre pour voir cela.

Qu'appelle-t-on l'« *overview effect* » ?

L'expression « *overview effect* » a été inventée par l'écrivain américain Frank White, qui a interviewé beaucoup d'astronautes à ce sujet, lui a consacré un livre et de nombreuses conférences. Cette expression recouvre l'ensemble du ressenti des astronautes lors de la contemplation de la Terre depuis l'espace : c'est l'effet que produit la vision de la planète sur l'être humain qui la regarde.

Je caractérise souvent l'*overview effect* par la succession de quatre phases distinctes. Tout d'abord, la phase de perception sensorielle sur laquelle je ne vais pas m'étendre car je viens de l'évoquer dans la question précédente. Elle est factuelle. Pour les astronautes en orbite terrestre, c'est le champ de vue qui s'étend à plusieurs milliers de kilomètres et dont le contenu change très rapidement ; c'est la vision de la Terre sur fond de ciel noir en plein jour ; c'est le fait que les étoiles ne soient pas visibles quand les yeux sont adaptés aux lumières du cockpit ; c'est l'alternance du jour et de la nuit toutes les 45 minutes et la transition des saisons au cours d'une même orbite que je viens d'évoquer...

Cette phase sensorielle déclenche la phase émotionnelle de l'*overview effect*, sous l'effet de la magnificence et de la beauté absolue du spectacle qu'offre la Terre. Aucun astronaute ne se lasse de l'admirer depuis l'espace. On est littéralement ébloui de beauté au point d'en avoir les larmes aux yeux, même si on est très endurci. Souvenez-vous du commandant de bord Matt Kowalski incarné par George Clooney dans le film *Gravity*, ce personnage très sûr de lui, qui a tout vu, mais qui verse tout de même une larme en contemplant le reflet du Soleil sur le Gange depuis l'espace. Et comme on partage ces émotions à plusieurs à bord de notre vaisseau, leur force s'en trouve augmentée. Le contraste de la luminosité et des couleurs de la planète avec le noir profond du cosmos produit une impression d'unicité et d'isolement de la Terre dans l'espace. On mesure aussi la fragilité du vivant par la finesse extrême de l'atmosphère vue par la tranche à l'horizon, cette couche de gaz qui permet l'existence de la vie. On se sent soi-même fragile en tant qu'humain faisant partie de cette biodiversité. Et le fait d'embrasser une très grande variété géologique dans un même champ de vue rend la Terre vivante à nos yeux. Elle nous paraît posséder sa propre vie géologique, climatique, tectonique et cosmique. Quand je parle de vie cosmique, je veux dire que la Terre est un objet céleste qui navigue dans le cosmos en orbite autour du Soleil, dans un espace parcouru par des micrométéorites et des astéroïdes qui parfois la percutent : donc voir depuis l'espace un impact d'astéroïde sur la Terre nous rappelle que la planète est soumise à des interactions avec son environnement cosmique.

La phase émotionnelle de l'*overview effect* produit inévitablement une phase de questionnement intellectuel sur la vraie nature de cet objet fini sur fond noir du cosmos qui nous bouleverse tant. La Terre nous paraît alors être en soi un vaisseau spatial, dont tous les humains sont membres d'équipage. On compare naturellement les différents systèmes de notre propre vaisseau aux caractéristiques de la planète. Notre système de communication renvoie à tous les câbles sous-marins à fibres optiques qui permettent les liaisons internet sur la planète. Notre système de régulation thermique renvoie à celui de la Terre en équilibre entre l'énergie qu'elle reçoit du Soleil, l'énergie géothermique qu'elle produit en son centre, et l'effet stabilisateur des échanges entre son atmosphère et ses océans. Notre système de contrôle d'environnement et de support-vie, qui fournit l'oxygène, absorbe le gaz carbonique, régule la pression, recycle l'eau et nourrit l'équipage, renvoie à l'océan qui fait tout cela pour le vaisseau spatial Terre. Cette réflexion intellectuelle se double d'un immense respect lorsque l'on comprend que l'habitat de tout le vivant connu aujourd'hui dans l'Univers est là, juste sous nos yeux, sur cette planète. On songe que la Terre devrait être gérée comme un vaisseau spatial : comprendre son fonctionnement pour définir des « procédures d'utilisation » afin de ne pas consommer plus au quotidien que les ressources disponibles ; utiliser principalement l'énergie solaire à l'image de l'ISS, qui tire son énergie électrique exclusivement du Soleil depuis plus de vingt ans ; recycler nos déchets autant que possible comme on le fait à bord ; définir un « plan de vol » de la planète pour s'adapter aux changements climatiques, aux réchauffements ou aux glaciations. Enfin, qu'en toutes circonstances, les nations de la Terre s'entraident à l'image de la coopération internationale fructueuse au sein du programme de la station spatiale.

Parfois, l'*overview effect* se prolonge par une phase spirituelle, où les astronautes se posent des questions quasi mystiques nées de la contemplation de cette beauté absolue qu'offre la Terre. Est-ce par pur hasard qu'elle existe, ou bien est-elle l'œuvre d'un créateur ? Sa beauté est-elle universelle, des extraterrestres la trouveraient-ils magnifique autant que nous ? Pourquoi sommes-nous émus aux larmes de la contempler plutôt que de la trouver simplement belle ? Pour certains d'entre nous, ces questions restent sans réponses. Nous voudrions que chaque humain ait la chance de connaître un jour l'*overview effect*, et nous ressentons le devoir de transmettre les émotions positives si fortes qui le caractérisent.

Revient-on transformé d'avoir vu la Terre depuis l'espace ?

Je ne crois pas que le vol spatial transforme en profondeur l'être humain, au sens où il ne bouleverse ni son caractère, ni ses croyances spirituelles. Mais le fait d'avoir vu la Terre depuis l'espace enrichit considérablement celui qui l'a vécu de sensations, d'émotions et de réflexions nouvelles. C'est d'ailleurs le cas de toute expérience forte dans la vie : si vous êtes fana d'alpinisme et que vous parvenez à gravir le mont Everest, vous garderez en vous pour le reste de l'existence le souvenir de cet exploit, avec son lot d'images, de moments exceptionnels et de partage. Lorsqu'on a la chance de contempler la Terre depuis l'espace, on rapporte gravé en soi un véritable catalogue d'images, celles d'une planète que l'on voit vivre sous nos yeux parce qu'elle nous offre des scènes dynamiques de volcans en activité, d'ouragans qui se forment et se déplacent, d'éclairs qui illuminent sa surface… Ce spectacle visuel, dont l'intensité est augmentée par le fait de le partager avec des collègues, se double de réflexions qui nous enrichissent intellectuellement. Comme je l'ai dit à propos de l'*overview effect*, on se questionne sur la création, l'origine du vivant, le climat, le hasard, la chance inouïe que nous soyons là, humains, et que cette planète magnifique soit notre monde ; on se montre ouvert à des réflexions nouvelles parce que certaines pensées nous viennent à l'esprit qui n'auraient pas germé en nous autrement. Mais notre personnalité, notre conscience, notre morale ou le sens que nous donnons à l'existence n'en sont pas changés pour autant.

Les convictions religieuses des astronautes sont-elles modifiées par leurs vols spatiaux ?

Parmi les collègues que je connais bien et de nombreux autres avec lesquels j'ai pu échanger à ce sujet, aucun n'a vu ses convictions spirituelles modifiées par le fait d'avoir voyagé dans le cosmos et admiré la Terre depuis l'espace. Mais chacun confronte inévitablement son orientation religieuse, foi ou incroyance, à sa propre expérience du vol spatial. Et en pratique, elle s'avère toujours être confortée : aucun astronaute n'a découvert Dieu dans l'espace, aucun non plus n'y a perdu la foi. Lorsque nous contemplons la Terre, que nous laissons aller notre esprit à l'introspection et à la méditation dans les moments de temps libre où nous ne songeons pas au travail, c'est comme si nous mettions à l'épreuve plus que jamais nos convictions religieuses et philosophiques. Comme si nous explorions beaucoup plus profondément ce que nous sommes à la faveur de cette expérience sensorielle et émotionnelle nouvelle et forte, presque extraterrestre.

Certains ont-ils changé d'existence après cette forme de révélation ?

Certains astronautes, notamment ceux du programme Apollo, ont vu leur foi renforcée après leur mission, et lui ont accordé une importance et une place plus grandes dans leur existence. Je sais, par exemple, que la croyance créationniste de mon ami Charlie Duke, d'Apollo 16, s'est affirmée suite à son vol, avec un recul de plusieurs années. C'était déjà dans son éducation et sa culture, et cela s'est renforcé. Il est toutefois très à l'écoute et pas du tout dogmatique sur ce sujet. James Irwin, astronaute d'Apollo 15, fervent chrétien, a créé après sa mission une fondation religieuse. Pour d'autres, ce sont certaines convictions qui se sont renforcées : Edgar Mitchell d'Apollo 14, très intéressé avant son vol par la parapsychologie, a fondé par la suite un institut de recherche sur la conscience. Il faut rappeler que ces hommes firent partie des vingt-quatre seuls humains à avoir voyagé vers la Lune. Ils s'étaient éloignés mille fois plus loin de la Terre que tous les autres astronautes. Ce fut une expérience hors du commun. Au contraire, les quelques centaines d'astronautes de ma génération qui ont volé à bord des navettes ont effectué des missions spatiales plus « conventionnelles » en orbite basse. Finalement, très peu d'astronautes ont converti leur activité professionnelle afin de consacrer plus de temps à des centres d'intérêt de nature spirituelle. Je connais à peu près 200 astronautes sur les presque 600 hommes et femmes qui sont allés dans l'espace, mais aucun qui ait eu ensuite un parcours professionnel motivé par l'impact du vol spatial sur ses croyances religieuses. Ils se sont surtout engagés ou réengagés, après avoir été eux-mêmes étudiants universitaires, dans la transmission du savoir, en dirigeant des musées ou par l'enseignement, pour communiquer leur passion, inspirer des étudiants, les motiver à poursuivre au plus haut niveau leurs études et à donner le meilleur d'eux-mêmes.

L'autre découverte est celle du noir infini du cosmos. On dit qu'il est particulier. Quelles émotions furent les vôtres en le contemplant ? Quelles réflexions vous a-t-il inspirées ?

La première fois que j'ai regardé par un hublot depuis l'espace, ce fut vingt minutes après avoir décollé de Floride à midi. J'ai d'abord aperçu la côte ouest de l'Europe encore éclairée par le Soleil, car il était environ 18 h en France, mais l'Allemagne était déjà plongée dans l'obscurité. Puis j'ai parcouru du regard ce que l'on appelle « le terminateur », la ligne qui sépare la zone éclairée par le Soleil de la zone déjà entrée dans la nuit. J'ai ensuite observé l'horizon terrestre du côté éclairé sur le fond noir du cosmos, qui m'est apparu d'un noir d'encre et, qui plus est, complètement vide ! Ma première impression en contemplant le cosmos depuis l'espace fut donc qu'il ne contenait que la Terre, le Soleil et la Lune.

Le noir de l'espace a la particularité d'être intense, et total. Il ne tire pas légèrement vers le gris. Il est profondément obscur, et vide. Et comme nous savons qu'en ligne droite devant nos yeux se trouve l'infini, on se dit qu'il n'y a rien, absolument rien qui peuple le cosmos. Dans notre existence, nous sommes rarement entourés d'un tel noir complet, à moins de descendre dans une cave, d'éteindre toutes les lumières et d'attendre dix bonnes minutes que les pupilles se dilatent, à condition qu'il ne s'y trouve pas la moindre diode lumineuse ou le moindre animal luminescent.

L'autre caractéristique du noir total, vide et infini du cosmos est qu'il peut se remplir d'une fantastique myriade de lueurs lorsque l'on éteint toutes les lumières du cockpit. Quand le vaisseau spatial est positionné avec la bonne orientation par rapport au Soleil et à la Terre de façon à pouvoir recréer à bord le même noir absolu que celui que l'on observe par les hublots, celui-ci se transforme alors en une constellation de points lumineux colorés qui sont autant d'étoiles de températures différentes. Subitement, l'espace qui paraissait complètement vide se remplit d'étoiles, de nébuleuses et de galaxies à l'infini. La Voie lactée s'offre à nos yeux avec une luminosité et une densité d'étoiles jamais observables à l'œil nu sur Terre, sauf peut-être à monter très haut en altitude dans un air pur et sec et pouvoir y rester pour la nuit. Elle n'est pas blanche comme du lait, mais composée des teintes violettes, rouges et jaunes des astres qui la composent. Le contraste est saisissant entre le noir total du cockpit où nous flottons en apesanteur, où nous ne distinguons même plus notre propre corps ni les limites précises des hublots et de la carlingue, et l'espace au-dehors constellé de lumières colorées posées comme une tapisserie sur une voûte infiniment éloignée. Avant que le vaisseau ne soit plongé dans l'obscurité, nous avions l'impression d'être isolés dans le noir sans fond du cosmos ; mais il y a maintenant tellement d'étoiles devant nos yeux que l'idée d'être seuls dans l'Univers nous paraît inimaginable, impossible.

Le noir infini du cosmos est donc seulement une impression, que l'on peut d'ailleurs recréer dans le vaisseau spatial. Je l'ai aussi vécue lors de mon premier vol à une échelle plus réduite, parce que je dormais dans une boîte totalement fermée où l'obscurité était totale. Comme je flottais en apesanteur, je pouvais imaginer mentalement être en suspension dans les ténèbres de l'espace sans rien autour de moi jusqu'à ce que je sente la légère pression d'une partie de mon corps arrivant au contact d'une des parois.

L'astronaute Story Musgrave décrivait le noir qu'il voyait derrière le hublot comme du Marshmallow ! Il avait l'impression que c'était une substance malléable qui se trouvait là. Pour moi, c'était juste le vide, le vide total, immense et profond… jusqu'à l'infini.

Vous avez dit : « Si tous les êtres humains voyageaient dans l'espace, l'humanité en serait transformée. » Cent milliards d'êtres humains environ ont vécu sur la planète et vous êtes quelques centaines seulement à avoir pu la contempler depuis l'espace. Cette expérience serait-elle bénéfique à grande échelle ? Nos dirigeants devraient-ils voyager en orbite ?

La perspective que tout un chacun puisse aller dans l'espace n'est malheureusement pas possible aujourd'hui pour des raisons économiques et techniques. Mais si cela se réalisait, je crois que chaque être humain ressentirait en contemplant sa planète depuis l'espace les mêmes émotions qu'éprouvent les astronautes, quels que soient leur religion, leur nationalité, leur genre, leur âge, leur culture ou leur caractère. Tous ont eu, grâce à l'*overview effect*, une réflexion presque philosophique sur le sens de l'existence de soi et de l'humanité en général. Il est probable qu'à l'instar des astronautes, chaque être humain voyageant dans l'espace prendrait aussi un certain recul sur sa condition de Terrien, et d'humain en particulier. Et si un très grand nombre reconsidérait grâce à cela ses priorités ou ses valeurs dans l'existence, modifiait certains de ses comportements et acquérait une conscience écologique forte, alors oui, cette expérience serait bénéfique à grande échelle et l'humanité pourrait en être transformée. On peut déjà s'en convaincre à travers les effets d'ouverture d'esprit et de prise de conscience que le développement de l'aéronautique a entraînés. Grâce à la multiplication des lignes aériennes et des vols long-courriers au cours de la deuxième moitié du XXe siècle et encore plus au début du XXIe siècle, chacun peut désormais trouver des vols peu chers pour se rendre partout dans le monde. Cette démocratisation du voyage a permis à beaucoup de personnes de comparer leurs propres conditions de vie à celles qui règnent dans d'autres pays, et de s'apercevoir que, sur Terre, la salubrité, la qualité alimentaire, l'hygiène ou la santé sont très inégales. Nombreux sont ceux qui voyagent pendant leurs vacances dans des pays défavorisés et se rendent compte à quel point ils sont privilégiés dans un pays comme la France, où l'environnement social, culturel et médical est très favorable au bien-être. S'y ajoute aussi un effet de tolérance des différences et de prise de conscience de valeurs et caractéristiques communes aux êtres humains quels que soient leur origine et leur lieu de vie. À l'échelle de l'Humanité, je pense que la possibilité de voir la Terre de loin serait un moyen de comprendre, comme le disait Stephen Hawking, que la planète n'héberge qu'une seule race humaine.

Comme l'accès à l'espace est encore très limité, plusieurs initiatives privées ou associatives ont vu le jour pour permettre à un grand nombre de Terriens de s'approprier l'*overview effect* sur le Web, dans des livres, au cinéma, par la réalité virtuelle ou lors de conférences et de réunions, grâce à la diffusion de très belles photos prises par des astronautes ou des satellites. Je pense, par exemple, à *Blueturn* initié par Jean-Pierre Goux et qui est devenu *One Home*, au programme *Constellation* conçu par des astronautes, à *Somewhere* et son concept de lobby des consciences, à *Blue marbre Space* de Sanjoy Som. Je pense aussi à plusieurs écrivains et cinéastes qui m'ont contacté pour me demander comment sensibiliser la population par des messages tirés de mon expérience du vol spatial. Je pense également au prêtre Jeremy D. Nickel, aux États-Unis, qui a développé un concept de séances de réalité virtuelle en relief à 360° auxquelles on peut se connecter à distance pour vivre, sur une musique suggestive, l'élévation d'esprit liée à la contemplation de la Terre. Il y a, bien sûr, aussi Frank White, auteur de l'expression « *overview effect* », qui a le plus travaillé sur ce concept présenté dans son livre *The Overview Effect. Space Exploration and Human Evolution*, et a créé le programme virtuel ORT auquel on peut se connecter sur Zoom. Ces exemples montrent qu'à l'échelle mondiale, de nombreux passeurs d'expériences autres que les astronautes ont compris l'importance qu'il y a à aider de cette manière les Terriens à prendre de la hauteur à défaut de pouvoir embarquer à bord d'une fusée.

Même sans parler de la vue de la Terre, étant très impliqué dans les vols en apesanteur, les vols dits « Zero G » que nous évoquerons plus tard, je peux vous dire que les passagers de ces vols qui font l'expérience de ne plus ressentir l'effet de l'attraction terrestre, donc de leur propre poids, vivent tous cela comme une renaissance des sens et de la perception de soi. C'est le même type de renaissance que l'on vit quand on voit la Terre de très haut dans l'espace.

Finalement, si on pouvait donner l'opportunité de contempler la Terre depuis l'espace à un petit nombre d'êtres humains, par exemple à un millier seulement parmi les presque huit milliards qui peuplent la planète, il faudrait la réserver aux décideurs et aux personnes les plus influentes, comme les dirigeants politiques, les dirigeants des grandes entreprises ou les influenceurs des réseaux sociaux. Car ce serait l'assurance que leur témoignage soit diffusé auprès d'un large public et la possibilité que leur expérience aboutisse à des actions politiques, écologiques et de sensibilisation à grande échelle concrètes.

Plus de vingt ans après votre dernière mission, revivez-vous encore cette vision de la Terre, par exemple en méditant ou en rêvant ?

Dès mon enfance, avant même d'aller dans l'espace, je rêvais la nuit que je m'élevais et que je voyais la Terre de haut. Cela m'arrive encore, mais de moins en moins souvent, et je le regrette un peu. Depuis mes missions spatiales, et comme j'ai la chance de pouvoir facilement visualiser mentalement des détails, des scènes ou des souvenirs, je peux à volonté fermer les yeux à tout moment de la journée et revivre des moments précis de ces vols. Je revis donc souvent l'*overview effect* en pensée, à distance dans le temps, de façon virtuelle. Je me remémore des détails de la géographie, de la géologie ou de la météorologie terrestres que j'ai remarqués jadis depuis l'espace. Je revois, par exemple, l'ouragan Florence traversant l'Atlantique lors de mon premier vol ; je me souviens des paysages australiens, des atolls turquoise de Polynésie, des couleurs minérales presque extraterrestres de l'Atacama. Je revois, depuis l'orbite très élevée du télescope spatial Hubble, l'Amérique du Sud rendue phosphorescente dans la nuit par la lumière de la Lune. Je crois que j'aurai ces images en moi jusqu'à la fin de mes jours. Bien sûr, je ne me suis pas éloigné de notre planète à des dizaines de milliers de kilomètres comme l'ont fait mes collègues astronautes qui ont marché ou tourné autour de la Lune, mais j'arrive aussi à imaginer la vision de la Terre qu'ils ont eue.

Si certains détails m'échappent, je sais que je peux ouvrir mes albums photos personnels ou mon ordinateur pour me les remémorer. C'est la seconde façon que j'ai de retrouver mes souvenirs. Après mes vols, j'ai fait imprimer sur papier environ trois cents photos par mission, la moitié étant des vues de la Terre, l'autre moitié des images de notre vie et de notre travail à bord pour me rappeler les moments vécus en équipage. Mes photos de la Terre sont très variées, parce que mes trois missions furent différentes en termes d'altitude et d'inclinaison d'orbite, ce qui donne des points de vue multiples en latitude et en éclairage sur la planète. J'en ai aussi dans mon téléphone portable et je les montre facilement quand on me demande à quoi ressemble la Terre depuis l'espace. Cela produit chez les gens un émerveillement qui m'amuse toujours.

Une autre manière que j'ai de revisiter de temps en temps des images du cosmos est d'enfiler mon casque de réalité virtuelle pour m'immerger dans certains environnements à thématique spatiale, comme ceux d'une mission vers la Lune ou d'une visite de l'ISS. C'est une approche intéressante, mais qui n'est pas encore assez performante à mon sens pour faire revivre à un astronaute ce qu'il a vécu. En revanche, c'est assez convaincant pour quelqu'un qui n'est jamais allé dans l'espace. Regarder des films comme *The dream is alive*, *Blue planet* ou *Gravity* en relief en donne aussi un bon aperçu.

Mais c'est à l'occasion de mes conférences que je revis avec le plus d'acuité mes souvenirs visuels d'astronaute. J'en donne régulièrement, que ce soit à but éducatif, associatif ou professionnel, sur des thèmes qui n'ont parfois rien à voir avec la vision de la Terre depuis le cosmos. Je les commence et je les termine toujours par la projection de vidéos de la planète prises depuis des vaisseaux spatiaux. Par exemple, des défilements nocturnes de la Terre filmés depuis la station spatiale internationale par mon ami André Kuipers, légèrement accélérés et accompagnés du thème musical *Walking in the air.* Ces images sont intéressantes parce qu'elles font comprendre que la planète est vivante, avec ses éclairs qui illuminent sa surface ou ses aurores polaires qui ondulent dans l'atmosphère comme des draperies géantes soumises aux vents cosmiques. Pour la dernière diapositive, j'utilise souvent des images en *time lapse* – des photos associées pour rendre l'effet d'un film accéléré – de la rotation de la Terre vue depuis un satellite qui se trouve au point d'équilibre gravitationnel entre la Terre et le Soleil à environ 1,5 million de kilomètres de nous. Mais le téléobjectif utilisé nous montre la Terre comme si elle était vue depuis seulement quelques milliers de kilomètres. Et comme le Soleil est en permanence dans le dos de cette caméra, c'est l'hémisphère entier de jour de la planète qui défile. C'est aussi émouvant que magnifique sur le fond musical du film *Interstellar.* En deuxième introduction, j'aime aussi citer des phrases extraites des célèbres discours de Kennedy sur le programme lunaire Apollo ; et juste avant la conclusion, je projette habituellement le clip générique de *Star Trek* avec la citation culte du commandant J.T. Kirk qui décrit la mission du vaisseau *Enterprise* : « … explorer de nouveaux mondes étranges, chercher de nouvelles formes de vie et de civilisation, aller avec audace là où aucun homme n'est encore allé ».

Finalement, que ce soit par la pensée ou à l'aide de divers supports, je ne me lasserai jamais de faire ressurgir ces souvenirs d'aventure humaine, de courage et de technologie, et surtout ces images magnifiques de la Terre et du cosmos que j'ai eu le privilège d'admirer depuis l'espace.

Revenir sur Terre : comment vit-on après être allé dans l'espace ?

La notoriété est-elle difficile à gérer tout au long de la carrière d'astronaute ? Faut-il s'y préparer ?

La notoriété d'un astronaute est le fait d'être connu ou reconnu par des personnes qu'il n'a jamais rencontrées, mais qui le connaissent parce qu'ils sont passionnés d'espace ou ont lu ou écouté des reportages sur ses missions. Cette notoriété est alimentée surtout par les médias, mais aussi par la communication des agences spatiales. Quand j'étais à Houston par exemple, je recevais régulièrement des journalistes de la presse écrite ou audiovisuelle qui voulaient faire des reportages sur mes missions, à leur demande ou à l'initiative de la Nasa. De nos jours, la notoriété est abondamment nourrie par les réseaux sociaux. D'ailleurs, l'Agence spatiale européenne a décidé de les exploiter au service de sa propre image depuis la sélection de son troisième groupe d'astronautes en 2009, en mettant en place un compte @astro… pour chacun d'entre eux ainsi qu'une équipe dédiée afin de les alimenter presque quotidiennement pendant les périodes d'entraînement et de vol. C'est une bonne chose pour la cause spatiale au sens large. Enfin, la notoriété peut parfois être recherchée par l'astronaute lui-même. C'est assez rare, car lors de la sélection on ne retiendrait pas un ou une candidat(e) qui serait manifestement motivé(e) par une recherche d'intérêt personnel en pensant tirer profit d'une forte exposition médiatique. Mais c'est tout de même le cas parfois, j'en ai connu quelques exemples à la Nasa, et cela finit toujours par nuire à l'astronaute en question.

Pour ma part, dans les années 1990, les réseaux sociaux n'existaient pas, la notoriété était alimentée avant tout par des médias traditionnels qui rapportaient l'actualité des missions spatiales, notamment celles des astronautes français. Il y avait aussi les fans d'espace qui cherchaient spontanément des informations sur mes missions du fait de leur attirance pour ce sujet. Globalement, je dirais que les astronautes de ma génération – mais c'est encore très souvent le cas à notre époque – ont eu une certaine chance dans leurs rapports avec les médias et les journalistes, parce que ceux-ci se montrent, en règle générale, bienveillants à leur égard. Nous leur donnons l'occasion de favoriser leur Audimat en rapportant des faits assez extraordinaires où se mêlent des notions d'aventure, de courage et d'héroïsme. Ils savent aussi que les vols spatiaux habités ne coûtent pas cher au contribuable et qu'ils font avancer la connaissance, ils ont donc peu de raisons de les critiquer. Il est assez rare qu'un astronaute se trouve face à un journaliste lui posant des questions délibérément polémiques. Donc pour moi, la notoriété n'a jamais été difficile à gérer, parce qu'elle a atteint avant tout une communauté de personnes favorables aux vols spatiaux habités. Elle m'a même plutôt aidé à jouer correctement le rôle d'ambassadeur de mon agence spatiale, de mon pays et des programmes spatiaux en général. J'ai toujours répondu avec plaisir aux médias. Ils me sollicitent encore régulièrement en tant que consultant à l'occasion d'événements astronautiques comme des missions habitées particulières, le lancement d'un nouveau vaisseau, des missions robotiques auxquelles l'Europe participe, ou les anniversaires de grandes dates de l'exploration spatiale. J'évoque aussi mes missions lors de conférences ou d'interventions dans des écoles, des universités ou des entreprises. Répondre aux médias et être au contact du public permet aussi de satisfaire la communauté des passionnés qui à leur tour sont d'excellents ambassadeurs et communicants auprès de leurs proches, de leurs amis et de leur famille. Quand un astronaute est sollicité par un fan qui lui tend la main ou lui demande un autographe avec dans les yeux la fierté de pouvoir lui parler, il se doit de lui accorder du temps et de lui rendre en quelque sorte un peu de ce que la société lui a donné à travers cette fantastique expérience.

Mais, de nos jours, certaines choses sont différentes. Le phénomène des réseaux sociaux a amplifié l'exposition médiatique et la notoriété des nouveaux astronautes, ce qui est plus difficile à gérer pour eux. Des personnes et des organisations cherchent souvent à les contacter parce qu'ils sont connus sur les réseaux plus que pour ce qu'ils ont fait en tant qu'astronautes. Ils sont extrêmement sollicités et ne peuvent pas répondre favorablement à toutes les demandes, ce qui génère de la frustration. Il arrive aussi qu'ils soient interpellés par médias interposés ou lors d'interviews en direct par des journalistes ou des influenceurs très critiques envers le vol spatial habité, ou par des complotistes un peu agressifs. Ils doivent donc être encore plus vigilants dans les entretiens qu'ils accordent et les événements auxquels ils participent, mais ils sont aidés en cela par les attachés de presse de leur agence spatiale. Enfin, leur notoriété s'apparente parfois à celle des stars dans l'impact qu'elle a sur leur vie quotidienne : la sollicitation du public pour échanger quelques mots, une poignée de main, un autographe ou un selfie est permanente et parfois envahissante. Ils doivent prendre garde à leurs moindres faits et gestes, qui pourraient faire l'objet de diffusions sur les réseaux. Souvent, ils s'interdisent de fréquenter certains lieux pour préserver leur vie privée. Bien sûr, on prépare davantage les astronautes d'aujourd'hui à gérer ces aspects de la notoriété qu'on ne le faisait à mon époque, où le besoin s'en faisait moins sentir. Les séances d'entraînement aux activités médiatiques sont plus élaborées pour donner les clés sur la manière de gérer les relations publiques, de communiquer, de faire face aux sollicitations diverses, et d'éviter certains écueils. Cela dit, la gestion de la notoriété est aussi, et avant tout, une affaire de bon sens.

Se sent-on un peu « extraterrestre » au milieu des humains qui n'ont pas vécu cette expérience ? Y a-t-il une sensation d'être différent, voire incompris ?

Je ne dirais pas qu'être allé dans l'espace peut aboutir au sentiment d'être incompris des autres. Je n'ai pas non plus l'impression d'être différent depuis que je l'ai fait. J'ai gardé la même personnalité.

En revanche, ma façon d'aborder certaines questions relationnelles, de management, et même sociétales, politiques ou économiques est souvent influencée par mon expérience spatiale. Quand je parle d'expérience spatiale, c'est dans un sens large : cela peut être lié aussi bien à ma formation professionnelle qu'à mes missions. J'ai accepté un risque très élevé, j'ai été formaté à ne jamais me plaindre de problèmes mais plutôt à me focaliser sur la recherche de leurs solutions. J'ai appris à avoir une certaine rigueur, à respecter les procédures nécessaires aux tâches complexes. Le voyage dans l'espace m'a donné des sensations et des émotions particulières, a suscité en moi des réflexions techniques, intellectuelles et spirituelles parfois singulières. Et finalement, j'aborde les problèmes avec un certain nombre d'éléments en tête que d'autres n'ont pas. C'est un fait commun à tous les astronautes. C'est pour cela qu'ils sont engagés comme consultants experts en dehors de leurs périodes d'entraînement ou de vol spatial : leurs avis sont incontournables pour décider de choix techniques critiques dans les programmes spatiaux, que ce soit pour des missions spatiales en cours ou futures.

Après l'expérience du vol spatial, je crois qu'un astronaute garde ancrée pour toujours la conscience d'avoir fait quelque chose de rare et d'incroyable. À cause de cela, il peut se sentir parfois un peu extraterrestre. Ce n'est pas de l'orgueil, bien sûr; c'est plutôt une impression qui survient dans certaines circonstances de la vie et des relations avec les autres. Il m'arrive d'avoir cette sensation. Mais je la garde pour moi, dans mon intimité. Je ne veux pas la laisser influer sur mon comportement normal de Terrien social, qui a une vie sur Terre avec une famille, un travail, des responsabilités. Le sentiment d'être un peu extraterrestre me vient, par exemple, quand je songe à la chance inouïe que j'ai eue de faire ce métier, encore si peu répandu, et d'être l'un des rares humains à avoir pu contempler notre planète depuis le cosmos. Il se produit aussi lors de rencontres, de conférences, de séances de dédicaces, quand je lis sur le visage d'un interlocuteur la surprise de rencontrer un astronaute ou l'émerveillement de l'entendre parler de l'espace. Mais dans la vie courante, lorsque je croise des personnes qui ne savent pas que je suis astronaute, je ne le leur dis pas spontanément si ce n'est pas nécessaire à nos échanges. Quand un électricien vient à la maison, je le regarde volontiers travailler, nous bavardons de choses diverses, mais je ne lui raconte pas que je suis allé dans l'espace, même s'il aperçoit mon télescope et me fait part de son attrait pour l'astronomie. Ce n'est que si nous sommes amenés à évoquer nos métiers respectifs que je lui parle du mien. Souvent alors la personne écarquille les yeux, me dit que c'est incroyable, qu'il est heureux de parler à un astronaute.

Le sentiment d'être un peu extraterrestre se produit aussi lors de situations de la vie quotidienne : cela peut être une scène dans la rue, dans un magasin, ou simplement une réflexion entendue lors d'une réunion de travail. J'observe une personne parler, agir ou réagir d'une certaine manière et me dis qu'elle penserait ou se comporterait différemment si elle avait voyagé comme moi dans le cosmos. Il est arrivé, par exemple, que je sois assis en avion à côté d'un passager qui a peur des turbulences et me dit qu'il se sent en danger. Or, quand on s'est trouvé assis au sommet d'un lanceur rempli de milliers de tonnes d'ergol, on fait mieux la part des choses qui sont réellement dangereuses. J'essaie alors de le rassurer et de le convaincre de la fiabilité du transport aérien. De même, quand j'entends quelqu'un se plaindre d'une chose plutôt futile, je sais que je ne pourrais plus avoir ce genre de comportement. Il y a tellement plus important que de s'inquiéter de détails matériels ou de problématiques superflues quand on est déjà favorisé par le sort. Autrement dit, savoir reconnaître sa chance et celle que l'on a de vivre sur cette planète magnifique est une sagesse à acquérir.

Enfin, c'est la nature qui me renvoie parfois le sentiment d'être un peu extraterrestre. Si j'admire avec d'autres personnes un beau paysage, je me rappelle mon souvenir visuel de ce même paysage vu depuis l'espace, sous un angle de vue différent, et cela me le fait apprécier encore plus intensément. Par exemple, la couleur turquoise des atolls polynésiens depuis l'orbite m'a laissé un souvenir qui a décuplé l'impression de beauté que j'ai eue en contemplant ensuite ces atolls depuis leurs plages. Mais comme il m'est impossible de partager complètement la force de mes souvenirs avec ceux qui m'entourent, je me sens un peu étranger à eux dans ces moments-là.

Que veut-on transmettre aux Terriens de l'expérience du vol spatial ? Ressent-on comme un devoir le fait de partager ce que l'on a vécu ?

Les astronautes transmettent le plus souvent au public qui les interroge les informations qui l'intéresse le plus, celles qu'il recherche à travers ses questions les plus fréquentes, comme « Qu'est-ce que cela fait d'être dans l'espace ? ». Elles concernent la dimension émotionnelle et sensorielle du vol spatial, et aussi l'aspect pratique de la vie des astronautes : que voit-on dans l'espace ? Que ressent-on en apesanteur ? Comment réalise-t-on les actes quotidiens de manger, boire, dormir ou se laver ? Un peu comme si le public voulait se mettre à leur place.

Nous aimons aussi témoigner du fait que cette expérience mérite vraiment d'être vécue; que ce ne sont ni la peur du danger ni le doute qui dominent notre esprit au moment de voyager dans l'espace. Au contraire, c'est une aventure extraordinaire et merveilleuse qui procure beaucoup de sensations et d'émotions positives, et qui rend heureux. Même si le parcours a été difficile pour devenir astronaute entre la sélection, l'entraînement, les sacrifices consentis sur le temps personnel, nous aimons adresser le même message de plénitude, de bien-être et d'émerveillement du spectacle que Youri Gagarine répétait à la radio lors de son vol.

Nous avons également à cœur d'expliquer que l'envoi d'humains dans l'espace est bénéfique à la société tout entière. C'est important pour le quotidien des Terriens, cela contribue à développer le savoir-faire et la connaissance, à améliorer les conditions de vie des hommes et des femmes en termes de santé, de sécurité des transports par exemple, à accroître le niveau technologique, sans pour autant coûter déraisonnablement cher. Le vol habité représente une contribution de seulement un euro par habitant et par an en Europe.

Partager ce que l'on a vécu n'est pas vraiment ressenti comme un devoir, bien que les actions de communication et de pédagogie envers le public soient inscrites dans la fiche de poste publiée lors de l'appel à candidatures pour une nouvelle sélection d'astronautes. C'est plutôt un plaisir. Nous savons que nous devons être les ambassadeurs de notre agence spatiale, de notre pays, de l'humanité, et consacrer environ 5 % de notre temps à des relations publiques.

Nous l'acceptons volontiers, cela fait partie du job. Et comme nous nous sentons chanceux d'avoir pu voyager dans l'espace, nous avons d'autant plus envie de transmettre un peu ce privilège. Bien sûr, selon leur personnalité, les astronautes aiment plus ou moins communiquer. Pour ma part, je réponds toujours positivement aux sollicitations d'étudiants, d'écoles, de mairies, alors que mon emploi du temps est déjà surchargé. Mais je commence à me dire qu'il faut que je ralentisse et laisse la place aux nouveaux, après avoir visité plus de mille classes d'élèves d'écoles primaires, de collèges, de lycées, d'écoles supérieures ou d'universités au cours de mes trente-trois ans de carrière d'astronaute actif ! Et pourtant, j'accepte toujours ces sollicitations parce que je sens au fond de moi cet engagement à rendre ce que mon environnement familial, social et professionnel m'a permis de réaliser. Et puis, si je peux transmettre du rêve, de la passion, de l'émerveillement, je le ferai toujours avec plaisir !

Quand on sait que l'on ne retournera plus dans l'espace, comment réagit-on ?

Je ne sais pas si un astronaute peut être certain qu'il n'aura plus jamais l'opportunité d'aller dans l'espace, hormis bien sûr s'il est atteint d'un problème de santé grave. Il arrive plutôt qu'à un moment de sa carrière, il comprenne qu'il ne revolera plus dans les conditions dans lesquelles il a volé auparavant. S'il quitte son agence spatiale, *a priori* il ne fera plus de mission avec le statut d'astronaute professionnel, puisque l'agence enverra dans l'espace ceux qui sont encore actifs au sein de son corps d'astronautes. Mais il peut toujours espérer revoler grâce à des programmes spatiaux différents, qu'ils soient privés ou qu'ils nécessitent de faire appel aux anciens pour mener une expérience particulière. Ce fut le cas de John Glenn qui, en quittant la Nasa en 1964, pensait certainement qu'il ne revolerait plus jamais. Pourtant, on a fait à nouveau appel à lui trente-quatre ans plus tard pour participer à des expériences sur le vieillissement du système nerveux dans l'espace.

Perdre le statut d'astronaute actif peut être difficile à vivre lorsqu'on ne s'y est pas préparé, notamment lorsqu'un événement inattendu en est à l'origine. Par exemple, un astronaute à l'entraînement pour une mission se voit signifier brutalement qu'il est inapte médicalement au vol spatial parce qu'on vient de déceler une anomalie dans ses examens médicaux. Cela peut être un motif non gênant pour la vie terrestre, comme lorsque les médecins estiment que la dose de radiations cumulée au cours de l'existence passée, y compris lors de vols spatiaux précédents, dépassera la limite tolérée en cas de nouvelle mission. C'est très dur, car il faut alors rebondir sans s'être organisé au préalable. En revanche, lorsqu'un astronaute choisit volontairement de quitter le corps des astronautes actifs, c'est qu'il a préparé un projet pour la suite de sa carrière, qu'il est psychologiquement et professionnellement prêt pour cette reconversion.

Pour ma part, la fin de la carrière professionnelle fut le résultat d'un choix et d'un concours de circonstances. J'ai fait le choix d'accepter en 2001 un détachement en Europe pour suivre la conception du ravitailleur automatique européen de l'ISS, mais cela impliquait que je ne serais plus en entraînement de maintien des compétences et que je devrais passer une requalification pour un vol éventuel dans le futur. Le concours de circonstances fut lié à l'accident de Columbia en 2003, sans lequel j'aurais probablement volé une quatrième fois dans l'espace, pour une nouvelle et ultime mission de maintenance du télescope spatial Hubble qui se profilait quelques années plus tard.

Je suis resté jusqu'à mes soixante ans dans le corps actif des astronautes de l'ESA, renouvelant chaque année mon aptitude médicale avec l'espoir qu'une opportunité de voler se présente à nouveau. Mais après la sélection du nouveau groupe d'astronautes de l'ESA dont Thomas Pesquet faisait partie, je savais que je leur aurais cédé ma place si j'avais eu avant eux une telle proposition. Par ailleurs, voyant cette quatrième mission devenir improbable, je m'étais aussi replongé à mi-temps dans l'activité des vols paraboliques, qui m'ont toujours permis, d'une certaine façon, de « revivre » l'espace en retrouvant régulièrement l'état d'apesanteur. J'en reparlerai. Quand j'ai quitté l'ESA, la transition vers une autre vie n'a pas été difficile pour moi parce qu'elle avait été préparée dans le temps et s'est déroulée comme prévu. J'ai continué aussi à partager avec les jeunes et les moins jeunes mon expérience spatiale à travers des conférences et des interventions dans les médias, et cela participe encore, comme le vol parabolique, à me maintenir dans le bain des émotions de cette aventure extraordinaire.

Je reste très intéressé par le vol spatial habité et très motivé à l'idée de participer encore à un vol orbital ou même suborbital. L'astronaute Mickael López-Alegría, né comme moi en 1958 et collègue de promotion à la Nasa, a effectué en tant que commandant un vol orbital privé acheté par la société Axiom à SpaceX à bord de la capsule *Crew Dragon* en avril 2022. Cela montre qu'un astronaute professionnel qui a quitté son agence spatiale et arrêté tout entraînement peut se retrouver dans un concours de circonstances favorable à un retour dans l'espace : c'est la quatrième phase possible de la carrière d'un astronaute dont je parlais au début de ce livre. J'aime raconter, pour la boutade, que si je revolais dans l'espace au même âge que John Glenn lors de son deuxième vol, cela se produirait en 2035, dans ma 78e année ! Bien sûr, John Glenn était un véritable héros de l'Amérique, très médiatisé, sénateur, en excellente santé, et le vol qu'on lui a accordé fut un peu le second vol qui lui était dû de longue date après être devenu le premier Américain en orbite terrestre. Mais c'est pour dire qu'avec un tel précédent, je ne m'interdis aucun espoir de revoler ! Si on me propose demain de commander une mission privée, ou si on fait appel à moi pour mon profil et mon expertise, je repartirai sans hésitation, y compris vers Mars !

Le blues, voire la dépression, de l'astronaute après le vol, est-ce un mythe ou une réalité ?

Lorsqu'un astronaute se consacre à la préparation puis à la réalisation d'une mission spatiale, il fournit pendant une longue période un engagement personnel physique et mental très élevé. Dès sa mission terminée, le jour même de l'atterrissage, il est donc normal et même habituel qu'il ressente comme un certain vide, bien que cette impression soit contrebalancée par le sentiment positif de l'accomplissement et de la réussite de la mission. Quand « les clés » du vaisseau sont remises aux techniciens qui vont le préparer pour le vol suivant, l'intensité du travail fournie depuis des mois cède la place à quelques semaines de débriefing dont le rythme est moins soutenu. Le fait de ne plus devoir être aussi concentré pour la suite des événements peut donner à l'astronaute la sensation d'un certain désœuvrement. Il sera tout de même quotidiennement occupé à rendre compte de sa mission en rapportant les problèmes techniques rencontrés et en en tirant les leçons avec les ingénieurs, les contrôleurs des vols et les directeurs de programme, ce qui est très utile pour rendre plus performantes les missions suivantes. Il n'aura guère le temps de déprimer au sens médical du terme.

La dépression après être allé dans l'espace est un mythe certainement généré au départ par les médias : des journalistes ont parfois interprété librement certains propos et qualifié de dépression ce qui n'était qu'un peu de blues exprimé lors d'une interview par un astronaute après un vol, sentiment tout à fait compréhensible à ce moment-là. Encore tout imprégné de l'expérience émotionnelle, sensorielle et intellectuelle extraordinaire qu'il vient de vivre, celui qui a voyagé dans le cosmos éprouve une certaine nostalgie.

De retour chez lui, il peut se sentir un peu vide, au sens figuré comme au sens propre, vidé d'une énergie et d'une tension très fortes qui l'ont maintenu au niveau le plus élevé de ses capacités physiques et intellectuelles pendant la mission. Il sait aussi qu'il va devoir reprendre une vie quotidienne ne nécessitant pas d'engagement aussi intense que quand il était dans l'espace. Mais tout ce ressenti ne correspond pas à un état dépressif nécessitant de prendre un traitement médicamenteux ou d'être suivi par des psychologues.

Les difficultés psychologiques surviennent plus volontiers à distance de l'expérience spatiale, et on pourrait presque les qualifier d'« effets secondaires » de la profession d'astronaute. Elles pourront nécessiter une vraie prise en charge médicale parce qu'elles sont plus graves que le simple blues de l'après-vol. Elles apparaissent parfois au bout de quelques mois si, par exemple, un astronaute ne reprend pas l'entraînement parce qu'il n'a pas de perspective de nouvelle mission à échéance de quelques années. À l'époque de mes missions avec la navette spatiale, c'était rarement le cas, puisque les équipages volaient tous les deux à trois ans en moyenne. Ils passaient deux mois à débriefer après chaque vol, puis étaient affectés à des tâches opérationnelles dans le programme qui les occupaient à temps plein avant leur vol suivant. Bien sûr, il valait mieux anticiper à l'avance le choix de ces activités pour s'y épanouir. Pour ma part, j'ai toujours exprimé avant mes missions ce que j'aimerais faire ensuite, et j'ai donc toujours travaillé sur des sujets qui me passionnaient. Je n'ai jamais connu le blues ou la dépression du retour. Mais certains de mes collègues ont mal vécu cette période, déçus par exemple par la bureaucratie des tâches qu'on leur avait confiées : il n'est guère motivant de passer ses journées dans un bureau à lire des documents et à écrire des rapports quand on a voyagé dans l'espace. Les difficultés psychologiques peuvent aussi apparaître plusieurs années après les missions, lorsqu'un astronaute ne se retrouve plus dans le sens qu'il donnait à son existence à l'apogée de sa carrière. Cela peut aboutir à un état dépressif sévère. Ce fut le cas de Buzz Aldrin, le second homme à avoir marché sur la Lune. Il sombra dans l'alcoolisme et dut suivre une cure de désintoxication. De telles situations sont heureusement rares : sur les presque 600 hommes et femmes qui sont allés dans l'espace, ceux qui ont connu un état dépressif suffisamment grave pour nécessiter un suivi médical spécialisé se comptent sur les doigts des deux mains. C'est arrivé chez les Russes et les Américains, mais je ne connais pas d'Européen qui se soit trouvé dans cette situation.

Quand un astronaute présume qu'il ne revolera plus dans l'espace, il peut se demander ce qu'il pourra faire d'aussi grand dans sa vie. Je vais vous citer deux exemples que je connais bien, puisqu'ils ont fait partie comme moi du quatorzième groupe d'astronautes de la Nasa : Scott Parasynski, avec qui j'ai volé dans l'espace, et Maurizio Cheli, sélectionné avec moi lors de la deuxième sélection d'astronautes de l'ESA. Après leur dernier vol spatial, sans se concerter, ils se sont donné chacun comme objectif de gravir le mont Everest et sont à ce jour les deux seuls astronautes à avoir atteint son sommet. Il faut dire que ce ne sont pas des personnalités susceptibles de céder au désœuvrement, mais au contraire des éternels enthousiastes de l'aventure ! Scott a même entraîné avec lui sur l'Everest à deux reprises l'astronaute français Jean-Loup Chrétien, qui n'est pas allé jusqu'au sommet mais a atteint tout de même le refuge situé à 6 000 mètres alors qu'il avait 70 ans. Les exemples de Scott, Maurizio et Jean-Loup illustrent le fait que, pour un astronaute, il est naturel de vouloir placer la barre toujours un peu plus haut. Et parfois, quand ce n'est plus possible, quand la volonté ou la force psychologique d'un engagement qui implique de prendre des risques physiques ou professionnels n'est plus là, un certain désabusement peut survenir. Mais ce n'est quasiment jamais sérieux au point de nécessiter un traitement, et le phénomène de dépression qui a été traduit dans les médias en particulier après le retour des missions Apollo est plus un mythe qu'une réalité.

Que faire de sa vie après avoir vécu quelque chose d'aussi extraordinaire ? Vers quelles voies se dirigent généralement les astronautes après leurs missions ?

Trois grandes voies sont typiquement choisies par les astronautes après être allés dans l'espace pour la dernière fois. Tout d'abord, certains restent dans le business du secteur spatial : ils ont acquis une très grande expérience du vol spatial et ont donc une expertise à apporter dans les programmes futurs. Ils peuvent décider d'occuper des postes au sein de l'agence qui les a employés : à la direction des vols habités, au sein du bureau des astronautes ou dans divers services tels que ceux en charge de l'entraînement ou du centre de contrôle des vols. Ils peuvent aussi travailler dans l'industrie spatiale, qui est en interaction permanente avec les agences. Ils y occupent des postes de management dans les directions qui construisent les vaisseaux, assurent la préparation opérationnelle ou la mise au point des procédures à la demande des agences, qui restent les décideurs et les maîtres d'ouvrage des programmes.

D'autres qui se sentent investis du devoir de transmettre leur expérience et leur savoir auprès de générations plus jeunes optent pour une seconde voie : ils reviennent à l'université qui leur a donné la chance d'atteindre le niveau académique très élevé ayant favorisé leur sélection. Ils y enseignent alors l'astronautique, les techniques spatiales, la conception des vaisseaux auprès d'étudiants en master, ou sont directeurs de recherche et accompagnent des doctorants. En Europe par exemple, Ernst Messerschmid et Reinhold Ewald enseignent à l'université de Stuttgart, Claude Nicollier est professeur à l'École polytechnique de Lausanne. Certains acceptent un poste de direction d'un musée de l'Air et de l'espace ou d'un musée scientifique ; plusieurs musées aux États-Unis sont ainsi dirigés par d'anciens astronautes.

La troisième voie est celle qui sort du milieu astronautique ou scientifique. C'est celle des astronautes qui tournent la page du domaine spatial et ne choisissent ni un business en rapport, ni la transmission du savoir, ni l'éducation du public. Ils préfèrent se servir de leur image, de leur capacité reconnue de décision et de *leadership* pour occuper des postes de très haut niveau dans d'autres secteurs industriels. Ce sont typiquement des personnes qui considèrent qu'après avoir beaucoup donné à leur agence, à leur pays et à la communauté spatiale tout entière, ils veulent désormais se consacrer à des activités dont ils tireront un bénéfice plus personnel, pour mieux gagner leur vie ou pour s'épanouir autrement. Ils se retrouvent alors dans les conseils d'administration de sociétés diverses, par exemple dans le bâtiment, l'électronique ou l'automobile.

En marge de ces trois grandes voies de réorientation, quelques astronautes ont choisi la politique. En Russie, Elena Kondakova, la première femme à avoir effectué une mission spatiale de longue durée, est devenue députée à la Douma. En France, Claudie Haigneré a été ministre déléguée à la Recherche et aux Nouvelles Technologies, puis ministre déléguée aux Affaires européennes. En Espagne, Pedro Duque a été ministre de la Science, de l'Innovation et de l'Enseignement supérieur. Marcos Pontes a occupé le même poste au Brésil. Aux États-Unis, l'astronaute Bill Nelson est devenu sénateur, tout comme John Glenn, puis administrateur de la Nasa au sein de l'administration Biden.

Enfin, certains astronautes, souvent après l'âge de la retraite, optent pour des activités artistiques ou culturelles. Ils peuvent ainsi s'adonner davantage ou pleinement à une passion ancienne, inscrite en eux avant même leur métier d'astronaute. Ce fut le cas d'Alan Bean, le quatrième homme à avoir marché sur la Lune, qui peignit de nombreux tableaux inspirés par le programme Apollo. Un autre exemple est celui de l'astronaute français Jean-Loup Chrétien, qui a repris des cours d'orgue et, à 80 ans passés, donne des concerts.

Justement, pouvez-vous nous détailler les activités que vous avez eues après votre dernier vol ? Parlez-nous notamment des vols paraboliques qui sont, après vos missions spatiales, la seconde réalisation importante de votre vie professionnelle.

Après mon troisième vol, j'ai fait partie cette grande majorité d'astronautes qui choisissent de rester dans le domaine de l'astronautique. J'ai été dépêché par la Nasa comme représentant du corps des astronautes pour suivre le développement de l'*Automated Transfer Vehicle*, ou ATV. C'était le vaisseau de ravitaillement automatique européen de la station spatiale internationale, conçu et assemblé en Europe, qui lui permettait de payer en nature sa quote-part du coût de fonctionnement de l'ISS. Il était lancé par le lanceur Ariane 5 depuis Kourou en Guyane. Cinq ATV ont ravitaillé l'ISS entre 2008 et 2014. Ses performances surpassaient celles du cargo *Progress* russe, seul autre vaisseau capable de ravitailler en mode automatique la station spatiale à l'époque. L'ATV était trois fois plus performant en capacité de ravitaillement et dix fois plus précis à l'accostage, avec une marge d'erreur inférieure à deux centimètres contre une vingtaine de centimètres pour le *Progress*.

Mon rôle dans le programme ATV était de représenter les intérêts de l'équipage dans la conception de l'interface homme-machine du pupitre de contrôle. Car, même si ce vaisseau était inhabité et automatique, les astronautes à bord de l'ISS disposaient de plusieurs commandes pour arrêter son approche ou l'envoyer sur une orbite de parking en cas d'anomalie. Je participais aussi à la définition du contenu de l'entraînement nécessaire pour qualifier des astronautes comme opérateurs de ce vaisseau. Ils devaient surveiller et commander à distance le rendez-vous avec l'ISS et, une fois accosté, transférer ses ressources à la station : l'oxygène, l'azote, l'eau, les pièces de rechange, le carburant, la nourriture, les vêtements, etc. Une fois l'ATV vidé, il servait de poubelle : on le remplissait entièrement de déchets avant de le désorbiter pour qu'il se désintègre complètement dans l'atmosphère au-dessus du Pacifique Sud. Au-delà de l'aspect ergonomique, j'ai aussi participé à la définition des opérations lors du rendez-vous final de l'ATV avec l'ISS, et je suis l'auteur de l'ultime point d'arrêt avant l'accostage à la station. Initialement, un dernier arrêt devait être réalisé à une vingtaine de mètres de celle-ci, mais j'ai convaincu les responsables du programme de rajouter une pause à onze mètres avant de donner au vaisseau le « Go » final. Parmi les revendications exprimées dans l'intérêt des équipages, avec quelques collègues astronautes et cosmonautes, nous avions aussi défini et demandé l'ajout d'un point critique dans l'approche finale du vaisseau, que nous avions appelé *C.H.O.P.* pour *Crew Hands Out Point*, à partir duquel, quoi qu'il arrive, il était préférable que l'équipage ne touche plus à aucune commande parce qu'il ne pourrait alors qu'aggraver la situation. Ce concept a d'ailleurs été repris par SpaceX pour son vaisseau habité, le *Crew Dragon*. J'ai donc fait pendant quelques années pour le programme ATV un travail de consultant où j'apportais mon expertise d'astronaute, en particulier celle issue de ma mission de ravitaillement de la station Mir.

Tout en continuant ces fonctions d'*astronaut advisor expert*, j'ai été nommé parallèlement en 2006 PDG de la société Novespace, filiale du Cnes, dont j'ai parlé au début du livre. J'ai contribué à faire évoluer son rôle pour qu'elle devienne elle-même opérateur des vols paraboliques que j'avais fondés une vingtaine d'années auparavant. Dès mon arrivée, j'ai œuvré à la sécurisation des vols dédiés à la recherche scientifique et à les pérenniser. Jusque-là, on avait confié aux chercheurs le soin d'adapter eux-mêmes leurs expériences de laboratoire à l'avion, mais plusieurs incidents m'ont conduit avec l'équipe de Novespace à redéfinir les règles de qualification du matériel scientifique embarqué en vol : on ne peut pas improviser ni se tromper en termes de sécurité aérienne. Nous avons donc mis en place une approche beaucoup plus rigoureuse, avec des normes et des procédures à respecter, contrôlées par nos ingénieurs tout au long du processus de préparation des expériences pour les vols. Notre rigueur et notre exigence de qualité nous ont valu la confiance des agences spatiales, et Novespace est devenue la référence mondiale pour les vols paraboliques scientifiques. Grâce à nous, les scientifiques réalisent au cours d'une vingtaine de vols par an des expériences dans de multiples domaines, qui vont de la physique fondamentale à la science des matériaux en passant par la physiologie humaine. L'apesanteur révèle un grand nombre de phénomènes habituellement masqués par l'effet de la gravité dont on peut tirer des applications terrestres pour des procédés industriels, l'ingénierie ou la médecine. Des centaines d'articles scientifiques ont été publiés par les chercheurs qui ont volé avec nous, et de nombreux brevets ont été déposés. Nous permettons aussi aux industriels du secteur spatial de certifier des matériels et des équipements destinés à la station spatiale internationale. Ces vols servent également à l'entraînement des astronautes. L'activité de Novespace est donc non seulement au service de l'astronautique et de l'espace, mais aussi de l'amélioration de la vie quotidienne des Terriens.

L'autre objectif que je me suis donné dès ma prise de fonctions en tant que PDG, a été d'ouvrir les vols paraboliques au public, c'est-à-dire de permettre à tout un chacun sous réserve d'un état de santé compatible de pouvoir vivre l'état d'apesanteur au cours de sa vie. Mes prédécesseurs n'y étaient pas parvenus, mais j'ai bénéficié d'un concours de circonstances favorables dans la mesure où le président du Cnes, le directeur de l'Aviation civile et le directeur du Centre d'essais en vol de la DGA en poste à ce moment-là étaient favorables à ce projet. Après quelques années de travail, nous avons obtenu en 2012 l'autorisation d'embarquer des passagers non professionnels payant leur place à bord. Lors des vols touristiques, l'avion n'est donc plus utilisé en tant que laboratoire de recherche qu'il est habituellement, mais transporte des personnes qui achètent leur ticket individuel ou qui sont invitées par des sociétés qui privatisent entièrement l'appareil. Ces vols sont effectués sous la marque Air Zero G, et ont déjà permis à plusieurs centaines de passagers de découvrir l'incroyable sensation de l'apesanteur. Je vous invite à y prendre part en ma compagnie si le cœur vous en dit, et je vous garantis que vous vivrez des moments inoubliables ! Vous ne ressentirez plus votre poids et vous flotterez dans la cabine de la même manière qu'un astronaute dans l'ISS, en apesanteur pendant six minutes de votre vie. Un instructeur vous fera effectuer des activités impossibles sur Terre, comme de s'asseoir au plafond ou voler comme Superman. Vous contemplerez des objets en lévitation devant vous, et je vous ferai la démonstration du comportement des liquides en apesanteur à la manière des sphères de whisky du capitaine Haddock dans la fusée lunaire ! Vous pourrez aussi bondir sur la Lune comme Neil Armstrong et marcher sur Mars, puisque nous réalisons aussi des paraboles plus allongées reproduisant la véritable pesanteur lunaire et martienne. Chacun de nos vols touristiques ravit nos passagers, et beaucoup nous disent que c'est une des expériences les plus marquantes de leur vie. Ils n'ont souvent aucun mot pour décrire ce qu'ils ont ressenti, et en même temps se réjouissent de savoir que tous les bénéfices de ces vols touristiques sont reversés au profit du programme de vols scientifiques !

À côté de cela, après mes vols spatiaux, je me suis engagé plus activement dans des organisations, des fondations et des associations œuvrant pour la promotion de l'exploration spatiale et la protection de la planète. J'ai été administrateur de l'Académie internationale d'astronautique, de l'Aéro-club de France, parrain de l'association de protection des océans *Te mana o te moana*, ambassadeur du réseau Océan Mondial. J'ai également participé ponctuellement à des essais de simulateurs, de scaphandres, de concepts robotiques que l'on utilisera peut-être un jour dans le futur sur la Lune ou sur Mars. Comme je l'ai évoqué précédemment, j'ai été aussi l'inventeur d'une montre pour astronautes que l'horloger Oméga a fabriquée suite à un accord de licence signé avec l'Agence spatiale européenne. J'ai également écrit des ouvrages sur la conquête spatiale et le vol parabolique avec mon ami Frank Lehot et préfacé beaucoup d'autres livres. J'ai aussi choisi la voie de la transmission du savoir au travers des nombreuses conférences que je donne depuis des années devant divers auditoires.

Finalement, depuis ma dernière mission spatiale en 1999, j'ai eu la chance d'avoir été très occupé dans des activités très variées au bénéfice du grand public, de la société, de la communauté astronautique, des agences spatiales et des industriels. Et tout cela en gardant le plaisir de flotter régulièrement en apesanteur, puisque je suis présent à bord de tous les vols paraboliques ouverts au public pour partager avec les passagers cette facette du vol spatial. Si vous voulez m'y accompagner, j'en serais ravi !

Lever de Lune observé depuis Discovery
à 600 kilomètres d'altitude – mission STS-103
de Jean-Francois Clervoy dédiée au sauvetage
du télescope spatial Hubble. © Nasa

DEUXIÈME PARTIE

RÉFLEXIONS D'UN ASTRONAUTE SUR DES QUESTIONS CONTEMPORAINES

La science, les réseaux sociaux, le *Big Data*

Vous êtes scientifique de formation, vous gardez une curiosité scientifique toujours en éveil, une attirance importante pour la physique, les mathématiques, les sciences du vivant. Vous cherchez toujours à comprendre. Vous ne refusez jamais un débat scientifique et griffonnez souvent sur les nappes des formules physiques et mathématiques lors des repas ! Que représente la science pour vous ?

La science est avant tout, je pense, un état d'esprit et une démarche intellectuelle. C'est une manière d'appréhender le monde qui nous entoure. Je parle de la science au sens large, pas seulement des sciences dites « dures » que sont les mathématiques, la physique-chimie ou la mécanique auxquelles j'ai été formé, mais aussi des sciences humaines et sociales comme l'anthropologie, la sociologie, l'histoire, la géographie, la philosophie ou l'économie. La science couvre un champ de disciplines plus large que ce que l'on sous-entend souvent. Mais la démarche intellectuelle est toujours la même : en premier lieu, on observe, ensuite on analyse, on essaie de comprendre des mécanismes en formulant des hypothèses qui sont ensuite testées, puis confirmées ou rejetées. On peut avoir recours à des modèles. La science mêle donc toujours l'observation et l'expérimentation. C'est une approche qui cherche à comprendre le fonctionnement du monde, de la nature et du vivant que nous percevons par nos sens, mais aussi celui de l'humain en tant qu'individu ou en société. Elle nous permet d'avancer, au sens large, dans la compréhension de notre environnement et de ce que nous sommes. Grâce à elle, nous pouvons mieux nous situer, mieux appréhender notre rôle individuel et social dans le monde au sein de l'Humanité, de la société, mais aussi de la famille, ou de l'entreprise.

La démarche scientifique n'est pas forcément innée. Elle suppose d'avoir reçu une certaine éducation, de reconnaître un peu comme des modèles les grandes figures de l'histoire des sciences, d'aborder le réel avec méthode et rigueur, de construire des théories tout en cherchant constamment à les remettre en cause, de se situer davantage dans un doute constructif que dans des certitudes absolues. Ce sont des prémisses nécessaires si l'on veut approcher au plus près la réalité des phénomènes.

Personnellement, j'ai d'abord cherché à comprendre le fonctionnement des choses d'une manière assez pointue dans les domaines de la physique, de la mécanique, des mathématiques, de la robotique, souvent à l'aide d'équations difficiles. C'est cela qui m'intéressait. J'ai été formé à la démarche scientifique à l'École polytechnique, puis dans ma formation d'ingénieur et d'astronaute. Cette démarche, je l'ai conservée tout au long de ma carrière, non seulement quand j'effectuais mes missions spatiales, mais aussi par la suite dans mes fonctions de dirigeant lorsque je suis devenu président-directeur général de Novespace. Elle m'a alors aidé à comprendre le fonctionnement de l'entreprise, les relations hiérarchiques et les rapports de groupe en général. J'ai dû aussi m'intéresser aux sciences humaines et sociales, qui m'ont servi ensuite pour mes activités d'entrepreneur, d'inventeur, de conférencier, de parrain de plusieurs projets étudiants, notamment en sciences politiques et sociales. Je n'imaginais pas que je serai amené un jour à écrire des préfaces de thèses dans ces disciplines *a priori* si éloignées de la mienne. La science correctement pratiquée développe l'ouverture d'esprit qui permet de s'enrichir au contact d'experts dans d'autres domaines.

Aujourd'hui encore, plus j'apprends, plus je mesure l'étendue des connaissances auxquelles la science nous permet d'accéder. Et je reste fidèle à cette démarche qui consiste à observer et à analyser pour comprendre, en évitant si possible les erreurs d'interprétation qui conduisent à une mauvaise compréhension du monde et du vivant.

Faut-il plus de science à l'école ? Encouragez-vous les études scientifiques plus que d'autres ?

La part des sciences doit rester importante dans l'enseignement et ne pas décliner. Il ne faut peut-être pas qu'il y ait davantage de sciences dures à l'école, mais suffisamment de science au sens large. Comme nous l'avons dit à la question précédente, la science développe le sens de l'observation, de l'analyse et de la synthèse, qui constituent la démarche scientifique, et je crois que posséder ces capacités est fondamental dans la vie quotidienne comme dans la vie professionnelle. On acquiert ainsi ce que l'on appelle communément le « bon sens », qui permet de juger avec raison ce qui nous entoure, sans dépendre excessivement de l'intuition, qui ne doit pas être négligée non plus.

Je n'encourage pas davantage les études scientifiques que les autres, surtout pas. Nous n'avons pas tous eu le même formatage cérébral, lequel a dépendu de nos gènes, de l'environnement qui a été le nôtre pendant notre enfance, de la manière dont nous avons interagi avec nos parents, notre entourage, nos relations. Et finalement, nos connexions neuronales sont différentes, ainsi que nos capacités et nos affinités.

Il me paraît nécessaire de développer chez les élèves deux qualités d'esprit complémentaires. D'abord, ce que l'on ne fait peut-être pas assez, leur inculquer la démarche scientifique. Je dis cela au sens large, cela n'empêche pas chacun de choisir ensuite la ou les disciplines qui lui plaisent le plus ; pour certains, ce sera la géographie, l'économie ou les mathématiques, pour d'autres la mécanique appliquée. Le second impératif, au moins aussi important à mon sens, est de favoriser l'imagination, la créativité et l'inventivité. Si on forçait tout le monde à maîtriser les équations, il n'y aurait pas de grands artistes. Et, inversement, si on ne facilitait pas l'apprentissage de la démarche scientifique, il n'y aurait pas de grands mathématiciens ou physiciens. L'être humain est doté de capacités intellectuelles hors norme, mais ce potentiel s'exprime au mieux si l'imagination et le savoir sont associés en lui. On l'a démontré de façon spectaculaire dans l'exploration spatiale. La réalisation des grands programmes spatiaux a nécessité la maîtrise de disciplines scientifiques très pointues sur le plan technique et technologique, de sciences humaines, sociales et juridiques. Mais tout ce savoir s'est doublé de l'inventivité et de la créativité de dizaines de milliers d'ingénieurs, de techniciens, de gestionnaires, de juristes, de communicants qui ont imaginé des solutions innovantes et audacieuses pour réaliser ce qui paraissait souvent impossible. Il faut favoriser dès l'école cet équilibre entre l'acquisition des sciences et le développement de la créativité. Sans oublier aussi la culture générale.

Pour ma part, je regrette de ne pas avoir été meilleur ou plus attentif quand j'étais plus jeune dans certaines disciplines scientifiques. En orbite terrestre, lorsque j'observais le défilement des paysages de la planète dans toute leur diversité, je me souviens avoir songé que si j'avais suivi avec plus d'attention mes cours de géographie, j'aurais mieux appréhendé ce que je voyais sous mes yeux. Je m'y suis donc intéressé davantage après mon premier vol, et j'ai maintenant beaucoup plus de livres de géographie, de cartes, de photographies de la Terre chez moi que je n'en avais avant d'être astronaute.

Il est remarquable de voir comment la science, en particulier les mathématiques et la physique qui sont nées de l'astronomie, a produit dans l'Histoire des révolutions qui ont changé les sociétés et les conditions de vie des humains. On a découvert l'électricité, les antibiotiques, les techniques du vol aérien, on a développé les télécommunications à l'échelle de la planète entière, pour ne citer que ces exemples. Cela va continuer et même s'accélérer. Actuellement, on explore Mars à l'aide de robots de haute technologie, on développe le cryptage quantique des ordinateurs et, dans quelques décennies, on maîtrisera la fusion nucléaire. Mais la science et le savoir sont si vastes qu'aucun d'entre nous n'a plus le temps matériel au cours de sa vie de tout découvrir et comprendre par lui-même. Il faut donc faciliter l'accès à la connaissance par la lecture de ce que nos prédécesseurs ont découvert ou inventé pour nous au fil des siècles. Cette démarche doit commencer à l'école, dont un des rôles est d'éveiller la curiosité chez les élèves envers les sciences et leur histoire, à l'aide des moyens pédagogiques les plus divers et les plus modernes. Une fois assimilé le savoir des Anciens, nous pouvons nous consacrer à notre tour à faire avancer la science et à élargir le champ de la connaissance dans toutes ses disciplines. Newton, par exemple, a observé la chute des corps et a énoncé les lois de la gravitation. Il y a eu avant lui Galilée et, après lui, Einstein. Les chercheurs n'ont plus besoin aujourd'hui de refaire les observations élémentaires ou les calculs de ces savants. Ils font progresser à leur tour la science à l'aide des nouveaux modèles et moyens informatiques et technologiques sophistiqués disponibles.

Notre école impose un rythme d'apprentissage des sciences dures qui n'est pas forcément adapté à tous les cerveaux des jeunes, en particulier des enfants de l'école primaire et du collège. Elles demandent un état d'esprit particulier pour y être réceptif. Certains élèves pourraient devenir très forts en mathématiques si on leur donnait plus de temps. Il faut que l'enseignement des sciences à l'école soit adapté à tous. C'est un défi à relever : l'école de demain devra permettre à chacun de trouver sa voie, non pas parfois par défaut mais en personnalisant davantage les rythmes d'apprentissage, afin que tous deviennent aussi connaissants et créatifs que ceux qui assimilent plus vite certaines disciplines.

Plusieurs astronautes qui furent des élèves médiocres dans leur enfance ont pourtant réussi à exercer ce métier. Que cela vous inspire-t-il à propos du système éducatif ?

Il est notoire que certains astronautes furent de médiocres élèves à l'école. Aux États-Unis, plusieurs volèrent dans l'espace au cours des programmes Gemini, Apollo, de la navette spatiale ou de l'ISS bien qu'ils aient traversé des périodes de grandes difficultés scolaires, voire de déscolarisation. Certains marchèrent même sur la Lune, comme Pete Conrad, commandant de la mission Apollo 12 qui pilota le second alunissage après celui de Neil Armstrong. À l'école, il fut un mauvais élève souffrant de dyslexie, redoubla des classes et se fit renvoyer plusieurs fois pour indiscipline. Story Musgrave, seul astronaute à avoir volé sur toutes les navettes au cours de six missions, s'engagea dans les Marines à 17 ans après avoir raté son bac et passa les deux premières années de sa vie professionnelle comme mécanicien sur un porte-avions. Scott Kelly, qui a totalisé 520 jours passés dans l'espace au cours de quatre missions et qui a été commandant de l'ISS, raconte dans son livre *Endurance* qu'au collège aucune matière ne l'intéressait, qu'il se sentait prisonnier en classe et n'écoutait pas ses professeurs, préférant rêvasser et imaginer ce qui se passait à l'extérieur des murs. Si on qualifie ces astronautes d'élèves médiocres, c'est uniquement dans le sens où ils ne s'étaient pas adaptés au système éducatif dans lequel ils avaient été placés. Ils n'étaient pas incapables d'apprendre ou de travailler, mais le système scolaire dans lequel ils se trouvaient ne leur permettait pas d'exercer leurs capacités. Et, de fait, ils n'avaient pas fourni les efforts d'attention et de travail nécessaires en classe comme à la maison pour réussir leurs examens. Plus tard, dans leur parcours, parce qu'ils intégrèrent des écoles différentes, parce qu'on leur fit à nouveau confiance, parce qu'ils eurent des déclics, ils retrouvèrent la voie des études et de la réussite. Il faut en tirer une première leçon : ce n'est pas parce qu'un élève n'a pas de bonnes notes à l'école qu'il n'a pas les capacités intellectuelles de logique, de raisonnement, d'apprentissage et de mémorisation pour réussir ses études et sa vie, devenir quelqu'un de brillant dans une discipline, et même accomplir un parcours professionnel exceptionnel.

En Europe, et particulièrement en France, il n'y a pas d'astronaute qui ait connu de grandes difficultés scolaires par le passé. Comme nous sommes encore très attachés au parcours académique et aux diplômes des candidats lors de leur sélection, si l'un d'entre eux n'a pas suivi ou réussi un cheminement standard du début à la fin de ses études, s'il a connu des échecs notamment au lycée, il est probable que son dossier sera mis de côté ; on ne prendra pas le temps d'évaluer ses capacités à être un bon astronaute, même s'il aurait pu le devenir. Tous les spationautes ont donc été des élèves brillants à l'école. J'y vois une seconde leçon : notre système éducatif facilite l'ascenseur social et l'accès aux métiers à haute valeur ajoutée pour ceux qui parviennent à s'y intégrer. C'est le cas de la majorité des jeunes, pourvu qu'ils soient bien entourés sur le plan familial et social, et placés dans des écoles où les professeurs, la pédagogie et la discipline le permettent. Mais ce système n'est pas idéal pour 100 % des élèves, un certain nombre d'entre eux ne peuvent pas s'y épanouir. Il est donc important que des passerelles et des voies d'apprentissage parallèles puissent être offertes aux jeunes en situation d'échec ou de difficultés scolaires, et dont on pourra assez facilement évaluer par des tests adéquats leur bon potentiel intellectuel et social.

Heureusement, avec un peu de décalage dans le temps sur le modèle américain et anglo-saxon en général, notre système éducatif qui n'était pas adapté à tous évolue dans le bon sens, celui de l'ouverture aux filières parallèles. Il offre de plus en plus de passerelles qui permettent à ceux qui n'ont pas forcément bien démarré au lycée, pas obtenu le bac ou échoué dans les études supérieures d'accéder finalement à des diplômes de même valeur que ceux qui ont décroché une mention très bien au bac et ont suivi des classes préparatoires.

Il est important aussi que les professeurs sachent identifier à l'école les élèves au très fort potentiel d'apprentissage ou d'intelligence émotionnelle malgré leurs mauvaises notes, et les orientent vers des voies différentes où ils pourront réussir et s'épanouir dans la discipline qui les intéresse, même si cette discipline possède une voie standard très tracée. Je pense à la médecine, aux carrières dans les sciences, les techniques, l'ingénierie ou les mathématiques, mais aussi au droit.

En ce qui me concerne, au vu de mes résultats, je n'étais pas un élève particulièrement brillant durant l'adolescence, mais j'étais bien noté sur le plan qualitatif par les professeurs. Je ne travaillais pas beaucoup, mais j'étais très intéressé et attentif en classe pour minimiser le besoin de réviser ensuite à la maison le soir. Car je voulais me ménager beaucoup de temps libre pour faire autre chose et m'adonner à mes passions. J'ai obtenu mon bac avec une moyenne de 12 sur 20, et donc une simple mention « assez bien ». Puis j'ai eu la chance d'être accepté dans une excellente classe préparatoire. C'était au Prytanée national militaire de La Flèche : les professeurs y étaient excellents, et m'ont permis d'intégrer du premier coup l'École polytechnique en terminant avec un très bon classement. Le système éducatif m'a permis d'accéder à des études de très haut niveau au moment où j'ai eu le déclic de travailler et de faire plus à l'école qu'être juste attentif.

Pensez-vous que la recherche scientifique soit sinistrée en France, si l'on évoque par exemple les budgets qui lui sont alloués, ou les possibilités de carrière offertes aux chercheurs ?

Je ne suis pas chercheur de formation ou de profession, mais j'ai beaucoup travaillé avec ceux qui étaient intéressés par l'espace et l'apesanteur, en particulier. Je n'ai pas l'impression que la recherche scientifique soit sinistrée en France dans le sens où elle serait perdue, car je rencontre régulièrement des chercheurs français reconnus de niveau international dans leurs disciplines, voire comme les meilleurs au monde. Pour ne prendre qu'un exemple je citerai l'équipe qui a conçu la caméra *SuperCam* du rover martien *Perseverance.* Cette équipe rassemble les efforts de plusieurs laboratoires de recherche en France avec à sa tête l'Institut de recherche en astrophysique et planétologie – l'Irap – à Toulouse. Or cette collaboration avec les Américains n'est pas le fruit d'un accord politique assurant à la France une partie de la conception du rover ; c'est le résultat d'une compétition ouverte lancée par la Nasa pour la conception et la réalisation d'un instrument scientifique extrêmement sophistiqué destiné au sommet du mât de *Perseverance.* Et ce consortium de laboratoires français l'a remporté en pure concurrence avec d'autres laboratoires dans le monde. Cela illustre le fait que nous avons dans notre pays des chercheurs à la pointe mondiale de leur discipline.

Mais il est vrai que la recherche publique en France, dont on peut prendre comme exemple le CNRS, est le fruit d'une histoire assez longue et riche, et possède une organisation lourde, très hiérarchisée et étalée. Cela peut freiner son dynamisme en manquant parfois d'adaptation aux nouvelles manières de gérer les organisations complexes. Il est notoire aussi que, dans notre pays, les chercheurs ne sont pas payés à la hauteur de leur talent intellectuel et d'innovation. Un chercheur de niveau bac plus sept gagne à peine plus que le smic au début de sa carrière dans un laboratoire public ! Par ailleurs, un chercheur qui fait une découverte aura plus de mal en France à faire fructifier sa découverte que dans d'autres pays. Ce sera pour lui un processus très lourd à mettre en place par rapport à ce que j'en connais aux États-Unis. Nous manquons encore de passerelles pour permettre aux chercheurs l'accès aux moyens de recherche coûteux, notamment certains instruments qui ne sont disponibles que dans des centres spécialisés ; et pour permettre à des personnes qui n'ont pas suivi le cursus classique licence-master-doctorat mais sont passées par une expérience de terrain, par du travail technique d'ingénieur, de pouvoir revenir par la suite à une activité de recherche. Encore une fois, si de telles difficultés existent, c'est parce que nous sommes un pays ancien qui, historiquement, a développé des traditions et des dogmes dans les parcours professionnels, y compris dans le milieu de la recherche.

Et, bien qu'il y ait des innovations, on observe que certains de nos chercheurs les plus brillants font la démarche de nouer des partenariats avec leurs équipes correspondantes à l'étranger – russes, américaines ou asiatiques – pour se maintenir au plus haut niveau dans leurs disciplines complexes et s'épanouir. Mais le risque est qu'ils décident de s'installer à l'étranger si on leur offre un pont d'or, un bon salaire, des responsabilités et des moyens. Je pense que nos politiques sont sensibles à cela, tout comme les directeurs des laboratoires, mais il n'est pas facile de modifier un système qui, avec le temps, s'est structuré de façon un peu rigide et alourdi. Je ne donne ici, bien sûr, que ma perception, n'étant pas chercheur moi-même.

Et puis il y a aussi en France de la recherche financée par des fonds privés. Elle a pour mission d'être productive, les chercheurs ont presque une « obligation » de trouver, et aussi de transférer en applications leurs découvertes fondamentales. Je crois que cela marche plutôt bien.

Pour résumer, la recherche publique ne me paraît pas sinistrée en France, mais son organisation manque de flexibilité par rapport à celle d'autres pays et ne reconnaît ou ne récompense pas suffisamment le talent. Nous avons une éducation de très haut niveau et de brillants experts dans toutes les disciplines scientifiques, mais notre système est encore perfectible et mérite d'être optimisé, dynamisé et organisé pour les défis du futur.

Face à la multiplication des sources d'information, la science est-elle un rempart contre la désinformation ?

Ce que je connais de la science, je l'ai appris lors de mes études à l'École polytechnique puis lors de ma formation d'ingénieur, puisque le travail de l'ingénieur est de concevoir des machines en s'appuyant sur les lois de la physique et donc sur la science. La science est une discipline qui repose sur une démarche basée sur la raison, nous avons détaillé cela un peu plus haut. Quand on parle de raison, on parle de bon sens, de sens du jugement, et pas d'intuition, de croyances spontanées ou de dogmes.

Le problème, lorsque vous ne connaissez rien à un sujet, c'est que vous pouvez être très influencé par la première personne qui vous en parle. Si ce domaine est vraiment nouveau pour vous, que cette personne s'exprime avec conviction et un bon bagout, si elle utilise des mots qui vous donnent l'impression qu'elle est très compétente, vous aurez naturellement tendance à la croire. Or la première chose que l'on entend à propos d'un sujet qui nous est inconnu s'imprime dans notre esprit et nous marque. Cela peut être difficile ensuite de s'en défaire et de changer d'opinion. Imaginons, par exemple, que vous êtes d'une génération qui n'a pas connu le programme Apollo, et que vous ne vous y soyez jamais vraiment intéressé. Si la première personne qui vous parle de ce programme vous affirme avec conviction et à grand renfort d'arguments qu'aucun être humain n'a jamais marché sur la Lune, vous pourrez la croire ou, du moins, le doute s'installera en vous. Si vous êtes un peu naïf, que vous ne connaissez rien à la géographie du globe et que quelqu'un veut vous convaincre que la Terre est plate avec des explications posées, vous l'écouterez avec attention et il vous sera facile de le croire. Or nous sommes tous un peu naïfs vis-à-vis de sujets que nous ne connaissons pas. Et si, face à nous, l'interlocuteur est convaincant, on peut vite adhérer à des informations fausses qui n'ont pas été issues d'une démarche rationnelle. C'est le mode de fonctionnement de la désinformation.

Au contraire, la science s'appuie sur des faits, sur des observations, sur des modèles et sur les lois de la nature. Et, ce qui est fondamental, elle est aussi basée sur une démarche où le doute est permanent. Même lorsqu'on pense détenir la vérité, on s'oblige à la remettre en question, on continue à chercher et parfois on trouve des erreurs, des imperfections, et on réfute des théories. C'est pour cela que la science est la base la plus saine d'information. Mais il ne faut pas non plus croire aveuglément tout ce qu'elle dit : elle ne détient pas de vérité immuable et absolue. Affirmer qu'elle a réponse à tout serait aussi de la désinformation. La science n'est peut-être pas un rempart, mais c'est un outil pour limiter les dégâts produits par les *fakes news*, les théories complotistes, les idées reçues et les informations totalement erronées. Elle rend à l'homme une forme de liberté. Internet et les réseaux sociaux véhiculent nombre d'inepties mais, dans le même temps, nous permettent d'accéder facilement à l'ensemble des connaissances scientifiques que l'Humanité a acquises, auparavant réservées à des élites ou à des érudits. Nous devrions donc toujours avoir la démarche de multiplier et de croiser nos sources pour ne pas être victimes de la désinformation. Cette attitude doit être encouragée dès le plus jeune âge.

Une question qui me touche particulièrement est celle de l'origine de l'Univers et de la vie, dont il existe deux théories totalement différentes : la théorie créationniste et la théorie évolutionniste. Le créationnisme affirme qu'une action divine est à l'origine de l'Univers et de la vie, alors que l'évolutionnisme défend leur origine naturelle et le rôle de l'évolution par modifications génétiques dans l'adaptation des espèces vivantes à leur environnement changeant. Certains créationnistes défendent même l'idée que le monde et l'homme ont été créés exactement comme le décrit la Genèse, en six jours, il y a 6000 ans. Ce qui oppose ces théories, c'est que la première repose sur une croyance et la seconde sur une démarche scientifique, bien que des créationnistes diront que leur théorie peut être compatible avec la science. Parmi les astronautes, certains sont créationnistes, j'en connais plusieurs. Leur théorie s'appuie sur la religion et une certaine interprétation des textes, mais on ne peut pas dire que les textes qui parlent de Jésus-Christ fassent acte de désinformation, parce qu'il n'y a pas de moyens scientifiques de prouver le contraire. Dès que l'on s'éloigne de ce qui est observable, factuel et reproductible, on se trouve dans la croyance, qui a sa vérité propre. Elle n'est à la fois ni information ni désinformation. Chacun peut posséder la sienne, et elle est respectable. Mais affirmer que la Terre est plate n'est pas une croyance, car c'est une idée que l'on peut tester concrètement ; c'est une information et, en l'occurrence, de la désinformation.

Comme l'a dit le pape Jean-Paul II à l'astrophysicien Stephen Hawking : « Nous sommes bien d'accord, monsieur l'astrophysicien : tout ce qui s'est passé après le Big Bang, c'est pour vous ; mais ce qui s'est passé avant, c'est pour nous ! » Chacun son domaine !

Les réseaux sociaux sont-ils bénéfiques à l'Humanité ?

Je crois que toute innovation qui crée du lien social est bénéfique à l'Humanité. Dans le passé, lorsque les réseaux de courrier postal se sont étendus pour relier le continent européen à l'Amérique du Sud grâce à l'Aéropostale, ce fut un progrès extraordinaire. D'une manière générale, ce qui permet de connecter les hommes et les femmes à une échelle toujours plus grande est avantageux pour l'espèce humaine, qui occupe la planète entière. Cela permet de ne pas évoluer en vase clos, mais de se confronter à la pensée et au savoir que possèdent d'autres sociétés, de suivre leur évolution scientifique et technologique, d'accéder à leur culture et à leurs idées. Lorsqu'on est liés les uns aux autres, on a plus tendance à harmoniser certaines règles, certaines normes et certaines valeurs fondamentales pour le bien-être commun de l'espèce humaine. À l'inverse, aux âges anciens de l'Humanité, quand les Terriens vivaient en tribus isolées, les conflits étaient fréquents quand ils se rencontraient, parce qu'ils n'échangeaient pas d'informations entre eux qui leur auraient permis de se reconnaître au travers de valeurs communes.

Les réseaux sociaux électroniques modernes ont, bien sûr, des défauts, mais les réseaux de courrier papier en avaient aussi. À l'époque où je suis arrivé à la Nasa, je me souviens que le FBI cherchait à résoudre le problème posé par Unabomber, ce terroriste anti-technologie qui envoyait des colis postaux piégés, faisant des morts et des blessés. Il avait d'ailleurs harcelé une femme astronaute de courriers menaçants. C'est aussi par voie postale que des enveloppes piégées contenant le bacille du charbon ont provoqué des cas d'anthrax aux États-Unis dans les années qui suivirent le 11 septembre 2001. Le réseau postal comme les réseaux sociaux sont accessibles à tout le monde, et ceux qui sont mal intentionnés peuvent toujours utiliser ces moyens de connexion avec les autres à des fins malveillantes. Avec le numérique, cela peut être pour accéder au contenu de votre ordinateur, pour y dérober des codes ou des mots de passe. À plus grande échelle, cela peut être pour diffuser des virus, propager des *fake news*, inciter à des mouvements collectifs de révolte contre la société, souvent d'ailleurs à l'aide de discours simplistes et réducteurs.

Lorsqu'apparaît une innovation de nature technologique, scientifique, mais aussi intellectuelle ou organisationnelle – réseaux sociaux inclus –, c'est toujours dans un but bienveillant au départ, pour faciliter la vie des humains ou rendre le monde meilleur. Il faut toujours garder cela à l'esprit, même si le progrès qui est généralement aussi motivé par des enjeux économiques peut également être source d'inquiétude. Jules Verne, par exemple, se montrait très pessimiste à la fin de sa vie à propos de l'évolution technique et technologique : face à une innovation, il imaginait immédiatement en quoi elle pourrait desservir l'humanité. Il est vrai que ceux qui sont mal intentionnés cherchent à tirer profit de chaque nouvel outil à leur avantage, pour assouvir leur envie de nuire à des personnes ou à des groupes de personnes. Cela fait partie des failles des innovations que l'on découvre *a posteriori*, et on ajoute alors des barrières supplémentaires pour se prémunir de mauvais usages qui n'avaient pas été imaginés initialement. Tous les réseaux sociaux ont été créés au départ avec des règles, des codes de bonne conduite et des interdits, pourtant il se trouve toujours des personnes pour les transgresser, et les mesures préventives de leur mauvaise utilisation doivent constamment évoluer. Mais ce n'est pas parce que l'on entend beaucoup parler dans les médias des défauts des réseaux sociaux qu'il faut penser qu'ils sont globalement maléfiques. Ceux qui les utilisent en tant que lecteurs doivent simplement garder du bon sens et un certain discernement pour ne pas croire aveuglément toutes les informations qu'ils y trouvent, et pour qu'ils sachent identifier les contenus douteux ou malveillants.

Au fond, les réseaux sociaux répondent à un état d'esprit : l'envie de se lier les uns aux autres, une caractéristique de l'espèce humaine. Souvenons-nous qu'ils sont utilisés avant tout entre amis, entre membres de familles qui sont géographiquement délocalisées, par des groupes de personnes qui partagent les mêmes centres d'intérêt, ou par des associations qui essaient grâce à eux de mieux se faire connaître, de faire valoir leurs valeurs et leurs actions. Tout cela fonctionne très bien. Je suis plutôt optimiste de nature et je pense que l'histoire retiendra des réseaux qu'ils ont permis de défendre beaucoup de causes justes puisqu'elles ont été plus facilement entendues grâce à eux. Ils ont apporté un grand progrès par la facilitation de la transmission du savoir et des informations vers le grand public. Pour qu'ils soient bénéfiques à toute l'humanité et non pas juste à une partie d'elle-même, il faut que les outils qui leur permettent de fonctionner soient mis à la disposition du plus grand nombre au fur et à mesure qu'on arrive à réduire leur coût technologique, et à les installer partout où se trouvent des êtres humains. Aujourd'hui, de plus en plus de personnes, même démunies, peuvent posséder un téléphone portable, et les écoles les plus isolées accèdent peu à peu à Internet. C'est le signe que cela va dans le bon sens.

Après avoir servi l'humanité sur Terre, à quand les réseaux sociaux dans l'espace ?!

Notre utilisation du téléphone, des objets et jeux connectés, d'Internet, des réseaux sociaux, du GPS, laisse une empreinte numérique de nos vies dont le *Big Data* s'empare sans cesse davantage. Nous sommes géolocalisés en permanence, nos habitudes, nos relations, nos goûts, nos émotions, nos opinions, se transforment en données tracées et analysées. A-t-on encore une intimité ? Comment réagir ? Êtes-vous préoccupé par l'inflation du numérique ? Faudra-t-il faire marche arrière dans certains domaines ?

Nous n'en sommes pas encore là en France, mais il existe des pays comme l'Estonie où tout est numérisé, notamment cent pour cent des démarches administratives. Pour moi qui ai vécu la transition vers le numérique, cette évolution n'est pas préoccupante. Elle est à mes yeux un progrès, tout comme les réseaux sociaux, fruit de l'évolution naturelle de l'humain vers la modernité. Nous maîtrisons des technologies de plus en plus complexes et sommes désormais capables de créer pour notre usage quotidien ces machines très performantes que sont les smartphones, les tablettes et les ordinateurs. Grâce à eux, nous devenons plus informés, plus efficaces, et nous pouvons, par exemple, prendre et conserver un très grand nombre d'images et de vidéos pour nos souvenirs, même s'il n'y a plus le charme d'antan à développer les pellicules ! Songeons au chemin parcouru en presque deux siècles, depuis l'invention de la photographie. Songeons aussi à tous les humains qui ont vécu à des époques où ils ne disposaient que de trop rares dessins, gravures ou peintures pour immortaliser leurs souvenirs.

Quant au *Big Data*, à chaque fois que je vais sur un site internet et qu'un pop-up me demande d'accepter les conditions de navigation, je prends le temps de refuser toutes les options et de n'accepter que les cookies fonctionnels. Cela me donne une certaine maîtrise, mais pas totale, de la trace de mes données sur le Net. Il revient à chacun de contrôler la diffusion ou non de ses propres informations. Nous sommes des adultes responsables, c'est juste une question de volonté et d'effort. Il est très facile d'être un peu paresseux et de tout accepter pour accéder rapidement à un site internet, réserver un restaurant ou un voyage, consulter son compte en banque ou son assurance. Chacun doit avoir conscience de ce qu'il fait et prendre toutes les précautions nécessaires à la protection de ses données : avoir un antivirus, ne pas conserver uniquement sous forme numérique des informations que l'on veut garder strictement personnelles, ne pas les mettre en ligne sur des serveurs extérieurs, ni les partager avec des ordinateurs connectés. Je fais confiance aux utilisateurs pour avoir une utilisation intelligente du numérique. Mais il existe une génération intermédiaire qui n'est pas née à l'ère du digital et qui utilise Internet, les réseaux et diverses applications. Elle y voit un fantastique progrès pour accéder à l'information et dialoguer à distance avec ses enfants, sans pour autant avoir une culture suffisante de la protection des données. Il faut éduquer les élèves dès l'école primaire à adopter les bonnes attitudes en matière de sécurité numérique, pour développer leur sens de la prudence et des responsabilités face aux dangers qu'il peut véhiculer. C'est un peu comme apprendre très tôt à un enfant à ne pas s'approcher du feu ou à ne pas traverser la rue sans regarder. Si quelqu'un qui habite une région où il n'y a pas de routes, pas de voitures et pas de feux rouges arrive dans une ville, il peut avoir un accident par manque de sensibilisation aux risques urbains. C'est la même chose pour ceux qui utilisent le numérique sans avoir été informés sur les règles fondamentales de son utilisation. Car les outils d'aujourd'hui sont extrêmement ergonomiques : le maniement d'un téléphone portable est devenu si intuitif qu'on n'a jamais besoin de se référer à un manuel d'emploi, tant le système nous guide et nous corrige si l'on fait une erreur de manipulation. On peut donc s'en servir sans aucun apprentissage des règles d'utilisation et de sécurité élémentaire. Mais nous pouvons, bien sûr, garder encore une intimité dans l'univers du digital et nous prémunir de ses dangers si nous faisons le choix de lire des documents ou de suivre des cours en ligne qui permettent d'apprendre les fondamentaux de la sécurité dans ce domaine.

Certaines personnes considèrent que c'était mieux avant l'inflation du numérique. Je pense, au contraire, que c'est un progrès qui accompagne l'évolution de la société. C'est une caractéristique du cerveau humain de ne retenir du passé que les bonnes choses et de refouler les problèmes. Lorsque l'on rencontre des difficultés avec la nouveauté, on la compare à nos souvenirs qui sont essentiellement des souvenirs positifs, d'où une certaine facilité à être nostalgique et à critiquer le présent. Dans le futur, on dira : « C'était mieux quand il y avait le numérique. » Le progrès a toujours des inconvénients, mais le numérique rend le monde plus accessible à tous et réduit la durée des tâches inintéressantes, ce qui permet aux hommes et aux femmes de se concentrer sur des activités à plus haute valeur ajoutée, plus intellectuelles. Je parle du contenu qu'on met dans nos ordinateurs, des échanges d'idées, de la création artistique numérique, de l'art, de la culture, de la musique et des calculs puissants que l'on fait aujourd'hui facilement et qui font avancer la science et les techniques.

S'il y a une préoccupation à avoir face au développement du numérique, ce n'est pas tant, à mes yeux, la crainte d'être surveillé dans nos moindres faits et gestes que la question de la consommation énergétique qu'il engendre. Elle est énorme, et on ne le sait pas toujours. Cette énergie est encore principalement d'origine fossile et donc source de gaz à effet de serre. L'empreinte carbone du digital dépasse désormais celle de l'aviation et va doubler d'ici dix ans. L'inflation du numérique doit donc être surveillée avec attention d'un point de vue écologique.

Mais je ne crois pas qu'il faille faire marche arrière dans ce domaine. Il faut juste baliser mieux Internet et les réseaux lorsqu'il peut exister des dérives ; je pense ici à la loi RGPD promulguée en 2018 par l'Europe, qui vise à protéger les données personnelles. Encore une fois, je suis de nature optimiste : c'est grâce à l'évolution du numérique, par exemple, que les avions consomment moins de carburant, qu'ils sont plus précis et plus sûrs. C'est la même chose pour les vaisseaux spatiaux.

L'avenir du climat et de la planète

Que perçoit-on des activités humaines depuis l'espace ? Avez-vous observé des signes de dégradation par l'homme de son environnement ?

Ce qui saute aux yeux tout d'abord, lorsqu'on regarde la Terre depuis l'espace, ce sont les grandes structures géologiques, les océans, les volcans, les ouragans et les formations nuageuses, donc des éléments naturels. On se fait ensuite une idée plus précise des paysages survolés par le jeu des ombres sur les reliefs par exemple, quand le Soleil éclaire obliquement les montagnes, certains versants étant illuminés et d'autres non.

La perception depuis l'espace des activités humaines concerne avant tout les mégapoles. De jour, elles se présentent comme des taches grises, la couleur du béton et du macadam, qui ne ressemblent à aucun élément minéral ou végétal naturel comme les déserts, les montagnes ou les forêts. On les remarque surtout en survolant l'Asie, l'Europe et l'Amérique du Nord. Aux États-Unis, on reconnaît aussi les grandes villes par le quadrillage typique que forment les rues toutes perpendiculaires entre elles. Vues de nuit, ces mégapoles forment des îlots de lumière jaune concentrée caractéristiques. Elles sont reliées entre elles dans certains pays par les fins liserés lumineux des autoroutes éclairées sur toute leur longueur. En Europe, on remarque particulièrement la Belgique la nuit depuis l'espace, car son réseau de voies rapides est intégralement équipé de réverbères. La première chose que l'on perçoit de l'humanité est donc son instinct grégaire, par le fait qu'elle vit rassemblée dans des villes. On distingue facilement aussi les activités agricoles comme les champs de culture immenses au Soudan ou tout le long de la vallée du Nil en Égypte, ou encore ces immenses cercles verts d'un kilomètre de diamètre en Arabie Saoudite et aux États-Unis, qui sont des zones cultivées irriguées artificiellement au milieu du désert ou de régions arides. D'une manière générale, dès que l'on aperçoit depuis l'espace de grandes structures géométriques circulaires, rectangulaires ou parallélépipédiques faites de différentes couleurs à la surface de la planète, on sait qu'il s'agit d'agriculture ou parfois d'extraction minière. On remarque aussi certaines activités humaines de transport depuis l'orbite. Les réacteurs des avions de ligne rejettent de petites poussières qui permettent à la vapeur d'eau atmosphérique de se condenser sur leur passage à certaines altitudes. C'est le phénomène de super-condensation qui forme ces traînées blanches qui se voient sur de grandes distances depuis l'espace. Je me souviens avoir pris une photo au-dessus de la région de New York où l'on voit d'innombrables traînées d'avions convergeant vers une zone masquée par les nuages où se trouve certainement un aéroport. C'est la même chose pour les gros bateaux : les cargos géants, en particulier, laissent des sillages de plusieurs dizaines de kilomètres de long, nettement visibles selon les reflets du Soleil sur l'océan. On devine aussi les centrales électriques nucléaires ou au charbon parce qu'elles dégagent des panaches de vapeur d'eau ou de fumée repérables à des centaines de kilomètres de distance.

Depuis l'espace, on voit donc que les hommes vivent ensemble, qu'ils voyagent et transportent de grosses cargaisons, qu'ils cultivent et exploitent les ressources de leur planète pour leurs besoins. Mais pour nous les astronautes, ce n'est pas complètement une découverte : nous suivons des cours de géographie avant nos missions qui nous préparent à reconnaître les caractéristiques géologiques et météorologiques du globe, et en même temps les marques de certaines activités humaines.

En ce qui concerne les signes de dégradation par l'homme de son environnement, j'en ai vu quelques-uns, mais je dirais qu'ils ne sautent pas autant aux yeux que ce dont je viens de parler. Si j'ai pu les observer, c'est souvent parce que le centre de contrôle prévient les astronautes en orbite des zones survolées qui sont intéressantes à photographier chaque jour, si leur emploi du temps le permet, en raison de leurs particularités et de la prévision d'absence de nuages. Cela peut être pour les besoins d'études géographiques ou géologiques, mais aussi pour mesurer l'impact de certaines activités humaines, comme la déforestation. Celle-ci se voit très bien depuis l'espace, à condition que l'on sache où regarder, car elle n'est pas généralisée à toutes les grandes régions forestières. Mais quand on passe à la verticale de certaines zones de déboisement et que l'éclairage est optimal, on se rend compte que les superficies concernées sont énormes, puisqu'on les distingue parfaitement depuis l'altitude de plusieurs centaines de kilomètres. La dégradation de l'environnement par l'homme est visible depuis l'espace, surtout si elle est étendue géographiquement. L'altération locale des biotopes par les pesticides qui nuisent à la biodiversité, au développement des papillons comme à la vie des abeilles reste invisible. Mais si un bateau vidange ses cuves dans l'océan, on peut observer une zone de pollution de quelques kilomètres carrés grâce au reflet différent du Soleil sur l'eau là où flottent les hydrocarbures. Constater cela fait vraiment mal au cœur. Parmi les autres signes de dégradation de l'environnement d'origine humaine visibles depuis l'orbite, il y a les feux de forêts, dont certains sont associés à la déforestation dans le but de gagner de nouvelles terres agricoles. La pollution atmosphérique se remarque aussi lors du survol de certaines régions par la difficulté à percevoir les détails au sol malgré l'absence de couverture nuageuse. J'ai pu constater cette réduction de visibilité en survolant les bassins de mégalopoles comme Mexico City et certaines zones d'Asie où se déployaient dans l'atmosphère d'inquiétants panaches de fumées jaune-orange crachés par des cheminées d'usines. Parfois, c'est la présence de couleurs inhabituelles qui alerte : lorsqu'on survole des zones de déforestation, comme la forêt est remplacée par des zones agricoles aux couleurs naturelles, il n'y a pas d'impression visuelle spontanée de pollution de la nature. En revanche, on comprend que l'environnement est en souffrance quand on observe la couleur artificielle de produits chimiques déversés dans le milieu marin ou le sous-sol mis à nu par l'exploitation minière dans les vastes carrières à ciel ouvert.

Enfin, il faut aussi de grandes échelles de temps pour constater depuis l'espace la dégradation de l'environnement opérée par l'homme. La durée d'une mission spatiale de quelques semaines ou mois est insuffisante pour cela. Mais si l'on compare les photos de mêmes régions de la planète prises par les astronautes au début des vols spatiaux habités à celles prises de nos jours, les différences sautent aux yeux. L'île de Madagascar, par exemple, est nettement déboisée aujourd'hui par rapport à ce qu'elle était il y a soixante ans.

Quel regard portez-vous sur le réchauffement climatique et son impact sur la planète ? Êtes-vous optimiste sur la capacité de l'Humanité à protéger la Terre ?

Sur le réchauffement climatique, j'ai le regard d'une personne qui a reçu une éducation scientifique et rationnelle. Je suis donc plus à l'écoute des scientifiques, dont je comprends les analyses et les explications, que des climatosceptiques. Je lis avec attention les publications du GIEC – Groupe d'experts intergouvernemental sur l'évolution du climat –, organe indépendant qui rassemble des scientifiques de tous les continents et prédit comment peut évoluer le climat en fonction notamment des gaz à effet de serre qui favorisent le réchauffement la planète. De plus, travaillant dans le milieu spatial, je connais l'importance du rôle des satellites scientifiques d'observation de la Terre dans la prévision de l'évolution climatique par le GIEC : plus de la moitié des paramètres permettant de définir l'état du climat s'appuient sur des données fournies exclusivement par eux. L'Agence spatiale européenne est celle qui en possède l'éventail le plus complet, on les appelle les *Earth Observers.*

La Terre a déjà connu au cours des milliards d'années de son histoire des périodes de glaciation et de réchauffement. Ces modifications climatiques ont été provoquées par des phénomènes naturels, de nature géologique ou galactique. Depuis des centaines de millions d'années, notre planète est restée le plus souvent glacée, avec des températures moyennes assez basses. Le climat tempéré de l'époque à laquelle nous vivons correspond à une des périodes interglaciaires. Lors des précédentes, des réchauffements importants sont déjà survenus qui ont fait monter le niveau des eaux plus haut encore qu'il ne l'est aujourd'hui. Même sans être scientifique, on comprend facilement certains effets d'emballement qui sont à l'œuvre : par exemple, lorsque la glace commence à fondre, la planète a moins de pouvoir réfléchissant du rayonnement solaire, donc elle chauffe encore plus, ce qui fait fondre la glace encore plus vite, etc.

On sait aujourd'hui que l'activité humaine a une responsabilité significative dans l'évolution et le réchauffement climatiques. Les modèles qui prévoyaient avec une grande marge d'incertitude, il y a vingt à trente ans, diverses évolutions climatiques possibles se sont affinés et sont désormais formels : le scénario qui nous attend n'est pas bon. Le niveau moyen des eaux va monter au cours de ce siècle, et des peuples vont devoir migrer. Même si dans l'histoire de l'Humanité des migrations se sont déjà produites pour des raisons climatiques d'origine naturelle, ce sera triste et difficile pour les populations concernées à notre époque de devoir quitter les terres auxquelles elles se sont attachées et où elles ont prospéré. Cela pourrait même devenir catastrophique si les questions migratoires n'étaient pas gérées de façon harmonieuse et équilibrée avec une bonne compréhension globale du problème.

Mais je reste optimiste. Même si je ne pense pas que l'Humanité pourra inverser le réchauffement climatique en cours, je crois qu'elle va faire des efforts importants et à grande échelle pour contrôler cet emballement, améliorer l'isolation des logements, réduire les émissions polluantes des usines et développer des moyens de transport à énergie propre. Cela permettra de limiter le réchauffement et d'éviter d'atteindre le niveau dramatique promis si nous continuons à vivre exactement comme aujourd'hui, en consommant beaucoup d'énergie fossile, en gaspillant nos ressources et en polluant notre environnement. Je suis confiant dans le fait que, pas tout à fait au pied du mur mais presque, l'Humanité et surtout les grandes puissances industrielles et économiques qui ont le pouvoir de décider et de mettre en place les moyens nécessaires, vont faire ce qu'il faut pour que le climat ne dégénère pas à un niveau désastreux à l'échelle de la planète. Je suis toutefois un peu pessimiste sur le court et le moyen terme, c'est-à-dire pour les décennies à venir.

Protéger la planète pour l'Humanité aujourd'hui, c'est surtout protéger la biosphère. D'autres menaces pèsent sur la Terre, comme certains phénomènes naturels violents que les humains pour l'instant n'ont pas la capacité technologique de contrôler. Ils ne peuvent pas protéger la planète de ses cataclysmes tectoniques, par exemple, qui créent des supervolcans ou qui relâchent des panaches de fumées empêchant la circulation aérienne sur des milliers de kilomètres pendant des jours ou des semaines. Mais d'autres menaces seront bientôt maîtrisées, c'est le cas du risque de collision avec un astéroïde capable de supprimer la plus grande partie du vivant à sa surface. Beaucoup d'études sont en cours, certaines initiées par des astronautes, pour mettre au point des techniques de détection et de déviation de ces objets dangereux appelés « géocroiseurs ». Protéger la vie sur Terre doit se faire en comprenant que le vivant n'est pérenne que si toutes les espèces confondues sont en harmonie entre elles. C'est ce qu'on appelle « la biodiversité ». L'Humanité ne peut pas vivre sans une biodiversité suffisamment importante. Heureusement, nous sommes de plus en plus à l'écoute des scientifiques aujourd'hui pour savoir quelles sont les bonnes actions à effectuer.

« Les dinosaures ont disparu de la planète parce qu'ils n'avaient pas de programme spatial », disait l'auteur de science-fiction Larry Niven. Pour des raisons purement naturelles, et même si l'humain se comportait parfaitement bien écologiquement, un jour viendra, même très lointain, où l'humanité disparaîtra de la Terre. D'ici là, servons-nous du fait que nous maîtrisons les technologies spatiales et faisons-les progresser pour préserver le plus longtemps possible à la fois notre espèce et la biodiversité, puisqu'elles vont ensemble.

Avez-vous observé depuis l'espace des signes du changement climatique ?

La réponse est simplement « non ». Le changement climatique est un phénomène global à l'échelle de la planète, prévu et décrit sur des échelles de temps qui dépassent largement celle de l'astronautique. Un astronaute ne peut pas en observer les effets au fil d'une ou de plusieurs missions spatiales, et on ne peut pas non plus les observer au cours de plusieurs décennies de vols spatiaux. De plus, certains phénomènes ne sont tout simplement pas visibles par l'œil humain : on m'a souvent demandé, par exemple, si j'avais pu observer le trou dans la couche d'ozone ; seuls certains satellites le peuvent. On peut apercevoir depuis l'espace que la Terre a une vie climatique et géologique variable au cours de l'année et au fil du temps en fonction des saisons et des érosions qui en découlent. Si, dans sa carrière, un astronaute effectue plusieurs missions spatiales à des saisons différentes, il notera de nombreuses différences dans les paysages qu'il survole : des fleuves au débit important une fois seront asséchés une autre fois, des terres luxuriantes laisseront place à des terres arides en apparence quelques années plus tard, les phénomènes météorologiques comme les ouragans seront différents, plus ou moins violents ou nombreux. Mais il ne pourra pas attribuer ces différences au changement climatique. En revanche, certaines modifications que l'on peut constater en observant la Terre depuis l'espace entre l'époque d'Apollo et maintenant, ou même d'une mission spatiale à l'autre, sont les impacts de l'activité humaine sur l'environnement, j'en ai parlé plus haut. En quelques années ou décennies, on peut voir apparaître et s'étendre des carrières d'exploitation minérale à ciel ouvert, des décharges de plusieurs kilomètres carrés, des zones de déforestation. On mesure aussi l'expansion de certaines villes, comme Dubaï par exemple, qui est devenue en moins de trente ans une grande mégalopole bétonnée visible dans le désert.

Le changement climatique se traduit essentiellement aujourd'hui par un réchauffement de l'atmosphère et de l'océan, les scientifiques prévoyant une hausse de la température moyenne à la surface du globe de quelques degrés au cours du demi-siècle à venir. Le seul signe de ce réchauffement éventuellement visible depuis l'espace serait une montée du niveau des océans. Elle se traduirait par une avancée des eaux sur les terres les plus basses comme les îles ou les côtes qui émergent d'à peine un ou deux mètres seulement au-dessus du niveau de la mer. On constatera cela avec le temps, mais encore une fois les astronautes ne peuvent pas le percevoir à l'œil nu depuis l'espace au cours d'une mission, ou même sur plusieurs missions successives au cours de leur carrière. En revanche, comme je le disais à la question précédente, les satellites spécialisés dans l'étude de la Terre, et qui servent à affiner les modèles définissant le climat, le peuvent. Ils sont capables de mesurer à quelques millimètres près la hauteur des océans ainsi que leur salinité et leur température. Ils déterminent aussi l'humidité des sols et de l'atmosphère, surveillent les glaces, l'évolution des surfaces boisées et des surfaces cultivées. L'espace est donc un fournisseur majeur de données permettant d'améliorer la connaissance de l'évolution du climat.

La contribution des astronautes n'est pas négligeable pour autant, car leurs observations, même si elles ne leur parlent pas spontanément, apportent des informations aux spécialistes qui leur demandent parfois de photographier telle ou telle zone, sous tel angle, avec telle sensibilité, pour compléter des observations satellitaires. Par exemple, lors de mon premier vol spatial dédié à l'étude de l'atmosphère, nous étions formés pour observer les effets éventuellement visibles du phénomène récurrent El Nino, ce courant chaud océanique qui remonte le long de la côte ouest sud-américaine, et pour photographier le blanchiment des récifs de la Grande Barrière de corail en Australie. Mais même si les astronautes observent parfois ce genre de phénomènes naturels temporaires ou des phénomènes climatiques impressionnants comme certains ouragans qui provoquent des dégâts et des inondations catastrophiques, ils ne peuvent pas en conclure eux-mêmes que le réchauffement de la planète en est responsable : d'une part, certains de ces phénomènes ne sont pas nouveaux ; d'autre part, seuls les experts du climat peuvent se prononcer sur leurs relations de cause à effet éventuelles avec ce que nous appelons « le changement climatique ».

Il n'y a pas que la pollution visible qui soit à éradiquer. Nombre de nos habitudes de vie et de consommation sont désormais associées à une empreinte carbone et montrées du doigt. Pour autant, croyez-vous que l'Homme soit prêt à révolutionner ses habitudes ? Quelles sont les mesures simples à mettre en œuvre pour que chaque Terrien puisse agir de manière responsable contre le réchauffement climatique ?

L'Humanité doit lutter non seulement contre le réchauffement climatique, mais aussi contre la détérioration de son environnement en général. Elle doit notamment réduire la pollution du sol et de l'air, qui a des conséquences sur la santé des plus défavorisés, en particulier.

En ce qui concerne les bonnes habitudes à adopter au quotidien pour préserver l'environnement, les humains devraient s'inspirer des hommes et les femmes qui vivent et travaillent à bord de la station spatiale internationale. Dans l'espace, nous devons faire en sorte de ne jamais manquer d'oxygène, d'électricité ou de nourriture. À chaque instant, nous sommes conscients de la quantité limitée des ressources à notre disposition et de la nécessité de les gérer, puisque les ravitaillements par vaisseaux cargos peuvent être espacés de plusieurs mois. Nous devenons des champions de l'antigaspillage, parce que notre sécurité et notre vie à bord en dépendent. Nous recyclons au maximum et utilisons exclusivement l'énergie renouvelable du Soleil grâce aux panneaux solaires.

Je pense que l'être humain n'est pas prêt à révolutionner ses habitudes. Je me souviens de conversations récurrentes à ce sujet avec mes amis Bertrand Piccard et Gérard Feldzer. Nous nous rencontrons tous les deux ans depuis plus de vingt ans lors du plus grand rassemblement de montgolfières au monde : le Mondial Air Ballons à Chambley. Ils se sont beaucoup intéressés à ces questions à titre personnel, même si ce n'est pas leur domaine d'expertise initial :

Bertrand est psychiatre et Gérard pilote de ligne. Mais ils y ont été rapidement sensibilisés à travers leur parcours, leurs rencontres et leurs activités. Gérard est convaincu que la seule façon pour l'humanité de remporter le défi climatique est de changer ses habitudes de vie. Cela passe par un travail de sensibilisation, en premier lieu des décideurs, pour modifier les mentalités et réduire les émissions de produits polluants et à effet de serre. Pour lui, il faut apprendre à vivre autrement. Bertrand a une position différente : il pense que l'on ne pourra pas changer les habitudes quotidiennes des Terriens. D'après lui, le salut viendra des avancées scientifiques et technologiques qui permettront aux humains de continuer à vivre comme avant, voire – et il le déplore – en perpétuant un certain gaspillage, mais sans impacter leur environnement. Cela implique l'utilisation d'énergies propres, le recyclage des déchets et d'autres solutions pour ne plus polluer et réchauffer la planète. Même si je caricature un peu leurs positions, elles illustrent deux convictions différentes : l'un pense que c'est l'humain qui doit changer, pour l'autre le salut est dans le progrès technologique, c'est-à-dire dans le changement économique et industriel. Je suis, pour ma part, adepte d'une combinaison des deux. Et finalement, lorsque nous discutons ensemble, ils conviennent que l'on ne peut baser l'avenir uniquement sur le changement des habitudes ou uniquement sur le progrès technologique qui ne rendra pas nos équipements, nos voitures et nos avions propres à cent pour cent.

Si nous ne sommes pas prêts à la révolution de nos comportements, nous sommes prêts pour la révolution technologique, et celle-ci va nous faire évoluer petit à petit dans nos habitudes. Remplacer notre voiture à essence par une voiture électrique est un changement d'habitude, mais pas une révolution : la voiture garde la même apparence et sert à effectuer les mêmes trajets. De même, si nous optons aujourd'hui pour des LED qui consomment jusqu'à dix fois moins d'énergie que les ampoules à incandescence, c'est parce que nous savons que l'éclairage obtenu dans nos maisons est équivalent.

En ce qui concerne les mesures simples à mettre en œuvre pour que tout Terrien puisse agir contre le réchauffement climatique, je dirais que la première est l'éducation. Vous ne pouvez pas demander à quelqu'un de modifier ses habitudes sans lui faire comprendre au préalable pourquoi c'est nécessaire, c'est-à-dire sans le responsabiliser. Il faut commencer par user de pédagogie, expliquer simplement les faits et les enjeux environnementaux et les actions possibles à mener à petite échelle. La seconde mesure consiste à donner à chacun les moyens d'appliquer ces principes. Permettre, par exemple, d'acheter une voiture électrique grâce à des aides financières qui font qu'elle ne coûtera pas plus cher que la voiture thermique habituellement choisie tous les cinq à dix ans en moyenne. Une autre mesure indispensable est que la société encourage, remercie et reconnaisse comme ayant fait une bonne action toute personne qui accepte de changer ne serait-ce qu'un peu ses habitudes pour préserver l'environnement. De nombreux prix et *awards* récompensent déjà dans le monde les initiatives et les bons comportements écologiques. L'hôtel Brando par exemple, fondé par Richard Bailey sur l'atoll polynésien de Tetiaroha de Marlon Brando, est le premier hôtel à avoir reçu le *Platinum LEAD Award*, qui récompense chaque année une infrastructure touristique exemplaire en termes d'harmonie environnementale et de respect écologique. Il faut savoir reconnaître les efforts que font certains pour préserver la planète quand bien même ils n'y sont pas obligés.

Vous êtes parrain d'une association de protection de l'océan. Quelles caractéristiques de l'océan perçoit-on depuis l'espace ? Que représente à vos yeux l'océan ?

Je suis parrain de l'association polynésienne *Te mana o te moana*, ce qui signifie « l'esprit de l'océan ». Elle a été fondée par mes amis Cécile Gaspar, vétérinaire et docteur en écologie marine, et Richard Bailey dont je viens de vous parler. Cette association mène des actions de recensement, de protection et de sauvetage des tortues marines, près de 600 d'entre elles ont déjà été recueillies et soignées dans son centre de soins à Moorea. Elle réalise également le suivi des pontes des tortues vertes sur l'atoll de Tetiaroa. De nombreuses actions de sensibilisation à la préservation de l'environnement marin sont menées auprès des enfants – plus de 120 000 concernés à ce jour –, et des campagnes de dépollution sont organisées. C'est pourquoi les droits d'auteur de ce livre lui sont intégralement reversés, ainsi que ceux d'un précédent ouvrage sur l'histoire de la conquête spatiale depuis 2015.

L'océan occupe souvent une partie importante du champ de vue lorsque l'on regarde la Terre depuis l'espace ; la première chose qui frappe est donc son étendue. Comme nous survolons de manière répétée l'Atlantique, le Pacifique, l'océan Indien, mais aussi les mers et les lacs, nous avons parfois l'impression que la Terre est une véritable planète-océan. En revanche, on ne se figure pas que l'eau qui recouvre en majorité le globe a une épaisseur assez faible comparée à la dimension de la planète. La profondeur maximale des océans, environ 11 km, se trouve dans la fosse des Mariannes, mais la plupart du temps les eaux sont moins profondes. Et finalement, à l'échelle du globe, l'ensemble des océans ne représente qu'une petite quantité d'eau, en comparaison avec d'autres corps du Système solaire. Europe, par exemple, une des principales lunes de Jupiter, a beau être 85 fois plus petite que la Terre, elle possède pourtant 30 % d'eau de plus.

La seconde caractéristique notable de l'océan vu depuis l'espace est sa couleur. Quand nous sommes dans la phase éclairée de l'orbite, l'océan produit un effet de miroir qui réfléchit les rayons du Soleil. Sa couleur varie alors du bleu foncé à des verts turquoise très clairs en passant par toute une gamme de teintes en fonction de paramètres comme la salinité, la profondeur ou l'angle d'éclairage. Dans la phase nocturne, l'océan est très assombri, mais si la Lune se trouve du bon côté de notre orbite et dans une phase bien éclairée par le Soleil, sa lumière lui donne encore d'autres couleurs et un aspect presque phosphorescent. Les reflets du Soleil et de la Lune sur l'océan nous permettent de percevoir certaines de ses caractéristiques qui seraient invisibles sans eux. On peut voir si l'eau est calme ou agitée parce que les vagues les plus grosses forment des irrégularités à la surface de la mer. On distingue les fines lignes de contraste qui séparent des courants de température, de salinité et de couleur différentes qui se croisent dans des sens opposés. C'est assez spectaculaire, comme si quelqu'un avait tendu une corde séparant l'océan en deux parties. Quand l'eau est peu profonde, comme au-dessus des bancs de sable des atolls des Bahamas ou de Polynésie, les couleurs de l'océan sont magnifiques et donnent à ces petites îles l'aspect de pierres précieuses ou de colliers de perles. C'est vraiment très beau. D'une manière générale, l'océan vu depuis l'espace offre un spectacle magnifique fait de teintes multiples, changeantes et contrastées.

L'océan se caractérise aussi par ses lignes de contact avec les continents. Lorsque nous nous approchons d'un littoral, nous distinguons depuis l'espace le spectacle émouvant des côtes dont l'aspect varie selon les régions. Parfois elles sont longilignes, très nettes et continues. C'est le cas des plages sablonneuses étendues que l'on peut survoler en Amérique centrale, en Californie, en Europe et en Afrique centrale. Parfois, elles sont extrêmement découpées, très irrégulières ; c'est le cas des côtes bretonnes, dont on comprend bien qu'elles sont très rocheuses et fracturées. Les reliefs côtiers peuvent provoquer une série de courants circulaires contraires, comme si l'océan dansait à proximité des terres. Les estuaires des fleuves sont eux aussi bien visibles depuis l'orbite terrestre. On remarque parfois à leur niveau que les fleuves rejettent dans l'océan des alluvions, des éléments minéraux et végétaux provenant de l'érosion des montagnes. Cela donne à l'eau une couleur marron plus ou moins foncée sur des kilomètres aux alentours. Vu depuis l'espace, nous pouvons avoir l'impression que l'océan très propre est sali par tout ce que le fleuve charrie, alors qu'il s'agit d'alluvions naturelles. Mais quelquefois ce sont des substances polluantes, des produits toxiques ou des déchets provenant de l'activité industrielle humaine. Les déforestations massives à proximité des côtes relâchent dans les rivières des sédiments en très grandes quantités, qui sont déversés en masse dans l'océan, étouffant toute forme de vie sur des kilomètres autour de l'estuaire et détruisant jusqu'à 80 % de la biodiversité marine.

Que représente à mes yeux l'océan ? J'aime le comparer à ce que nous appelons à bord d'un vaisseau spatial le système de support-vie et de contrôle de l'environnement. Compte tenu du fait que l'océan est le principal absorbeur du gaz carbonique et le principal producteur de l'oxygène que l'on respire grâce à la photosynthèse des plantes aquatiques et du phytoplancton, qu'il est le principal régulateur de la température et du cycle de l'eau sur notre planète, qu'il est une source majeure de nourriture pour les humains, il est véritablement le support-vie et de contrôle du vaisseau spatial Terre. Notre planète est un objet géologique et climatique qui abrite le vivant, lequel est pérenne depuis des milliards d'années grâce à l'océan, qui joue le rôle de stabilisateur des conditions de vie comme la température, l'humidité ou la composition de l'atmosphère, et favorise la diversification du vivant. C'est probablement l'élément le plus important à chérir sur notre planète, et cela commence par la préservation des rivières qui se jettent dans les fleuves, et des fleuves qui à leur tour se déversent dans les mers.

Comment gérer au mieux les ressources limitées du vaisseau spatial Terre ?

On pourrait comparer la gestion des ressources terrestres à la gestion que font les astronautes de ce qui est nécessaire au fonctionnement de leur vaisseau et à eux-mêmes dans l'espace. À bord nous avons besoin d'eau, d'électricité, d'oxygène, de nourriture et de données pour l'utilisation des systèmes du vaisseau. Or toutes ces ressources sont limitées, comme celles dont on dispose sur Terre, mis à part l'énergie solaire puisque le Soleil irradie en permanence. Comment les gérons-nous dans l'espace ? En procédant par étapes : nous entretenons régulièrement l'inventaire de la quantité de chacune d'entre elles pour savoir combien de temps elles nous permettront de vivre et d'assurer notre mission. Cela nous indique aussi ce que nous pouvons dépenser au maximum par unité de temps, donc par jour, semaine ou mois. Le deuxième point est de lister les priorités : quel astronaute ou quel système a le plus besoin de telle ressource ? Nous établissons à partir de là un plan de distribution de l'eau, de l'électricité, de l'oxygène et même des données en fonction des besoins de chaque membre d'équipage, des divers ordinateurs et équipements de bord. Puis nous suivons leur consommation pour savoir si elle n'excède pas la limite supérieure que nous avons fixée pour chaque période, et nous la réduisons si elle est dépassée. Enfin, pour les ressources les plus limitées, quand la solution de les recycler est possible, nous surveillons le bon fonctionnement des appareils dédiés à cette fonction, tout en garantissant la disponibilité de solutions alternatives, dont l'ultime scénario de sauvetage consistant à écourter la mission et à rentrer sur Terre plus tôt que prévu. Tout au long d'une mission spatiale, il faut se reposer les questions de chacune de ces étapes de manière cyclique : la quantité de ressources restantes, leur durée d'utilisation, les priorités, leur distribution, leur recyclage. On peut extrapoler ces mêmes étapes pour gérer au mieux les ressources terrestres ; nous devons tous avoir ces questions à l'esprit, ne serait-ce qu'en consommant de l'eau, de la nourriture et de l'énergie, les trois besoins fondamentaux des êtres humains.

Parlons de l'eau : elle est aussi précieuse sur Terre qu'à bord d'un vaisseau spatial. Au cours des vols de longue durée dans l'espace, les ravitaillements sont limités et programmés à l'avance sans pouvoir en rajouter à la demande. Or il ne peut pas y avoir de grandes réserves d'eau à bord, pour une question de place, c'est pourquoi nous avons appris à gérer ses quantités. Depuis l'époque de la station Mir, l'urine est recyclée en eau : celle-ci est alors traitée pour pouvoir être consommée, et en partie électrolysée pour produire de l'oxygène que l'on respire et de l'hydrogène que l'on exploite avec le gaz carbonique ambiant pour refabriquer de l'eau potable. À bord de l'ISS, les astronautes savent à chaque instant combien d'eau il reste et à quel moment un cargo ravitailleur leur en apportera à nouveau pour compenser le fait qu'elle n'est pas recyclée à 100 % – une petite partie de l'urine et du condensat atmosphérique est perdue au cours du processus de recyclage. Elle est donc judicieusement distribuée à bord : certains systèmes en ont plus besoin que d'autres, comme les boîtiers électroniques, qui doivent être refroidis. De même, un astronaute qui fait de l'exercice en consommera davantage qu'un autre qui travaille devant son ordinateur. Mais sur Terre, l'eau douce est distribuée de manière totalement inégale : les humains les plus privilégiés en disposent facilement et en quantité quasi illimitée, quand d'autres n'en ont pas à l'endroit où ils vivent, ou pas suffisamment pour couvrir leurs besoins quotidiens.

La règle fondamentale de la gestion optimale de nos ressources sur Terre est d'en dresser l'inventaire pour savoir de combien nous disposons et pour combien de temps. C'est ce qui définit ensuite la cadence de consommation et la nécessité de recycler activement, lorsque le recyclage naturel ne suffit pas, dans le cas de l'eau des cultures et de l'élevage par exemple. Il faut aussi les distribuer de façon cohérente pour que tout le monde en bénéficie équitablement. Il existe une différence fondamentale entre notre planète et les vaisseaux spatiaux utilisés à ce jour : la Terre n'offre pas de plan B d'évacuation à son équipage, l'Humanité. Il n'y a pas de destination alternative de repli d'urgence pour les Terriens, alors que les astronautes savent qu'ils peuvent à tout moment revenir sur Terre. Sur ce point, la comparaison est possible avec un vaisseau lancé en direction de Mars qui n'aura aucune alternative, sauf si une telle expédition prévoit une flotte de plusieurs vaisseaux pouvant se secourir mutuellement au cours du voyage.

Quelles seront les énergies de demain ?

Je pense qu'une source d'énergie majeure qui s'imposera dans le futur proche est l'hydrogène. Je précise tout de suite que l'hydrogène n'est pas à proprement parler une source primaire d'énergie mais un plutôt un moyen de stockage de celle-ci, donc on pourrait le qualifier plutôt de source d'énergie secondaire. Présent en grandes quantités sur Terre, il est surtout produit aujourd'hui à partir d'hydrocarbures fossiles, mais peut aussi être extrait de l'eau par électrolyse, un processus beaucoup plus respectueux de l'environnement mais plus coûteux à grande échelle, qui prend plus ou moins de temps selon l'énergie électrique dont on dispose pour le fabriquer. En plus d'être très efficace, l'hydrogène est une source d'énergie propre si lui-même est produit de manière propre, par exemple en faisant appel à l'énergie solaire. Lors de son utilisation, on le combine avec l'oxygène de l'atmosphère et la réaction chimique ne dégage que de l'eau et des électrons. Le seul système de fourniture d'électricité qui a équipé les premiers vaisseaux spatiaux américains, les capsules Gemini et Apollo, était basé sur des piles à combustible combinant de l'hydrogène et de l'oxygène. À bord de la navette spatiale, c'était aussi notre source d'énergie exclusive. C'est sans doute pour cela que je crois en son avenir. Dans notre pays, France Hydrogène a un projet avancé de centrale énergétique 100 % propre produisant de l'électricité à la demande à partir d'hydrogène stocké qui aurait été extrait par électrolyse de l'eau en utilisant de l'énergie solaire.

Une difficulté posée par l'hydrogène est que ses molécules extrêmement petites diffusent à travers beaucoup de matériaux. Il est encore difficile à stocker aujourd'hui et cela nécessite de mettre au point des réservoirs spéciaux. Mais des chercheurs développent aussi d'autres modes de stockage, sous forme de galets solides par exemple. Étant gamin, je me souviens avoir voulu fabriquer moi-même un gaz léger pour gonfler des ballons de baudruche à la manière de ceux que l'on achète dans les fêtes foraines. J'ai donc bourré une bouteille de verre de feuilles d'aluminium, l'ai remplie d'acide chlorhydrique et ai enfilé un ballon sur le goulot. Il a immédiatement commencé à se tendre faiblement, mais sans pouvoir se gonfler véritablement car les molécules d'hydrogène diffusaient à travers la baudruche. Le goulot est devenu si brûlant que j'ai dû lâcher la bouteille. J'ai eu la présence d'esprit de dire à mon frère de ne toucher à aucun interrupteur, car l'expérience avait dégagé beaucoup d'hydrogène dans la cuisine ! C'était une grosse bêtise, car nous étions seuls à la maison ! Je suis convaincu que l'hydrogène sera une énergie incontournable dans le futur pour faire tourner les moteurs électriques et même faire voler les avions.

Au cours des décennies à venir, l'Humanité va encore utiliser les énergies fossiles, mais en parallèle, de plus en plus les énergies renouvelables que nous donne la nature : l'énergie éolienne, hydraulique, solaire, et celle des marées qui provient du déplacement des océans sous l'effet du champ gravitationnel de la Lune et du Soleil. Ces énergies renouvelables sont inépuisables, mais elles ne sont disponibles que par intermittence et seront donc probablement insuffisantes pour satisfaire aux besoins journaliers ininterrompus de toute l'humanité. Pendant le temps nécessaire à la transition vers davantage d'énergie propre comme l'hydrogène, je suis plutôt optimiste sur la capacité de rendre suffisamment sûr le nucléaire, même à un coût élevé, car les ingénieurs ont beaucoup appris des accidents comme ceux de Tchernobyl et de Fukushima. Cependant, ce n'est pas une solution pérenne à échéance de plusieurs siècles. Le nucléaire génère des déchets radioactifs très polluants, dont il faudra arrêter la production d'ici à quelques décennies parce qu'on ne sait pas en faire autre chose que de les stocker dans la nature. Mais en attendant, il aura permis d'éviter beaucoup d'émissions de gaz à effet de serre.

Si l'on se projette dans un futur plus lointain, la source d'énergie utilisée par les humains pourrait être l'hélium 3, ce dont rêve Jack Schmitt, le géologue qui a marché sur la Lune lors de la mission Apollo 17. C'est un isotope de l'hélium, émis en grandes quantités par le Soleil. Il serait présent par millions de tonnes dans le régolithe lunaire, cette couche de poussière qui recouvre la surface de la Lune, issue de la décomposition des roches sous l'effet du bombardement micrométéoritique, des rayons cosmiques et des particules du vent solaire. Il y en a très peu sur Terre parce que l'hélium 3 émis par le Soleil est dévié par l'environnement terrestre. Jack Schmitt estime – et même s'il se trompait d'un ordre de grandeur, cela resterait impressionnant – qu'avec cent tonnes d'hélium 3, on pourrait satisfaire la demande en énergie de l'Humanité entière pendant un an. C'est donc un peu le Graal énergétique. Bien sûr, il nous faudra au préalable savoir l'extraire de la Lune, et surtout maîtriser la fusion thermonucléaire, ce que les lois de la physique n'interdisent pas. Plusieurs installations expérimentales à travers le monde y travaillent déjà, à l'image d'ITER en France. Il faudra peut-être un ou plusieurs siècles pour y arriver, mais grâce aux progrès scientifiques et technologiques, on peut espérer qu'un jour ce ne sera plus de la science-fiction.

Quel regard portez-vous sur la pollution spatiale, le nombre croissant de débris en orbite ? Qu'est-ce que le syndrome de Kessler ? Quelles sont les mesures prises pour réduire les débris spatiaux ? Suffiront-elles à inverser la tendance, ou l'accès à l'espace pourrait-il être compromis ? À ce sujet, que pensez-vous des projets de constellations de satellites ?

Rappelons tout d'abord qu'on entend par débris spatiaux des objets d'origine artificielle, donc humaine, par opposition aux micrométéorites qui proviennent du milieu naturel extraterrestre et dont on estime que 50 à 100 tonnes arrivent chaque jour sur la planète. Les débris spatiaux peuvent être des satellites lancés il y a longtemps et désormais hors d'usage après épuisement de leur carburant ou autre panne totale, des fragments de satellites dont le réservoir a explosé, ou encore des fragments résultant de la collision de satellites entre eux. Ce sont aussi les derniers étages de fusées restés sur des orbites similaires à celles des satellites qu'ils ont largués. Lorsqu'on parle de pollution spatiale, ce n'est donc pas tant d'un point de vue chimique que de celui de l'encombrement de l'espace.

Deux grandes familles d'orbites sont utilisées par l'Homme : l'orbite géostationnaire, très haute, située à 36 000 km d'altitude, soit un dixième de la distance Terre-Lune ou six fois le diamètre de la Terre, où l'on trouve tous les satellites de télécommunication et de télévision et certains satellites de météorologie ; et l'orbite basse, en dessous de 1 500 km d'altitude, où l'on place les satellites d'observation de la Terre et les constellations de satellites pour Internet, qui sont donc assez proches pour avoir une très bonne résolution ou être de très bon débit, et couvrir rapidement la surface terrestre ; c'est aussi là qu'ont lieu les vols habités.

Aujourd'hui, la question des débris spatiaux est un vrai sujet parce qu'on a lancé beaucoup de satellites dans les années 1960 et 1970 sans prévoir la manière de gérer leur fin de vie. Une fois leur réserve de carburant épuisée, de nombreux satellites situés au-dessus de l'orbite basse sont donc voués à y rester pendant des décennies. Ils sont régulièrement frappés par des micrométéorites, mais peuvent aussi être percutés par d'autres satellites ou par des débris de satellites, ce qui en crée alors de nouveaux. Songez que deux satellites qui se percutent à des vitesses de l'ordre de plusieurs kilomètres par seconde, soit 10 à 50 fois supérieures à celle d'une balle de fusil, peuvent générer une nuée de milliers de nouveaux débris qui, pris individuellement, sont aussi dangereux que les satellites dont ils sont issus.

Il y a plus de quarante ans, un chercheur et consultant de la Nasa, Donald Kessler, a fait une étude pour déterminer à partir de quel seuil de débris spatiaux en orbite, toute collision nouvelle provoquerait une réaction en chaîne, c'est-à-dire la formation de sous-débris qui, à leur tour, en engendreraient d'autres par collision, et ainsi de suite de manière exponentielle, rendant l'espace inutilisable pour tout nouveau satellite, qui serait alors voué à être détruit. Ce scénario catastrophe, appelé « syndrome de Kessler », pourrait interdire à l'Humanité toute activité spatiale pendant plusieurs dizaines d'années. Manifestement, ce seuil n'est pas atteint, puisqu'on continue à lancer des satellites et des vols habités. Mais personne ne peut garantir avec certitude que ce ne sera pas le cas dans un avenir proche, ne serait-ce qu'avec les satellites qui sont déjà en orbite aujourd'hui. Récemment, la question des débris spatiaux a encore fait l'actualité suite à un essai de destruction volontaire d'un satellite russe depuis le sol : les débris générés ont menacé l'ISS de collision et obligé l'équipage à se préparer à une évacuation en se réfugiant dans leurs capsules.

De nos jours, des fonds publics et privés sont investis dans la recherche de solutions pour désorbiter les plus gros satellites ou fragments de satellites, c'est-à-dire les débris qui ont plus de chances de par leur taille d'en percuter d'autres et d'en générer des milliers supplémentaires. Plusieurs techniques envisagées ont été étudiées sur le papier, qui emploient des robots remorqueurs, des filets, des harpons, des rayons laser, ou même l'installation de petits moteurs sur ces satellites, pour les éjecter sur des orbites très élevées où ils ne représenteraient plus une menace, ou suffisamment basses pour disparaître dans l'atmosphère. Mais aucune solution n'est encore suffisamment convaincante à ce jour pour qu'un industriel ou qu'une agence spatiale investisse dans sa réalisation.

Toutefois, depuis une quarantaine d'années, on impose à tout exploitant de prévoir dans la mission d'un satellite la gestion de sa fin de vie. Pour ceux qui sont situés en orbite basse, la solution est d'abaisser leur altitude pour les faire rentrer dans l'atmosphère, où ils se consumeront et seront désintégrés. Pour ceux qui sont situés plus haut, comme en orbite géostationnaire, une partie du carburant est réservée pour allumer une dernière fois leur moteur et les éjecter sur des orbites encore plus élevées où ils ne gêneront plus les activités spatiales pour des milliers d'années. C'est le concept de satellites propres. Notons que s'ils sont eux-mêmes percutés et rendus inopérants, ils perdent alors cette fonction de gestion autonome de leur fin de vie.

Maintenant qu'on lance des constellations de milliers ou de dizaines de milliers de satellites par grappes de 60 à 100 par tir – c'est le cas du programme *Starlink* de SpaceX, par exemple –, la présence d'objets artificiels dans l'espace va considérablement augmenter. S'ils sont placés en orbite suffisamment basse, autonettoyante en quelque sorte, le risque de collision avec d'autres satellites ou avec des vaisseaux habités sera moindre que s'ils étaient placés plus haut. Mais le problème posé sera celui de la pollution de l'atmosphère. Même si, après leur désorbitation, aucun morceau entier n'arrive au sol et ne pose de risque pour les populations, du fait du nombre élevé de ces satellites, il est à prévoir que plusieurs tonnes de débris rentreront chaque jour dans l'atmosphère dans quelques années, quand ces constellations se renouvelleront. Les oxydes d'aluminium libérés engendreront alors une pollution atmosphérique non négligeable avec un impact potentiel sur le climat. Signalons également que ce nombre accru de satellites contribue aussi à une pollution lumineuse, car la réflexion du Soleil sur eux après son coucher ou avant son lever quand il fait encore nuit, gêne les observations astronomiques

Actuellement, dans le domaine du vol habité, on estime qu'à cause des débris spatiaux plus que des micrométéorites, il existe sur une période d'occupation continue de dix années une probabilité de 1 sur 8 de destruction de l'ISS avec possibilité d'évacuation des membres d'équipage, et de 1 sur 60 de perte d'un ou de plusieurs d'entre eux. C'est le risque principal que courent les astronautes en orbite terrestre. La question des débris spatiaux reste donc entière, malgré la prise de conscience et les mesures décidées ces dernières décennies. La gestion des débris générés dans les années 1960-1970 ou plus récemment ne peut se contenter d'une stratégie unique. Elle nécessite la mise en œuvre de solutions techniques multiples, fonction de leur masse et de leur orbite, de continuer à bien respecter les règles d'exploitation et d'anticiper les conséquences de l'envoi des constellations de satellites.

L'évolution de l'Humanité

Vous êtes fan de *Star Trek*. Dans cette série, l'Humanité a atteint un âge où l'argent n'a plus cours et où les buts premiers dans l'existence sont le perfectionnement personnel et la pacification de la Galaxie. Qu'est-ce que la mondialisation à vos yeux ? Quels sont pour vous ses avantages et ses inconvénients ?

Pour moi, la mondialisation est avant tout une forme de connexion entre différentes régions du monde, qui étaient jadis séparées par des obstacles géographiques comme les mers ou les montagnes. Désormais, les populations ne limitent plus leurs activités sociales et économiques à leur seul environnement local, mais se connectent, s'informent, échangent, s'enrichissent, et visitent d'autres régions de la planète.

Le premier avantage que j'y vois pour l'Humanité est de pouvoir mieux appréhender et comprendre l'évolution de notre civilisation à l'échelle globale, donc contribuer à une meilleure harmonisation de ses valeurs fondamentales. Il ne s'agit pas de tout rendre universel, comme d'aboutir à une langue ou à une religion uniques de par le monde. Mais, par exemple, de traiter partout de la même façon le travail et l'économie. Mieux comprendre les autres grâce aux connexions et aux échanges, c'est aussi mieux les respecter et donc limiter les conflits et les guerres. C'est également développer une conscience globale de notre condition d'humains. Un exemple m'est cher, celui que chaque être habitant la planète comprenne qu'il est membre du même équipage du vaisseau spatial unique qu'est la Terre et qu'il a sa part de responsabilité dans sa préservation.

Malheureusement, la mondialisation engendre aussi des difficultés. Le fait que les êtres humains n'aient pas tous évolué de la même façon en raison de conditions climatiques, géographiques, agricoles, économiques et politiques différentes fait que la rencontre de citoyens du monde qui ne se connaissaient pas a provoqué parfois des chocs de cultures. L'inconvénient majeur actuel de la mondialisation, parce qu'elle implique des échanges entre les humains par avion, par bateau et par la route, est d'engendrer une pollution qui dégrade la qualité de notre environnement et le climat de la planète. Même quand les humains se servent d'Internet pour se connecter sans se déplacer cela produit des émissions de carbone à cause des systèmes de refroidissement des serveurs. Mais je crois que cet inconvénient est temporaire, car il y aura dans le futur des moyens propres d'échanger et de se déplacer. Il est donc largement compensé par les avantages pérennes de la mondialisation qui sont le fait de mieux se connaître, de mieux se respecter et de vivre en meilleure harmonie. Actuellement, toutes les nations cherchent à s'entendre pour préserver le climat. Pour le moment, cela échoue encore, puisque nous utilisons toujours largement les énergies fossiles, mais je suis convaincu que nous maîtriserons bientôt nos émissions carbonées. Il y a aussi le fait que les humains n'ont pas encore tous la même considération pour l'environnement : certains respectent les arbres, la nature et les animaux comme des êtres à part entière, d'autres n'y voient que des ressources pour se nourrir, pour leur économie ou leur business.

On pourrait prendre une analogie spatiale pour illustrer le bénéfice de la mondialisation. Dans le passé, Soviétiques et Américains travaillaient sur des programmes spatiaux différents : les stations *Saliout* et *Mir* d'un côté, la station *Skylab* et la navette spatiale de l'autre. Le fait d'avoir commencé à collaborer à travers les programmes *Apollo-Soyouz* puis *Shuttle-Mir* est une image à petite échelle de la mondialisation, puisque cela n'a concerné que quelques dizaines de membres d'équipage, mais ce fut une excellente chose. Aujourd'hui, quand on observe le fonctionnement harmonieux de la station spatiale internationale, on rêverait de voir se réaliser le même équilibre à l'échelle de toute la planète. Car le vaisseau spatial Terre est comme une sorte de grande station spatiale internationale, mais où les règles ne sont pas communes et où l'on ne s'entend pas aussi bien que les équipages en orbite. Chaque astronaute, avant de s'envoler vers la station spatiale, signe un code de conduite, le *Crew code of conduct*; si on y remplaçait les mots « station spatiale » par « planète Terre » et « équipage » par « nation », on obtiendrait un code de conduite idéal à l'échelle de la planète entière, pour les humains qui vivent tous à son bord, à l'avantage de la mondialisation.

Quel regard portez-vous sur l'évolution de l'Humanité ? Se dirige-t-elle vers plus de sagesse et de sens des responsabilités ? Sommes-nous capables d'évoluer vers le meilleur de nous-mêmes ? Finira-t-on par mieux partager les ressources et cohabiter sans conflits ?

Comme je vous l'ai dit plusieurs fois, je suis de nature optimiste. Quand je porte un regard sur l'évolution future de l'Humanité, je commence par observer ce qu'a produit son évolution jusqu'à présent. Où en sommes-nous aujourd'hui par rapport à il y a 100 ans, 500 ans ou même 2 000 ans ? D'après ce que j'ai appris à l'école puis ce que j'ai lu dans les livres et les articles qui traitaient ou retraçaient l'histoire de notre civilisation, nous sommes dans un progrès constant de l'éducation, de la santé, de la gestion des conflits – l'ONU n'existait pas au Moyen Âge – et notre espérance de vie ne cesse de croître. Donc l'Humanité a globalement évolué en bien depuis les temps les plus reculés, et je pense qu'il n'y a pas de raison que cela change.

Il est vrai que beaucoup d'inquiétude existe à propos de l'utilisation exponentielle des outils digitaux qui transforment notre façon de vivre et surtout à propos de notre rapport avec le monde naturel, minéral, végétal, animal et climatique qui nous entoure. Il est aussi crucial que cette dimension digitale qui nous envahit de plus en plus reste au service de bonnes causes, et qu'on ne la laisse pas dériver vers des abus animés par les intérêts trop matériels que manifestent encore beaucoup d'individus. Mais, heureusement, je crois que l'Humanité se dirige vers un niveau de connaissance constamment plus avancé que celui des générations précédentes, et c'est avec la connaissance que vient la sagesse. Lorsqu'on est connaissant, sachant, on est moins enclin à faire la guerre, qui naît généralement de l'ignorance. Pour moi, le premier bénéfice de l'évolution est là : un nombre croissant d'humains sont éduqués et sont donc mieux capables de comprendre ce qui pourrait les surprendre, ce qui pourrait être différent de ce à quoi ils s'attendaient. Lorsqu'on comprend mieux, on accepte mieux ; lorsqu'on accepte mieux, on vit plus sereinement et on est plus enclin à rechercher avec les autres des solutions et une harmonie, grâce au respect et à l'acceptation des différences.

Je suis donc convaincu que l'Humanité se dirige vers plus de sagesse et un sens des responsabilités plus élargi. Certes, nous avons encore du chemin à parcourir, si on prend l'exemple des différentes COP pour parler de la question du climat, ou celui de l'ONU pour certaines résolutions toujours pas appliquées, notamment à propos de certains conflits. Mais, en tout cas, la conscience qu'il faut fournir des efforts pour converger vers moins de pollution et plus de paix existe. Je pense aussi que, dans le futur, nous accepterons mieux de partager les ressources de la planète, car nous comprendrons que c'est l'intérêt de tous de prendre soin les uns des autres, de s'écouter et de se rendre service. L'ONU le montre souvent. Ce n'est pas pour demain, mais j'ai confiance dans les humains pour converger vers le meilleur.

J'ai aussi bon espoir que nous finirons par cohabiter sans conflits, ou avec des conflits vraiment mineurs qui seront vite réglés, comme à bord de la station spatiale internationale. On pourrait comparer l'évolution de l'Humanité à celle qu'ont connue les vols spatiaux habités en soixante ans. Il faut, comme cela, se référer à des choses que l'on a vécues soi-même, même si c'est peut-être une comparaison assez osée ou trop simple, que l'on ne peut pas extrapoler. Mais elle est juste symboliquement : l'ISS est habitée sans discontinuer depuis plus de vingt ans, et il ne s'est pas produit un seul conflit majeur à bord, contrairement à certaines missions du début de l'ère spatiale. Aujourd'hui, l'Humanité est un mot qui ne représente pas suffisamment de choses concrètes à mes yeux : il y a encore trop de disparités entre les nations et les cultures. Ce que je souhaite, c'est qu'elle soit un jour synonyme d'unité, à la manière de celle que réalise un équipage de vaisseau spatial.

Les progrès de la médecine pourraient-ils aussi avoir des conséquences négatives pour l'Humanité : une surpopulation, un déséquilibre vers des populations vieillissantes ? Les progrès de la génétique pourraient-ils altérer et menacer le génome humain, réduire la biodiversité ?

Je vois avant tout les progrès de la médecine et de la génétique comme des progrès de la connaissance. Comme je viens de le dire, quand on connaît mieux, on a plus de chances d'améliorer une situation que lorsqu'on a moins de connaissances. Bien sûr, la question se pose de ne pas laisser dériver ce savoir vers une utilisation mal orientée ou mal intentionnée. On l'a vu dans le domaine du nucléaire : il s'agissait au départ d'améliorer la compréhension du fonctionnement de l'atome, mais cela a rendu possible l'invention de bombes dévastatrices. Heureusement, depuis Hiroshima et Nagasaki, aucune charge nucléaire n'a explosé dans le monde au cours d'un conflit, parce que cela a aussi instauré une ère de dissuasion. Un point important est que la connaissance doit être partagée. Par chance, dans le domaine des sciences dures, comme la médecine et la génétique en particulier, les découvertes et les avancées sont présentées dans des congrès et donc échangées entre les scientifiques de tous les pays. De même, des sociétés savantes existent pour favoriser la collaboration entre chercheurs, diffuser l'information et veiller à sa valeur scientifique. À l'échelle de la planète, les civilisations avancées qui disposent d'un bon système économique et éducatif sont donc à peu près toutes au même niveau de connaissances en médecine et génétique. Cet échange du savoir est aussi un aspect favorable de la mondialisation dont on a parlé plus haut.

La question fondamentale est de réfléchir en profondeur aux interrogations éthiques et philosophiques que posent les progrès des sciences qui touchent au vivant au sens large, c'est-à-dire l'humain, les animaux et les végétaux, avant d'appliquer des technologies nouvelles comme les manipulations génétiques. Les perfectionnements de la médecine et de la génétique ne doivent jamais être dissociés des progrès de la philosophie, de la sociologie, de la politique et de la diplomatie, toutes ces disciplines qui prennent en compte la dimension intellectuelle et spirituelle des êtres humains et œuvrent à améliorer leur vivre-ensemble. S'il n'existait de progrès que dans la connaissance médicale pure, non encadrés par des réflexions éthiques, le risque de leur utilisation déraisonnable, déraisonnée et donc nuisible serait très élevé. Heureusement, l'être humain est capable de réfléchir posément et intelligemment aux questions fondamentales liées à son existence. Dans l'absolu, les manipulations génétiques peuvent certainement altérer et menacer le génome humain, animal ou végétal, mais elles supposent des technologies tellement complexes à manipuler qu'elles sont surtout dans les mains de sociétés très avancées dans la connaissance donc, *a priori*, plus assagies que d'autres. Ces activités sont aussi très encadrées par des lois qui évoluent au fur et à mesure des avancées scientifiques, et si on maintient toujours l'autorité de l'éthique et de la philosophie sur elles, on évitera le risque de dégrader ou de dévier le destin du génome humain. Encore une fois, le numérique est aussi à surveiller de près, parce que les progrès de la génétique passent par des outils informatiques très poussés qui mettent en œuvre des données en masse et sont sujets aux risques de piratage. Mais j'ai confiance, du moment que les choses sont faites dans le bon ordre et, qui plus est, dans des cadres internationaux bien régulés. C'est ce genre de régulation établie au niveau mondial qui, par exemple, a fait du transport aérien le plus sûr au monde. Bien sûr, il reste maintenant la question de le rendre durable, sans polluer ni réchauffer la planète, et c'est possible !

Je crois qu'à l'échelle du monde, on saura toujours prendre les bonnes mesures, même si c'est parfois au pied du mur, pour éviter l'irréversibilité des déséquilibres de populations, d'âges, l'appauvrissement de la biodiversité ou la baisse de la qualité des ressources alimentaires. Il est également fondamental de garder, en toutes circonstances, un très grand respect pour la nature et de faire en sorte qu'elle reste un modèle pour nous. Il existe encore quelques lieux sur Terre où elle est livrée à elle-même sans avoir jamais été influencée par la moindre activité humaine. Nous devons tirer des leçons de ces écosystèmes qui nous montrent comment la vie a pu rester pérenne depuis des millions d'années grâce au talent que la nature a d'évoluer en favorisant la biodiversité. D'une manière générale, l'évolution est une bonne chose, car c'est grâce à elle que nous sommes là et que le vivant existe encore. Mais restons toujours à l'écoute des sages et des philosophes qui savent nous mettre en garde lorsque le progrès scientifique risque d'aboutir à des dérives.

Les grandes épidémies sont des épreuves qui pèsent lourdement sur l'Humanité, on vient de le voir avec la Covid-19. L'espace et les astronautes ont-ils des enseignements à nous apporter pour affronter au mieux de telles pandémies dans le futur, et peut-être les vaincre plus rapidement ?

Effectivement, dans le contexte d'une pandémie comme la Covid-19 qui bouleverse le quotidien des citoyens, l'économie et les repères sociaux, on gagnerait sûrement à s'inspirer des stratégies employées par les astronautes pour supporter au mieux les contraintes de la vie dans l'espace et se protéger de ses dangers.

Une des difficultés majeures de la Covid-19 a été le confinement. Souvenons-nous de ces jeunes gens reclus dans leur chambre d'étudiant pendant des semaines, et des personnes âgées isolées en maison de retraite. Le confinement est une caractéristique des missions spatiales, mais il est mieux vécu par les astronautes pour deux raisons. D'abord, ils l'acceptent, puisqu'ils ont choisi ce métier en connaissance de cause, il est donc volontaire, non contraint et surtout parfaitement compris de chacun. Ensuite, ils y sont préparés, contrairement aux Terriens pour la Covid-19. Tout au long de leur formation, ils s'entraînent à vivre dans des simulateurs à échelle réelle de leur vaisseau spatial et séjournent cloîtrés en équipage dans des milieux terrestres particuliers que l'on appelle « analogues » spatiaux, comme la base sous-marine NEMMO en Floride. Ces structures reproduisent assez bien les contraintes du confinement et le niveau de stress qu'ils rencontreront dans l'espace. Par ailleurs, les conditions de confinement des astronautes en mission spatiale sont adaptées selon leur nombre, la taille de leur vaisseau et la durée de leur mission. À bord de la navette, nous disposions d'un habitat de moins de 12 m² en surface au plancher, équivalant en aisance de mouvement à un studio de 20 m² pour 6 à 7 personnes, pour une durée maximale de 10 à 15 jours. Nous pouvions donc faire preuve de patience. Dans le simulateur, on se gênait souvent, mais en orbite, grâce à l'apesanteur, le niveau de confort ressenti était augmenté de 50 % par rapport au volume réel. Une capsule spatiale équivaut à une chambre de 10 à 15 m² habitée par 4 personnes, pour 2 à 3 jours. À bord de l'ISS, les astronautes disposent pour vivre d'un volume plus grand que la cabine d'un gros avion de ligne, offrant un confort comparable à celui d'un appartement de 300 m² pour sept, mais pour des séjours de six mois à un an. En revanche, sur Terre, les conditions de confinement n'étaient souvent pas cohérentes entre le nombre de personnes, la surface habitable et la durée. Certains étaient nombreux dans un petit appartement sans balcon, et d'autres seuls dans une grande maison avec jardin. Quel que soit leur vaisseau, les astronautes mettent en œuvre des stratégies pour vivre au mieux leur situation de confinement. Tout d'abord, ils suivent un plan de vol qui définit les tâches à accomplir chaque jour, parfois à la minute près. De la même façon, il est très utile pour des Terriens confinés de fixer un planning d'activités quotidiennes à réaliser, certaines de travail, d'autres de distraction ou sportives, et de s'y tenir. Cela permet de préserver son moral et sa santé, de garder des journées structurées et de ne pas rester désœuvré de longs moments, sinon l'esprit peut se mettre à ruminer. Il faut savoir s'inventer des tâches utiles si on manque d'occupations, comme faire du rangement en profondeur dans sa maison, et prendre soin de soi.

Bien qu'en orbite le Soleil se lève et se couche 16 fois par 24 heures, les astronautes vivent à l'heure terrestre, qui rythme leurs journées et leurs nuits. Il est crucial également pour des Terriens confinés de garder un rythme de veille et de sommeil normal : rien de pire pour le mental que de se désynchroniser, de s'endormir de plus en plus tard et finalement de se mettre à vivre la nuit et à dormir la journée. Il ne faut pas non plus compter les jours trop souvent : les astronautes savent qu'une mission à bord de l'ISS est longue, mais calculer en permanence le temps de mission qui reste avant de rentrer sur Terre n'est pas une bonne stratégie. Le séjour peut être prolongé d'un ou deux mois et, pour certains astronautes, ce serait plus difficile à accepter. Sur Terre comme dans l'espace, mieux vaut prendre les choses au jour le jour, et se dire que le fait d'être cantonné constitue une nouvelle normalité qui finira par se terminer. Notons au passage que le confinement terrestre lié à la Covid-19 était moins étanche que celui d'un vol spatial, puisqu'il était possible de sortir un peu chaque jour. Un autre point important pour les astronautes, c'est de maintenir des contacts réguliers avec leur famille et leurs amis : à bord de l'ISS, ils disposent d'Internet, de la messagerie électronique et des réseaux sociaux. Ils peuvent téléphoner à n'importe qui partout sur la planète, et des sessions vidéo avec leur famille sont possibles à tout moment. Ces contacts sont nécessaires pour préserver leur moral, mais aussi celui de leurs proches. Sur le plan professionnel, ils sont quotidiennement en relation par radio avec le sol pour être informés de l'état de leur vaisseau et recevoir des instructions. Lors de la Covid-19, tous les moyens de communication ont été utilisés par les Terriens pour rester connectés à l'actualité, garder du lien avec leur entourage et soutenir les plus isolés. Même les générations qui avaient le moins l'habitude des réseaux s'y sont converties. Les plateformes collaboratives de téléconférence ont connu un grand essor pour faciliter la poursuite des activités professionnelles.

La communication entre collègues est primordiale dans l'espace pour éviter les incompréhensions, les erreurs et les conflits. En cas de différends, il faut faire preuve d'écoute, d'humilité et de tolérance pour trouver des compromis, tout le monde devant s'impliquer pour les résoudre. Des leçons ont ainsi été tirées des conflits vécus lors des premiers séjours de longue durée dans l'espace. Lors de la Covid-19, certaines familles se sont retrouvées confinées dans des appartements parfois petits, avec des enfants en bas âge ou des personnes qui n'avaient pas les mêmes rythmes de vie : des conflits survenaient. Les mêmes stratégies de conciliation doivent s'appliquer. Individuellement, si on s'est énervé, si on a été blessant ou intolérant, il faut commencer par se le pardonner à soi-même, en se disant qu'il est humain de craquer dans de telles circonstances. Pour les astronautes, il est également important de maintenir une bonne connaissance de l'état des ressources afin de définir les priorités de consommation en attendant la possibilité de se ravitailler. Quand les ressources sont limitées, les astronautes les partagent ; il en va de même pour les équipements comme les toilettes. Ils s'impliquent dans les tâches communes qui facilitent la vie de tous : préparer à tour de rôle les repas ou faire le ménage dans la station. Des comportements similaires sont recommandés sur Terre : il en va du bien-être de tous.

Une chose importante est de comprendre le but du confinement et ne pas le perdre de vue. Dans l'espace, nous savons que nous sommes là pour réussir la mission qui nous a été confiée. Dans un contexte comme celui de la Covid-19, chaque Terrien doit comprendre que son isolement comporte aussi un but, celui d'épargner des vies et de contribuer à ce que la pandémie s'éteigne au plus vite. On peut aussi comparer les déplacements des personnes qui doivent continuer à travailler en présentiel aux sorties dans l'espace des astronautes : puisque l'environnement spatial est hostile et ne pardonnerait pas le relâchement ou l'imprudence, un astronaute en sortie extra-véhiculaire sait qu'il doit respecter à la lettre des procédures encore plus strictes qu'à bord de son vaisseau pour ne pas se mettre en danger ni mettre en danger son coéquipier. Il en est de même en cas d'épidémie, où il faut sortir en respectant scrupuleusement des mesures barrières plus contraignantes que chez soi pour limiter le risque de se contaminer et de contaminer les autres.

Avant chaque vol dans l'espace, les astronautes sont soumis à une quarantaine médicale. Comme ils ne doivent pas tomber malades ni introduire de microbe virulent à bord de la station spatiale, ce qui pourrait mettre en danger les autres et compromettre la mission, on limite leurs contacts, notamment avec leurs proches, et ils sont soumis à des examens médicaux fréquents. Depuis que les vaccins contre le Sars-CoV 2 sont disponibles, tous les équipages sont vaccinés, car répandre ce virus dans la station spatiale pourrait être catastrophique. Ne pouvant s'isoler totalement à bord, les astronautes risqueraient tous d'être infectés avec la menace de devoir rapatrier tout l'équipage sur Terre, ce qui signifierait peut-être la fin de l'ISS. Pour les Terriens, le choix de respecter les mesures barrières et de se faire vacciner contre la Covid-19 quand cela leur est possible est une attitude solidaire et responsable : préserver le vaisseau spatial Terre et son équipage, c'est-à-dire l'Humanité tout entière, est l'affaire de tous.

L'intelligence artificielle supplantera-t-elle l'intelligence humaine ? Dans quels domaines pourrait-elle la menacer ?

Commençons par tenter de définir ce qu'est l'intelligence artificielle, et même l'intelligence tout court. En simplifiant, je pense qu'il s'agit de la capacité combinée de stocker des données et de savoir les traiter correctement tout en mémorisant la démarche elle-même, pour acquérir de l'expérience. Cela sous-entend de pouvoir à tout moment rapprocher ce qui vient à l'esprit de ce qui est en mémoire, d'être capable de comparer une situation nouvelle à une situation déjà vécue. C'est comme cela que l'on apprend, que l'on en déduit des décisions et des actions à mener la fois suivante en étant encore plus efficace.

L'intelligence artificielle existe depuis un moment. Une fusée, par exemple, possède des capteurs lui permettant de savoir si elle reste bien axée ou si elle dérive lors du décollage ; les informations sont envoyées dans un programme inséré dans les calculateurs qui commandent les moteurs, pour corriger la trajectoire le cas échéant. Cet automatisme qui utilise des capteurs d'une part, des actuateurs d'autre part, et un système de traitement des données est en soi une forme d'intelligence. Lors de mes études à Sup'Aéro, nous parlions de « systèmes experts » : des systèmes de gestion de données capables d'apprendre au fur et à mesure de chaque nouvelle situation pour devenir de plus en plus experts, comme des humains. Nous prédisions même qu'ils les remplaceraient progressivement. Mais cela ne s'est réalisé que partiellement au sein de domaines isolés comme la finance et la médecine.

Aujourd'hui, beaucoup d'experts disent plutôt que l'intelligence artificielle ne remplace pas l'intelligence humaine, mais ne fait que l'augmenter. Il faut rappeler que l'intelligence artificielle n'étant que le résultat d'une production d'intelligence humaine, elle ne peut faire que ce pour quoi elle a été programmée. On a vu, par exemple, qu'elle savait résoudre les situations les plus complexes aux échecs ou au jeu de go, et battre des champions du monde de ces disciplines. Mais elle ne pourrait pas inventer ces jeux. Dans le domaine médical, l'intelligence artificielle est capable d'identifier sur des radiographies des cancers à des stades très précoces que n'auraient pas identifiés les plus grands experts en radiologie ; elle fait gagner un temps précieux aux médecins en analysant très rapidement des examens d'imagerie, alors qu'il leur faudrait des heures pour les interpréter aussi finement et avec autant de fiabilité. Dans la vie quotidienne, elle est très employée : pour détecter des trajectoires de collision en voiture ou en avion et éviter les accidents; pour la reconnaissance de l'iris ou des empreintes digitales dans le domaine de la sécurité. Tout cela parce qu'elle est plus puissante et rapide que l'intelligence humaine dans ses capacités de stockage, d'analyse de données, de comparaison et de calcul.

Il faut voir l'intelligence artificielle comme une forme d'accroissement de l'être humain, tout comme la voiture ou l'avion « le démultiplient » pour ses déplacements, ou que les télescopes agrandissent ce qu'il peut observer à l'œil nu de l'Univers. Elle lui permet d'être plus efficace, de mieux appréhender le monde qui l'entoure, de mieux anticiper et de reconnaître certaines situations, mais ne supplantera jamais son intelligence. Et, bien sûr, elle ne menacera jamais l'espèce humaine comme le redoutent ceux qui pensent qu'elle pourrait décider de se rebeller en programmant les cerveaux artificiels de robots pour qu'ils combattent les humains. En revanche, des individus aux intentions malveillantes pourraient l'utiliser à des fins redoutées, c'est ce que l'on voit dans le domaine de la cybersécurité. La « cyberguerre » est la confrontation d'intelligences artificielles qui se menacent mutuellement, sans menacer de supplanter l'intelligence humaine mais plutôt en déstabilisant des entreprises ou des institutions en accédant à leurs données secrètes ou en les diffusant. Cela dit, je vois davantage l'intelligence artificielle servir l'Humanité que la desservir. Par exemple, dans le domaine de l'exploration du cosmos, je pense qu'elle rendra de grands services dans les voyages spatiaux du futur, très lointains ou de très longue durée, parce qu'elle permettra de rendre une dimension humaine à beaucoup de machines, voire aux humanoïdes à bord qui aideront les astronautes à la prise de décision, à la gestion des systèmes de leur vaisseau et à leur bien-être psychosociologique.

L'Humanité pourrait-elle disparaître ?

Comme je l'ai dit plus haut, l'Humanité disparaîtra de la Terre pour des raisons purement naturelles dans un lointain futur, au plus tard entre quelques millions et centaines de millions d'années, même si nous nous comportons au mieux sur notre planète, car l'évolution naturelle de l'environnement terrestre comme celle du Soleil finiront par rendre notre monde totalement inhabitable. Nous le savons par l'histoire de l'évolution de l'Univers, en particulier celle de notre Galaxie et de notre Système solaire. La cosmologie a permis de chiffrer avec une bonne précision qu'il reste encore 4 à 5 milliards d'années de carburant à notre Soleil, mais bien avant cela, notre étoile aura commencé à évoluer en géante rouge, rendant impossible toute forme de vie sur Terre, qu'elle soit humaine, animale ou végétale. D'ici là, l'Humanité devra apprendre à vivre ailleurs si elle veut perdurer. Ce sera d'abord sur des planètes un peu plus lointaines, moins chaudes mais facilement accessibles, comme Mars. Il faudra maîtriser le voyage interplanétaire de masse. Puis ce sera sur des planètes tournant autour d'autres étoiles, quand notre Système solaire tout entier sera devenu incompatible avec la vie. Il faudra cette fois maîtriser le voyage interstellaire, dont la difficulté est bien supérieure, nous en reparlerons plus loin. Ensuite, l'Humanité pourra survivre tant qu'elle trouvera des mondes habitables, c'est-à-dire possédant d'eau liquide, de températures clémentes, d'oxygène à respirer. C'est de la science-fiction aujourd'hui, mais les lois de la physique n'interdisent pas de penser que, dans un lointain futur, cela sera possible.

Toutefois, nous pourrions disparaître avant d'arriver au stade de la maîtrise des voyages interplanétaires ou interstellaires, pour plusieurs raisons : une évolution naturelle extrême de notre climat, hyperglaciation ou réchauffement ; une catastrophe naturelle majeure comme l'éruption d'un supervolcan ; ou encore l'impact d'un gros astéroïde, bien que les probabilités soient faibles dans un avenir proche. Ces événements dévastateurs se sont déjà produits dans le passé à l'image de celui qui a causé la disparition des dinosaures, et se reproduiront sans doute dans le futur. Les humains pourraient aussi se détruire eux-mêmes, lors d'un conflit atomique mondial, mais je ne crois pas que cela ferait disparaître l'humanité entièrement ; même si cela engendrait un nombre considérable de victimes, il resterait toujours des survivants. Enfin, si nous ne respectons pas suffisamment la planète en continuant à surexploiter les ressources naturelles au point de modifier le climat et notre environnement, cela pourrait aussi anéantir une fraction importante du vivant sur Terre, dont beaucoup d'humains. Là encore, je ne pense pas que cela menacerait l'Humanité tout entière, ni même le vivant dans sa totalité, car nous savons maintenant qu'il est très coriace, à l'image de certaines plantes et animaux qui vivent dans des conditions extrêmes. Il a perduré depuis presque quatre milliards d'années sur Terre en ayant connu des cataclysmes naturels et des grandes extinctions. Mais nous pourrions causer beaucoup de dégâts, y compris à notre conscience, à notre morale, à notre éthique et même à notre évolution au point de faire revenir les humains à une sorte de nouvel âge de pierre.

Cela dit, en ne considérant que l'évolution attendue du Système solaire, on peut se poser la question de savoir s'il est important que l'humanité survive ? Certains pensent que notre destin en tant qu'espèce vivante est lié à celui de notre planète, et l'idée que nous disparaissions avec elle n'est pas choquante pour eux. En fait, cette question concerne une échéance tellement lointaine que personne ne s'en soucie véritablement. D'autant que des menaces majeures, consécutives à notre propre comportement, pèsent à beaucoup plus court terme sur notre civilisation. J'aimerais pouvoir voyager dans le temps et me retrouver dans quelques milliers ou dizaines de milliers d'années pour voir ce que nous serons devenus. Nous, les hommes et femmes d'aujourd'hui, les *Homo sapiens*, sommes sur cette planète depuis environ 300 000 ans. C'est très peu, et nous avons quelques millions d'années devant nous pour nous retourner et réfléchir à notre condition. Et puis l'humain évolue comme tout dans la nature : à quoi ressemblera-t-il dans 300 000 ans ? Dans un million d'années ?

Mais je pense que l'Humanité existera pendant très longtemps, même si c'est sous une forme différente. Comme je l'ai dit précédemment, je suis aussi confiant sur sa capacité à maîtriser à long terme les conditions de son environnement, ce qui lui permettra de survivre même sur Terre quand ces conditions deviendront plus difficiles, et d'avoir la possibilité de voyager vers d'autres planètes et des exoplanètes. Les humains ne seront peut-être plus tout à fait les mêmes, mais ils se souviendront de leur passé : dans un million d'années, on leur enseignera à l'école ce que nous sommes aujourd'hui.

La question de la survie de l'Humanité est une belle question. Même s'il semble certain que, d'une façon ou d'une autre, elle disparaîtra un jour de la Terre, je trouve cette idée assez noire et elle ne me plaît pas. J'ai du mal à imaginer qu'un jour il ne restera rien nulle part de ce que nous avons été, de ce que nous avons apporté au cours de notre histoire en matière d'intelligence, de savoir, de sagesse, d'art, de beauté, d'humanité et d'amour. Je ne peux pas m'y résoudre, d'autant que nous avons les capacités d'apprendre à vivre ailleurs au cours des millions d'années à venir, en supposant, bien sûr, que nous ne nous autodétruisions pas bêtement d'ici là.

L'avenir est-il dans l'espace ?

Comment l'occupation humaine de l'orbite terrestre va-t-elle évoluer au cours du XXIe siècle ? Quels en seront les acteurs ? Les déplacements d'un point à un autre de la planète passeront-ils bientôt par l'espace ?

Qui peut prédire l'avenir ? Je pense que l'orbite terrestre sera occupée en permanence par des hommes et des femmes professionnels ou non professionnels de l'espace. On y verra sans aucun doute des stations spatiales privées en plus des stations spatiales gouvernementales, à la manière du projet *Starlab*, ou un mixte des deux comme les projets *Axiom* et *Orbital Reef*, à l'exemple des laboratoires scientifiques en partie publics et en partie privés qui existent sur Terre. Parmi ces stations spatiales, certaines seront tournées vers la recherche fondamentale, comme l'ISS l'est aujourd'hui, d'autres seront dédiées à des activités privées comme des tournages de films, du tourisme spatial ou de la recherche technologique appliquée. En orbite terrestre, on assistera en permanence à des relèves d'équipages, certains effectuant des séjours de courte durée, d'autres de longue durée, à bord de stations habitées en continu et d'autres par intermittence. Je ne désespère pas de voir un jour des stations spatiales visitables sur des orbites plus élevées que l'orbite basse. Par exemple en orbite géostationnaire, qui a l'avantage d'être située dans un environnement proche du milieu interplanétaire pour la préparation aux futurs voyages lointains dans le Système solaire, et qui ne pose pas autant de difficultés que de se satelliser autour de la Lune ou de s'y poser, puisque l'on reste proche de la Terre.

Les acteurs de l'occupation humaine de l'orbite terrestre seront ceux d'aujourd'hui et de plus en plus des opérateurs spatiaux privés qui vendront leurs services aux gouvernements. Jusqu'à présent, les agences transportaient leurs propres astronautes vers leurs propres infrastructures orbitales pour y mener leurs propres activités de recherche, soutenues par le financement public. Mais on voit ces agences, en particulier la Nasa, acheter depuis quelques années un service de transport privé pour le cargo et, depuis 2021, pour les astronautes. Pourquoi ne pas imaginer que la gamme des prestations fournies par le privé se diversifie davantage ? Un jour, ces agences pourraient acheter un service de production de données scientifiques en recherche fondamentale, en recherche appliquée et technologique, sans financer elles-mêmes pour autant auprès de l'industrie le développement du matériel expérimental nécessaire à cela. Les industriels spatiaux privés concevront, fabriqueront, lanceront et exploiteront ces équipements pour pouvoir vendre aux agences ou à des clients privés des données scientifiques. La phase d'exploitation sera même parfois réalisée par des sociétés de service spatial prestataires qui ne seront pas intervenues dans les phases de conception et de fabrication de ces matériels. Cela permettra aux agences de réduire leurs investissements dans les infrastructures orbitales et de consacrer une part importante de leurs budgets aux missions spatiales au-delà de l'orbite terrestre.

Pour ce qui est des déplacements d'un point à un autre sur la planète en passant par l'espace, rappelons tout d'abord que les lois de la physique les ont rendus possibles depuis longtemps. C'est ce que l'on observe dans le domaine militaire avec les missiles balistiques intercontinentaux à charge nucléaire. Si la charge nucléaire est remplacée par un habitat sécurisé équipé de sièges et d'un système d'atterrissage en douceur, on obtient ce qu'Elon Musk a déjà annoncé avec son vaisseau *Starship* : le transport de passagers en moins de cinquante minutes de tout point à un autre de la planète. Ce concept est faisable, mais il requiert des énergies considérables, donc restera coûteux. Il comporte aussi un risque élevé lié à la nécessaire utilisation de moteurs-fusées très puissants, source principale du risque encouru par les astronautes actuellement. On peut imaginer un concept intermédiaire, comme celui d'avions hypersoniques transatmosphériques dotés d'un système de propulsion mixte, aérobie et anaérobie, c'est-à-dire un système de statoréacteur à très forte poussée permettant d'atteindre des vitesses hypersoniques dans la très haute atmosphère où l'effort mécanique de l'air raréfié sur l'engin est faible. Mais pour ces avions, en revanche, la rentrée dans l'atmosphère se rapprocherait de celle d'une navette spatiale plutôt que d'une ogive à trajectoire balistique. Pour ouvrir ce type de transport au public, il faut qu'il y ait un marché, des technologies de propulsion à faible risque et de contrôle de vol hypersonique et un bouclier thermique réutilisable moins coûteux que ceux de la navette spatiale. Ce n'est pas encore le cas aujourd'hui, il faut peut-être attendre quelques années ou décennies pour cela. Ces avions assureront l'intermédiaire entre les vols suborbitaux, qui ont beaucoup fait l'actualité depuis 2021, et les vols orbitaux. Ce seront des vols suborbitaux de très haute énergie se rapprochant davantage en termes de technologie et de maîtrise de risque de ce qui est exigé pour le vol orbital que de ce qui est réalisé par Virgin Galactic et Blue Origin. C'est à la portée des Américains, des Européens, des Chinois, de tous ceux qui auront la volonté de s'engager dans ce genre de programmes risqués après avoir identifié les nouveaux marchés correspondants. Je rêve de pouvoir emprunter un jour l'un de ces avions spatiaux du futur !

Le retour des humains sur la Lune est prévu au cours de cette décennie. Quelles en sont les motivations ? En quoi cela sera-t-il différent du programme Apollo ? L'Humanité va-t-elle s'établir durablement sur notre satellite ? Quels bénéfices en attendre pour les Terriens ?

Parmi les motivations d'un retour sur la Lune, il y a tout d'abord un classique aspect stratégique : les pays qui participeront à un tel programme voudront afficher aux yeux du monde leur puissance industrielle et technologique, en particulier dans le domaine spatial. Il y a aussi l'objectif géopolitique de fédérer les agences spatiales des grandes nations : on voit bien que l'ISS est le dernier maillon qui maintient en coopération les Russes, les Américains, les Européens, les Canadiens et les Japonais dans un programme commun qui ne tient qu'à un fil. L'exploration et la recherche scientifique sont les activités les plus propices à rassembler les hommes et les femmes de cultures différentes, il faut œuvrer à ce que cela continue, même si c'est de plus en plus difficile aujourd'hui.

La principale motivation affichée par le programme lunaire américain Artémis est de préparer les futurs voyages d'exploration du Système solaire qui seront plus lointains et de plus longue durée que les missions spatiales actuelles, et en premier lieu le vol habité vers Mars. Les agences spatiales ont compris qu'envoyer d'emblée des humains vers la Planète rouge comporterait beaucoup trop de risques et, de surcroît, ferait attendre trop longtemps le public qui finance ces programmes par les impôts. Mieux vaut s'entraîner à un objectif aussi complexe et ambitieux en retournant sur la Lune, qui est assez proche de la Terre tout en présentant un environnement interplanétaire quasi vide, proche de celui d'une mission vers Mars. Se poser, vivre, travailler sur un astre à gravité réduite comme la Lune permettra de préparer les activités de surface martiennes. La Lune est donc un tremplin pour aller vers la Planète rouge : d'abord au sens figuré en tant que banc d'entraînement et de répétition pour ces missions, et peut-être aussi au sens propre lorsqu'on sera capable d'y fabriquer et d'y installer les infrastructures nécessaires au lancement d'un vaisseau pour Mars. Mais cela n'aura pas lieu probablement avant plusieurs décennies. Il est important que les voyages vers la Lune qui vont recommencer dans quelques années s'inscrivent dans la continuité pour se convaincre d'entreprendre un jour le voyage vers la Planète rouge.

Retourner sur La lune est aussi motivé par les questions matérielles à propos de ses ressources, afin de savoir si l'être humain pourrait en tirer profit et s'établir durablement sur place. Nous avons précédemment abordé la question de l'hélium 3 comme source d'énergie dans un lointain futur. Mais pour les décennies à venir, la question est surtout de savoir quelle quantité d'eau recèle notre satellite naturel et si elle sera exploitable ? Comment extraire l'oxygène des roches lunaires ? Pourra-t-on fabriquer sur place le carburant pour partir vers Mars ou ailleurs, ce qui permettrait de meilleures performances que celles d'un décollage depuis la Terre ? Le régolithe peut-il servir de matière première pour construire un habitat lunaire permanent ?

Les différences avec le programme Apollo sont simples. Il s'agissait à l'époque d'une course à l'espace. De nos jours, il existe aussi, bien sûr, une simili-course, en ce sens où les Américains veulent retourner sur la Lune avant que les Chinois ne s'y posent. Mais comme la réciproque n'est pas vraie, ce n'est pas une compétition aussi prégnante que dans les années soixante. Et puis, le but cette fois n'est pas de planter un drapeau sur un autre monde, mais d'apprendre à y aller en collaboration, à y rester plus longtemps, à se ravitailler et à exploiter les ressources sur place. La destination aussi sera différente, puisqu'on vise le pôle sud pour y extraire de l'eau alors que les missions Apollo ne s'en sont jamais approchées.

Va-t-on s'établir durablement sur la Lune ? Dans un premier temps, ce n'est ni prévu ni écrit : la station orbitale lunaire *Gateway* devrait être habitée environ un mois par an en moyenne, et servir de point de départ à des excursions de deux à trois semaines à la surface lunaire. Les humains ne s'y installeront pas sur la durée avant vingt ou trente ans, mais, encore une fois, il faudra y parvenir pour prétendre un jour le faire sur Mars, ce qui sera bien plus difficile. N'oublions pas qu'atteindre la Lune et s'y établir reste déjà beaucoup plus difficile que les missions en orbite basse terrestre qui sont réalisées actuellement.

Parmi les bénéfices que l'on peut attendre pour les Terriens d'un prochain retour sur la Lune, rappelons d'abord ceux qui sont immatériels, comme le rêve et l'inspiration en masse des jeunes à embrasser des carrières scientifiques. Il y a aussi les bénéfices de la collaboration internationale sur le plan géopolitique, et de celle des secteurs public et privé dans des domaines technologiques complexes et risqués sur le plan programmatique, calendaire et financier. Très concrètement, les challenges technologiques qui devront être surmontés et maîtrisés dans des domaines comme le recyclage et l'économie des ressources, l'énergie ou le traitement des données, vont accélérer le développement de procédés qui permettront de répondre à des besoins similaires sur Terre, en favorisant au passage le respect de l'environnement. C'est à l'image de ce que le programme Apollo a apporté dans le domaine de l'informatique en accélérant son développement, sans quoi nous n'aurions pas d'ordinateurs et de téléphones aussi puissants aujourd'hui.

Mais je vois un autre bénéfice, et non des moindres pour les Terriens : celui de rendre universel et durable le phénomène d'*overview effect*, cette forme de prise de conscience planétaire dont j'ai déjà parlé. Bien sûr, tous les humains ne vivront pas directement l'expérience de l'*overview effect*. Mais lorsqu'ils recevront en direct sur leurs écrans les images de leur planète filmée et photographiée par les équipages vivant sur la Lune, cela aura un effet plus puissant encore que les images reçues depuis l'ISS, qui sont proches de celles prises depuis un avion et ne donnent pas cette vision si globale de la Planète bleue sur le fond noir infini du cosmos. Les Terriens prendront également conscience que l'Humanité se prépare tout doucement à une extension de son existence au-delà de son berceau, la planète Terre.

Ira-t-on vraiment sur Mars au cours du XXIe siècle ? Comment imaginez-vous les grandes lignes, les caractéristiques et les retombées d'une telle épopée ?

Je prédis que nous irons sur Mars, et je dis bien *sur* Mars, donc sur le sol de cette planète et pas seulement en orbite autour d'elle, au cours du XXIe siècle. Cela nous laisse encore quatre-vingts ans pour savoir si cette prédiction se réalisera ! Certains de mes collègues astronautes pensent que, dès le premier voyage habité vers Mars, les astronautes débarqueront à sa surface. C'est possible, si on prend le temps de maîtriser, au-delà du seul survol, les challenges supplémentaires et considérables que l'atterrissage sur la Planète rouge implique. Nous allons y revenir. Mais dans ce cas, ce ne sera pas pour tout de suite : si on veut envoyer des humains dans l'environnement martien le plus tôt possible, il ne faut pas y inclure le posé.

Pour ma part, je crois que les missions habitées vers Mars vont nécessiter plusieurs étapes préalables. Tout d'abord, il faut réussir une mission robotique automatique aller-retour, c'est-à-dire démontrer que l'on parvient à se poser sur Mars, à redécoller et à revenir sur Terre. C'est ce que doit réaliser la mission de retour d'échantillons MSR, *Mars Sample Return*, qui va s'étaler sur une décennie. La première phase de cette mission a débuté avec l'atterrissage du rover *Perseverance* sur Mars en février 2021. Depuis, ce robot prélève des échantillons du sol qu'il dépose au fur et à mesure dans des tubes en métal à la surface de la planète. Dans cinq ans environ, une mission européenne sera lancée pour rapporter ces échantillons sur Terre vers 2031. Un rover ou bien un hélicoptère, comme *Ingenuity* qui a déjà réussi plus de 20 vols dans l'atmosphère martienne, récupérera les tubes au sol là où ils auront été déposés, puis les installera dans un conteneur à bord d'une petite fusée. Celle-ci redécollera de la Planète rouge et rejoindra un vaisseau d'attente en orbite chargé de rapporter sur Terre les précieux échantillons. Cette mission d'une haute complexité est incontournable avant d'envisager d'envoyer des humains vers Mars. Je dis « vers Mars », parce que je pense que la ou les premières missions habitées auront lieu en orbite martienne, pour des séjours à bord d'une station spatiale qui aura été positionnée à l'avance, à l'image du concept *Mars Base Camp* de Lockheed Martin. Depuis l'orbite martienne, les astronautes contribueront efficacement à l'exploration du sol en télécommandant en temps réel des robots de surface, donc sans les longs retards pénalisants des liaisons actuelles depuis la Terre. Ce type de procédure est déjà testé depuis l'ISS pour des robots terrestres.

Une des grandes difficultés posées par l'envoi d'humains à la surface de Mars vient des caractéristiques de son atmosphère, qui est 150 fois moins dense que celle de la Terre, donc très ténue. Pour le freinage atmosphérique d'un vaisseau habité et son atterrissage sur Mars, il ne sera pas possible d'utiliser les gros parachutes qui équipent traditionnellement les capsules spatiales. Il faudra faire appel à des rétrofusées, comme cela a été fait pour se poser sur la Lune ; mais, parce que la gravité martienne est supérieure, les moteurs devront être plus puissants pour faire atterrir des vaisseaux qui seront bien plus lourds que le module lunaire d'Apollo, lequel pesait déjà 15 tonnes pour seulement trois jours sur place. Tout cela sans pouvoir assister l'équipage à distance, vu le délai des communications. On voit bien que le niveau de difficulté est plus élevé que tout ce qui a déjà été réalisé. C'est pourquoi – nous venons d'en parler à la question précédente – le passage obligé avant d'aller sur Mars sera d'avoir démontré en banlieue terrestre la maîtrise du transfert, de l'atterrissage, du renouvellement d'équipages et de ressources sur un autre corps céleste que la Terre, c'est-à-dire sur la Lune. C'est le but du programme Artémis. De sa réussite dépendront la mise en œuvre et le calendrier du programme martien.

D'autres défis attendent les astronautes, les ingénieurs et les médecins pour effectuer des voyages habités sur Mars. Des challenges technologiques tout d'abord : il faudra avoir augmenté la capacité de recyclage des déchets humains à bord du vaisseau ; avoir mis au point une intelligence artificielle qui fournisse instantanément à l'équipage un niveau d'expertise voisin de celui dont disposent les centres de contrôle en cas de problème ; avoir développé les moyens d'extraire des ressources sur place pour ne pas tout apporter depuis la Terre, notamment sur le plan énergétique. Il y a aussi des défis physiologiques : les effets délétères de l'apesanteur sur le corps humain pour la très longue durée de ces missions, deux ans et demi, devront être maîtrisés. Nous connaissons tous la problématique de la décalcification osseuse, de la fonte des muscles ou de l'affaiblissement du système immunitaire chez les astronautes. Mais il existe de nombreux autres effets de l'apesanteur sur le corps humain, moins connus, à l'image du *SANS*, ou *Spaceflight Associated Neuro Ocular Syndrom*, qui est la dégradation parfois irréversible de l'acuité visuelle observée au cours des missions longues. Tous ces phénomènes commencent à être mieux compris, mais il reste à trouver des contre-mesures pour les réduire au minimum. Par exemple, recréer une pesanteur partielle à bord, ce qu'on appelle dans le langage courant « la gravité artificielle ». L'exposition des équipages aux radiations solaires et cosmiques devra également être maîtrisée, car celles-ci feront grimper le risque de cancers mortels chez les astronautes après une mission martienne et favoriseront aussi l'apparition de maladies cardiovasculaires.

Il y a également les défis psychologiques, qu'il faut continuer d'étudier et d'apprendre à résoudre grâce à des missions qui simulent l'isolement et le confinement de longue durée sur Terre, comme *Mars 500* entre 2009 et 2011. L'équivalent devra être fait ensuite à bord de l'ISS, puis sur la Lune. Les astronautes devront être sélectionnés notamment pour leur capacité à supporter le fait de ne plus voir la Terre, à ne plus converser en direct avec des Terriens et à ne pas disposer de scénario de retour d'urgence en cas de problème. Cette situation est inédite. Depuis la Lune, notre planète est bien visible, le dialogue par radio avec les Terriens a lieu avec seulement une seconde de retard, et il est possible de revenir en quelques jours en cas d'urgence. Dans le cas de Mars, l'équipage sera livré exclusivement à lui-même quoi que qu'il arrive, et cela pendant de nombreux mois. C'est d'ailleurs une des raisons pour lesquelles je milite pour que la première mission habitée vers Mars comprenne deux vaisseaux indépendants, de conception différente pour éviter le risque de panne identique sur chacun, et qui partiraient lors de la même période favorable au lancement qui se présente tous les deux ans et deux mois. Les équipages de ces vaisseaux pourraient communiquer entre eux par radio sans retard et surtout se secourir mutuellement.

En ce qui concerne les bénéfices technologiques d'une telle épopée, ce seront les mêmes que ceux que nous avons décrits à la question précédente au sujet de la colonisation de la Lune. En revanche, une retombée m'intéresse particulièrement en tant qu'astronaute : avec des humains présents sur Mars, la recherche de traces de vie passée ou présente à sa surface ou dans son sous-sol pourra avancer à pas de géant. En détecter serait une découverte prodigieuse. Par ailleurs, sur un plan philosophique, réussir à faire vivre et travailler des humains sur Mars apportera la démonstration que, dans plusieurs siècles ou millénaires, l'Humanité sera capable d'établir une civilisation isolée et durable loin de sa planète mère, et de s'y reproduire. Les humains pourront alors quitter le statut de Terriens.

Conflits territoriaux, surexploitation des ressources, pollution : l'homme risque-t-il de reproduire sur la Lune ou sur Mars ses erreurs et ses excès terrestres ? Comment se prémunir contre ces dangers ? La législation spatiale est-elle suffisante pour encadrer les activités humaines dans d'autres mondes ?

Les conflits territoriaux, la surexploitation ou la pollution de la Lune ou de Mars ne me semblent pas être des sources d'inquiétude ni des problématiques potentielles pour les décennies à venir, car la présence des humains et le nombre des infrastructures à leur surface resteront très limités. Mais ce sont des questions légitimes à se poser si, à très long terme, on trouvait des raisons de s'installer durablement sur ces corps célestes. Si des intérêts incontournables, d'ordre économique ou sociétal, poussaient des communautés humaines à s'y établir, à y prospérer et à s'y développer, ces problématiques pourraient voir le jour. Mais je ne crois pas qu'elles seraient du même ordre de grandeur ou de même nature que sur Terre.

Mener des conflits territoriaux sur d'autres mondes supposerait de disposer sur place de moyens militaires, notamment d'armements qui y auraient été acheminés au préalable. Il faudrait aussi qu'une nation ou une société privée ait revendiqué la possession d'une zone ou d'une région à la surface d'un autre corps céleste, ou y ait établi des frontières. Or cette appropriation n'est pas permise par le traité international de référence qui a posé les bases du droit spatial. Ce traité, ratifié en 1967, s'intitule *Traité sur les principes régissant les activités des États en matière d'exploration et d'utilisation de l'espace extra-atmosphérique, y compris la Lune et les autres corps célestes.* Certains juristes tentent toutefois d'interpréter à leur façon ce texte pour défendre le fait que même si une nation ne s'appropriait pas un terrain en surface, elle serait propriétaire des ressources extraites sur place pour leur exploitation locale ou sur

Terre. Cette idée peut se concevoir, car si une ressource intéressante était découverte à un endroit donné de la Lune ou de Mars, il est probable que plusieurs puissances voudraient en profiter. Cela pourrait générer des conflits géopolitiques, la première nation arrivée sur le site priant les autres d'aller s'installer ailleurs. Mais je ne pense pas que la Lune et Mars présentent des ressources géologiques plus intéressantes à exploiter que celles qui sont sur Terre avant très longtemps en termes d'efforts industriels à engager, c'est-à-dire de moyens financiers, énergétiques et techniques, sans compter le risque d'une telle entreprise. Si on exploitait prochainement des ressources sur la Lune, ce serait surtout l'eau pour en extraire l'oxygène et l'hydrogène nécessaires à la vie des astronautes dans les bases scientifiques et les avant-postes d'exploration, et pour la fabrication de carburants destinés au ravitaillement *in situ* des vaisseaux spatiaux. Mais elle ne dispose pas de ressources comme le pétrole ou l'uranium, qui pourraient entrer en compétition avec les énergies vertes qui seront produites dans les décennies à venir sur Terre. Et en ce qui concerne l'hélium 3 lunaire, si son exploitation avait lieu un jour, ce ne serait pas avant plusieurs siècles. Il est également improbable que l'on surexploite les ressources de la Lune et de Mars : cela signifierait une quantité ou une durée d'extraction ne permettant pas un régime durable d'équilibre d'utilisation des ressources, menant à terme à un épuisement total de celles-ci. Or les pratiques spatiales sont plutôt au recyclage.

En ce qui concerne la pollution, il est important que tous les acteurs qui enverront des humains sur d'autres corps célestes respectent les règles contraignantes de protection planétaire. Elles sont bien plus strictes pour Mars que pour la Lune, car on sait que cette dernière n'abrite aucune forme de vie. Les agences et les sociétés privées qui fabriquent des fusées et des satellites sont déjà contraintes et surveillées sur Terre et s'imposent à elles-mêmes des règles drastiques pour préserver l'environnement des corps célestes. Tant que l'on enverra sur la Lune et Mars des organisations, des astronautes et des moyens technologiques qualifiés qui respectent les normes, on se prémunira du risque de pollution de l'environnement, tout comme celui des conflits ou de la surexploitation. C'est le cas aujourd'hui. Je ne crois donc pas que l'Homme pourrait reproduire ailleurs ses erreurs et ses excès terrestres.

La législation spatiale actuelle n'est évidemment pas suffisante pour encadrer les activités humaines sur d'autres mondes, et elle ne le sera pas avant longtemps, car elle est loin d'être complète. Pour s'en convaincre, il suffit de mesurer le temps qu'il a fallu sur Terre pour réussir à établir un ensemble de lois permettant aux sociétés de vivre à peu près correctement. Bien sûr, certaines lois en vigueur sur Terre pourraient être transposées à la vie sur la Lune ou sur Mars. Mais il y a de nombreux aspects juridiques auxquels les humains ne pensent tout simplement pas encore, n'ayant pas été confrontés à la vie permanente sur un autre corps céleste. Ils concernent les questions du ravitaillement, de la croissance ou de la cohabitation de populations colonisantes, par exemple. Il est très important que des juristes s'emparent de ces questions et fassent travailler leur imagination pour légiférer sur des points non encore abordés dans les textes de loi spatiaux en vigueur. Notons au passage que la France est assez avancée en la matière. Il reste beaucoup à faire pour aller plus dans le détail des questions de fond dont nous parlons ici – les territoires, les ressources et la pollution spatiales –, mais aussi à propos de la gestion des déchets, du ravitaillement et du secours à autrui.

Ce sont finalement les mêmes questions qui se posent pour les océans : tout le monde peut y naviguer, y compris des gens ou des organisations mal intentionnés ou mal éduqués, ces mêmes personnes ou sociétés causant la plupart des problèmes que l'on connaît sur Terre. Mais tant qu'un territoire restera très difficile d'accès, réservé à une élite de savoir et de savoir-faire, le risque de dérive restera faible. C'est le cas de l'Antarctique sur notre planète. Cela dit, d'autres régions ou milieux extrêmes inatteignables jusque très récemment, tels que l'Everest ou l'orbite terrestre basse, commencent à subir les excès du comportement humain. Mais encore une fois, pour ce qui est de la Lune ou de Mars, les lois de la physique resteront encore très longtemps les garantes d'une barrière infranchissable pour l'immense majorité.

Au-delà de la Lune et de Mars, l'exploration habitée d'autres corps célestes du Système solaire sera-t-elle possible au cours du XXIe siècle ou réservée exclusivement aux robots ? Comment l'imaginez-vous ?

Les humains vont retourner sur la Lune avant la fin de cette décennie, puis iront visiter Mars au cours de ce siècle, et je pense effectivement que l'exploration habitée au-delà de Mars pourrait débuter ensuite. Car il n'y a pas de verrou technologique définitif, lié par exemple aux lois de la physique, qui interdise de penser que des humains puissent voyager loin et longtemps dans le Système solaire. La question est plutôt de savoir combien de temps ils pourront rester en bonne santé physique et mentale dans l'espace sans revenir sur Terre. Actuellement, c'est cette limite humaine qui détermine la limite de l'exploration habitée du cosmos.

Aujourd'hui, même si cela n'a pas encore été fait, les spécialistes en physiologie spatiale pensent savoir comment permettre à l'organisme de supporter les effets de l'apesanteur pour des missions spatiales d'une durée de deux ans à deux ans et demi. La tolérance au rayonnement cosmique pour la même durée serait également possible, à condition de disposer de systèmes de protection plus élaborés que ceux d'aujourd'hui, que ce soient des matériaux adaptés ou un champ magnétique artificiel autour du vaisseau déviant les radiations – mais l'énergie nécessaire pour le créer serait colossale. Une telle durée de mission correspond à celle d'un voyage vers Mars (dont huit mois pour le voyage aller), mais pas au-delà. En revanche, quand nous serons capables de maintenir des humains en bonne santé au-delà de deux à trois ans dans l'espace, c'est-à-dire en fait indéfiniment grâce au recyclage des déchets, à la production de nourriture à bord, à une protection optimale contre les radiations et à la reproduction d'une pesanteur artificielle proche de celle qui règne sur Terre, il n'y aura plus de limites de distance et de durée autres que celle de la tolérance psychologique. Je crois que ces avancées technologiques pourraient être obtenues dans la seconde moitié du XXIe siècle. D'ici là, l'exploration du Système solaire au-delà de Mars fera appel exclusivement à des robots. Avant les années 2100, l'Humanité pourra assister au départ d'un équipage vers une lune de Jupiter comme Europe, ou vers une lune de Saturne. Une telle expédition durera peut-être vingt ans et nécessitera plusieurs décennies pour sa conception et sa préparation. Bien qu'il reste un travail considérable pour y parvenir sur le plan technologique, et qu'il faille résoudre des questions physiologiques, psychologiques et philosophiques complexes, je crois que c'est du domaine du possible et que nous en serons capables. C'est peut-être biaisé dans mon esprit par le fait que j'ai envie que cela se réalise. Mais il ne faut jamais s'interdire de penser que des rêves puissent devenir réalité, même si au moment où ils nous traversent l'esprit nous n'avons aucune idée précise de la manière de résoudre les difficultés qui nous empêchent de les réaliser aujourd'hui.

Comme je le disais, hormis les effets délétères sur l'organisme humain de l'exposition prolongée à l'apesanteur et aux radiations cosmiques, ce sont surtout les difficultés psychologiques rencontrées lors d'un voyage très éloigné de la Terre qui ne nous permettent pas encore de les envisager. Aujourd'hui, comment pouvoir affirmer que des humains suffisamment préparés pour une mission au-delà de Mars par leur formation, leur parcours professionnel, leurs caractéristiques physiques, psychologiques, affectives et sociales, seraient capables d'endurer un voyage de vingt ans dans l'espace ? On sélectionne beaucoup les astronautes sur des critères qui prennent en considération la vie qu'ils ont eue sur Terre : ont-ils été performants dans leur métier ? Travaillent-ils bien en équipe ? Leur vie sociale et familiale a-t-elle été stable ? Mais tout cela ne suffit pas à être sûr qu'ils aient le bon profil pour une mission de deux décennies dans l'espace. Et il ne faudrait surtout pas retenir un candidat dont la motivation serait plus un désir de fuite de la vie terrestre que d'exploration, ni quelqu'un de trop téméraire. J'imagine plutôt des personnes très stables émotionnellement, qui se sentiraient profondément inspirées par le but de telles missions lointaines, très attachées à l'Humanité et à leur origine terrestre, et qui auraient démontré lors de tests qui restent à inventer qu'un voyage spatial de vingt ans ne les détruirait pas. Pour un éloignement aussi long dans le temps, la rupture physique du lien social et familial doit être particulièrement bien analysée. Qui, sans avouer vouloir fuir la société, peut affirmer aujourd'hui être capable d'accepter de ne plus voir son conjoint, ses enfants, ses amis pendant plus de vingt ans ? Cette question est abordée dans le film *Interstellar*, mais l'enjeu de son scénario est de taille : il s'agit de sauver l'Humanité !

C'est un défi considérable, mais je l'imagine bien. Il faudra une trentaine d'années pour identifier les bons critères, le bon profil, le bon entraînement pour l'équipage, dont les membres auront tous déjà vécu des années dans l'espace. Concevoir le vaisseau nécessitera un peu plus de temps encore, un demi-siècle. Celui-ci sera assemblé en orbite terrestre, lunaire ou martienne. Je penche plutôt pour l'orbite terrestre, car de nombreux tirs de lanceurs superlourds seront nécessaires. À son bord, des humanoïdes extrêmement performants tiendront compagnie aux humains et les distrairont. Une intelligence artificielle leur permettra de ne pas dépendre du centre de contrôle au sol. L'équipage disposera des connaissances avancées rapportées par des robots qui auront précédé leur mission et saura donc vers quoi focaliser ses recherches scientifiques et diriger au mieux ses explorations.

En fin de compte, ce qui me semble primordial, c'est qu'une motivation très forte soit capable de légitimer cette mission, comme la possibilité de découvrir une vie extraterrestre que l'on n'aurait pas découverte sur Mars. L'Humanité n'entreprendra pas un tel voyage si elle ne dispose que de connaissances limitées ou peu motivantes sur ce qui l'attend à destination, contrairement à Mars où l'on enverra des humains même si les rovers qui les précèdent n'y auront pas fait de découvertes scientifiques majeures. Car la durée du voyage martien est encore à la limite de l'acceptable aujourd'hui, et cette planète représente une destination symboliquement forte pour l'Humanité. Notons que les considérations ci-dessus ne seraient plus valables si une révolution en propulsion spatiale pouvait diviser la durée du voyage par dix, auquel cas on se retrouverait, concernant des destinations aux confins du système Solaire, dans un scénario proche de celui du voyage vers Mars, aux délais de communication près.

L'exploitation des ressources du Système solaire deviendra-t-elle nécessaire ? Notre avenir énergétique viendra-t-il de l'espace ? Quelles sont les pistes principales ?

Quelles raisons pourraient pousser l'Humanité à exploiter les ressources du Système solaire ? En premier lieu, ce serait pour satisfaire certains de ses besoins nécessitant des matières premières dont les quantités disponibles se seraient amenuisées avec le temps – je pense, par exemple, aux terres rares – ou qui auraient disparu de notre planète. Il faudrait alors se rendre sur d'autres corps célestes non terrestres pour y extraire des matériaux naturels et les rapporter chez nous. Qui peut affirmer aujourd'hui que ce sera un jour une nécessité ? Certaines sociétés privées le croient, à l'image d'*Asteroïd Mining Corporation*, qui envisage l'exploitation minière d'astéroïdes géocroiseurs pour en rapporter des métaux du groupe du platine. Mais je pense que c'est plutôt un pari, je ne suis pas convaincu que cela devienne impératif dans le futur. Il faudrait pour cela que l'évolution des technologies n'ait pas permis de réduire notre dépendance à certaines ressources arrivant à leur limite d'existence ou de disponibilité sur Terre ; ou que pour d'autres ressources difficilement accessibles sur notre planète, il soit devenu moins cher, plus facile ou plus écologique d'aller les chercher dans le Système solaire que de les extraire des gisements terrestres qui les renferment ; ou enfin que le recyclage n'ait pas pu préserver certaines ressources non renouvelables parvenues à un stade critique de disponibilité. Je crois, au contraire, aux progrès de la technologie pour trouver des alternatives à certaines matières premières qui viendraient à manquer et à l'efficacité du recyclage. Rappelons aussi l'ampleur de l'effort industriel et économique à fournir pour exploiter des ressources extraterrestres

– nous l'avons évoqué un peu plus haut à propos de la Lune et de Mars. Aujourd'hui et pour longtemps encore, accéder ne serait-ce qu'à l'orbite basse et y demeurer est un énorme défi technologique et énergétique. Les lois de la physique sont incontournables. Mais si on parle d'aller chercher des ressources plus loin dans l'espace, sur la Lune, sur des astéroïdes dont les trajectoires passent à proximité de la Terre ou sur Mars, ce sera encore plus lourd en termes d'énergie, de moyens mis en œuvre et de coût. Il faudrait vraiment que l'Humanité ne puisse plus du tout se passer de ces matières premières, que ce soit une question vitale pour sa survie, ce qui n'est pas le cas à notre époque.

Il me semble beaucoup plus réaliste d'imaginer que si nous utilisions un jour des ressources extraterrestres, ce serait non pas pour les rapporter sur Terre, mais pour servir aux besoins de missions spatiales d'exploration du Système solaire. On envisage, par exemple, que des bases lunaires soient construites avec des matériaux imprimés sur place en 3D à partir du régolithe ; qu'elles soient alimentées en oxygène et en eau grâce à l'exploitation de la glace présente dans les cratères du pôle sud ; que sur Mars on fabrique du méthane servant de carburant pour le voyage retour vers la Terre à partir du gaz carbonique de l'atmosphère et de l'hydrogène présent dans l'eau du sous-sol ou des calottes polaires. Dans un futur plus lointain, des vaisseaux spatiaux visitant les lunes de Jupiter ou de Saturne pourraient être ravitaillés lors de leur voyage par certaines ressources prélevées lors d'escales sur des astéroïdes. L'avantage serait de ne pas avoir à tout emporter depuis la Terre au départ de la mission

Notre avenir énergétique viendra-t-il de l'espace ? Je postule que cette question concerne la production d'énergie dans l'espace et non l'énergie que l'on produit sur Terre, même si sa source est située dans l'espace. L'énergie solaire, par exemple, a beau venir du Soleil, je l'englobe dans l'avenir énergétique terrestre. Concernant donc la production d'énergie dans l'espace qui serait ensuite acheminée sur notre planète, plusieurs solutions concrètes sont actuellement étudiées. Tout d'abord, de gigantesques panneaux solaires spatiaux pourraient concentrer l'énergie électrique produite en faisceaux laser ou micro-ondes convergeant vers des points de captation sur Terre. Il s'agit bien là d'une extraction d'énergie ayant lieu dans l'espace, puis envoyée sur notre planète. Une autre piste serait d'installer des miroirs géants et très légers dans l'espace, qui réfléchiraient les rayons du Soleil de façon focalisée sur Terre. Leur principe imite celui d'un four solaire dans lequel la chaleur des rayons solaires est renvoyée par des miroirs convergents en un foyer où la température est très élevée, ce qui permet de cuire des aliments quand il s'agit de modèles domestiques, ou de la convertir en électricité comme dans les centrales thermiques. Notons au passage que la focalisation de grandes quantités d'énergie vers un point de collecte terrestre devrait être bien maîtrisée de façon à éviter tout risque de déviation intempestive du rayon concentré pouvant créer d'énormes dégâts au sol. On le voit, pour que notre avenir énergétique vienne de l'espace, il faudrait y reproduire à grande échelle ce que nous faisons déjà sur la planète en fabriquant de l'électricité par effet photovoltaïque ou par concentration des rayons du Soleil. Les avantages du milieu spatial sont que l'ensoleillement y est permanent, sans variations journalières, saisonnières ou géographiques. Une autre source d'énergie extraterrestre déjà évoquée dans ce livre pourrait être l'hélium 3 lunaire, je renvoie le lecteur à la question.

Mais je pense que, pour très longtemps encore, l'avenir énergétique de l'Humanité dépendra de ressources terrestres mettant en jeu une panoplie variée de technologies complémentaires les unes des autres et réduisant progressivement celles d'origines carbonées. Rappelons, concernant la seule énergie solaire, que sa quantité fournie chaque heure à la Terre équivaut à la consommation d'énergie annuelle de la population mondiale. Nous avons parlé plus haut de l'hydrogène. En même temps, les machines consommeront moins, et la production et le stockage d'énergie gagneront en efficacité.

Le tourisme spatial

L'année 2021 a vu le démarrage du tourisme suborbital, qui consiste à transporter des passagers à la frontière de l'espace pour vivre l'expérience d'une mission spatiale et contempler pendant quelques minutes la planète depuis l'orbite. Le tourisme orbital a, quant à lui, repris son essor après une interruption de plus de dix ans : plusieurs touristes spatiaux ont effectué quelques orbites à bord d'une capsule privatisée, d'autres ont rejoint la Station spatiale internationale pour quelques jours. D'autres missions sont déjà planifiées et des projets de stations ou d'hôtels spatiaux privés sont aussi en cours de développement. Un milliardaire japonais a même réservé un voyage autour de la Lune.

Pourtant, le tourisme spatial, s'il enthousiasme ses supporters, n'a pas bonne presse aux yeux d'une partie du public, qui y voit une activité réservée aux multimillionnaires, polluante et d'une utilité discutable.

Quelles sont les motivations des candidats au tourisme spatial ? Sont-elles toujours nobles ? Être déclaré « astronaute » et gagner des palmes d'astronaute après un vol suborbital, n'est-ce pas usurper un titre qui ne devrait être réservé qu'aux professionnels ? Qu'en pense la communauté des astronautes ? Le tourisme orbital est-il vu différemment ?

Les motivations des candidats au tourisme spatial sont multiples, très diverses selon les individus. Pour certains, bien sûr, c'est pour la gloire de pouvoir exhiber devant leurs amis et relations les palmes d'astronaute. Mais ils vont vite déchanter avec les nouvelles règles de l'Administration fédérale de l'aviation aux États-Unis : les palmes d'astronaute ne sont dorénavant plus remises aux participants des vols suborbitaux. Ils se contenteront de savoir que leur nom figure sur la liste officielle des personnes étant allées dans l'espace. D'autres veulent être les premiers voyageurs spatiaux de leur pays quand celui-ci n'a pas encore compté d'astronaute professionnel. Certains y voient aussi l'opportunité de réaliser du business, ils pensent pouvoir monnayer d'une façon ou d'une autre le fait qu'ils soient allés dans l'espace. Heureusement, beaucoup se rapprochent davantage de l'esprit des aventuriers dans leur motivation : ils veulent vivre cette expérience pour approcher le vécu des astronautes, pour éprouver à leur tour la joie, le plaisir et l'émerveillement témoignés par eux à la contemplation de la planète depuis l'orbite. Est-ce que les motivations sont toujours nobles ? Non. Lorsqu'il s'agit de gonfler un peu plus son ego ou de se vanter d'être astronaute, il n'y a guère de noblesse à cela, et ce n'est pas de la malveillance de ma part. Mais lorsqu'il y a un réel et sincère désir de vivre une expérience que les professionnels de l'espace décrivent comme fantastique et qui fait rêver, quand on veut le raconter ensuite dans les écoles pour attiser la curiosité des enfants et les sensibiliser à la préservation de la planète, là on peut dire que ce sont des motifs très respectables. Ces personnes se mettent dans la peau d'aventuriers, d'explorateurs ou de pionniers, tout en comprenant le devoir qu'elles auront de transmettre aux autres leur expérience privilégiée.

Peut-on se déclarer astronaute après avoir effectué un vol suborbital ? Rappelons qu'il s'agit d'effectuer une incursion de quelques minutes au-delà de la frontière de l'espace sans réaliser une orbite complète, à la manière des passagers de *Blue Origin* et de *Virgin Galactic* ? Tout d'abord, qu'appelle-t-on un astronaute ? Étymologiquement, c'est quelqu'un qui navigue dans l'espace « au milieu des astres », « naute » signifiant navigateur. Le terme « cosmonaute » semble d'ailleurs plus juste. Donc théoriquement, toute personne qui se rend dans l'espace, qui contemple le ciel noir du cosmos en état d'apesanteur et qui a une vision détachée de la Terre, vit sur le plan sensoriel ce que vit tout astronaute. Dans le sens premier du mot, il peut être qualifié lui aussi d'astronaute. Mais il est vrai que ce terme n'a longtemps été réservé qu'à ces professionnels, plus de cinq cents d'entre eux ayant été les seuls à voyager dans l'espace avant que les premiers « touristes » ne s'y rendent à leur tour. C'est pourquoi le terme « astronaute » est intimement lié au caractère professionnel de cette activité. Il a donc fallu inventer des distinctions sémantiques, d'où l'expression « touriste spatial » qui indique bien que la personne voyage dans l'espace non pour travailler mais pour vivre une expérience. Un peu comme un touriste va faire un trek dans l'Himalaya encadré par des montagnards professionnels. Mais je ne pense pas que qualifier d'astronaute un touriste spatial soit usurper ce terme si quand il s'exprime devant un auditoire après son retour il a l'honnêteté de préciser qu'il n'a pas voyagé à titre professionnel dans le cosmos, mais pour vivre cette expérience sur un plan sensoriel, émotionnel, spirituel.

La comparaison pourrait être faite entre un passager d'un avion de ligne et l'équipage dans le cockpit. Le passager est transporté, il n'est pas aviateur dans le sens où ce terme est réservé aux professionnels, il peut même ne rien connaître à l'aviation et à l'aéronautique, mais pour autant il vit un vol, il contemple la Terre qui défile par son hublot, il traverse les nuages comme l'ont fait les pilotes des premiers avions au début du XXe siècle. Mais il ne s'identifie jamais à ceux qui pilotent l'avion. Il y aura donc toujours, d'une part, les astronautes professionnels, comparables à l'équipage dans le cockpit d'un avion de ligne, et, d'autre part, les touristes spatiaux qui sont l'équivalent des passagers. On continuera probablement de les appeler « astronautes », mais on fait désormais une différence au niveau de leur insigne. La communauté des astronautes – l'*Association of Space Explorers* – a très rapidement pris les devants en concevant un insigne universel pour ceux qui sont allés dans l'espace : l'*Universal Astronaute Insigna*. Celui-ci représente une flèche qui mène vers une étoile, le tout est posé sur un cercle pour ceux qui ont effectué au moins une orbite complète. Il ne comporte pas de cercle pour les voyageurs suborbitaux. Ces deux insignes, qui ne distinguent pas les astronautes professionnels des non-professionnels, ont donc un dessin de base commun qui permet de se sentir appartenir à la communauté de ceux qui sont allés dans l'espace. Les touristes orbitaux, appelés plus justement en anglais *Spaceflight participants*, sont accueillis très volontiers au sein de cette association bien qu'ils ne soient pas des professionnels. Ceux d'entre eux qui ont volé dans les années 2000 en sont membres et font un travail remarquable de soutien du programme spatial, de communication publique et de visites d'écoles. C'est le cas d'Anoushe Ansari, la première femme touriste spatiale, d'origine iranienne et américaine, seule femme à ce jour qui ait payé son vol, et qui a beaucoup œuvré pour la promotion de l'exploration de l'espace.

Cela me fait penser à ce que répondait John Young, qui n'aimait pas qu'on lui dise qu'il était allé dans l'espace et sur la Lune, et qui corrigeait toujours son interlocuteur en disant : « Non ! J'ai *travaillé* dans l'espace… J'ai *travaillé* sur la Lune… » L'astronaute professionnel se distinguera toujours des autres par le fait qu'il a accompli des tâches dans l'espace. C'est pour cela qu'il voudra toujours que l'on s'intéresse à son travail et non pas juste au fait qu'il ait voyagé dans le cosmos.

Comment redorer le blason du tourisme spatial ? Est-il si polluant ? Quelles retombées positives pourrait-il avoir pour l'Humanité ?

Le tourisme spatial sera toujours réservé à des personnes très aisées financièrement, ou qui seront financées par de la famille ou des amis très riches. C'est en partie pour cela qu'il sera toujours critiqué comme étant un inutile loisir de luxe par certains qui n'ont pas ces moyens financiers. Mais disons-le tout de suite, il restera limité. Notons qu'il s'adresse aussi à des personnes très audacieuses, parce qu'il faut avoir du culot pour s'asseoir au sommet d'une fusée remplie à 90 % d'explosifs. Nous reparlerons du risque dans une prochaine question.

Tout d'abord, évoquons brièvement le tourisme suborbital. Je suis déçu de voir parfois certains passagers consacrer une partie non négligeable des quelques minutes qu'ils passent dans l'espace à jouer, à faire des selfies, à montrer des messages à leurs proches à la caméra qui les filme ou à jouer à faire flotter des balles, sans profiter du fait d'être réellement présents dans l'espace extra-atmosphérique. Je ne pense pas que cela soit des occupations prioritaires, ni que cela serve l'image de cette activité, d'autant que les vols paraboliques permettent déjà d'expérimenter ces joies de l'apesanteur sans besoin d'embarquer dans un engin équipé d'un moteur-fusée. Car c'est autant de temps qu'ils ne consacrent pas à contempler par les hublots la beauté, l'unicité et la finitude de notre planète vue depuis l'espace sur un fond noir et apparemment vide à l'infini. Or je crois que lorsqu'on va dans l'espace, on porte une certaine responsabilité : celle de transmettre aux autres l'expérience de ce spectacle bouleversant – l'*overview effect* – et de témoigner aussi de la fragilité de notre condition terrestre, plutôt que de renvoyer la caricature d'une expérience seulement ludique. Mais c'est peut-être aussi la conséquence de la course permanente à l'image qui caractérise notre époque. Sans doute ces mêmes passagers se livrent-ils après leur vol à des actions pédagogiques plus nobles.

Comment redorer le blason du tourisme spatial ? A-t-il besoin d'être redoré ? Je vois dans cette activité au moins un avantage direct : l'argent placé par les millionnaires ou les milliardaires dans leur vol sert majoritairement – à 90 % – à payer les salaires des ingénieurs et des techniciens. Cela fait vivre des personnes qui élèvent le savoir-faire de l'industrie spatiale, parce que, pour maîtriser le fonctionnement d'une fusée, il faut des équipes d'un haut niveau de qualification et qui savent gérer des programmes complexes. Le tourisme spatial finance donc l'accroissement du savoir astronautique et des métiers associés à haute valeur ajoutée. C'est pour cela que je le distingue du luxe. Lorsqu'on achète un objet ou un équipement luxueux comme un vêtement de haute couture ou une voiture de sport, ils rendent un service qui pourrait être assuré par des produits de moindre coût. Mais avec le tourisme spatial, ce que payent les passagers pour un vol orbital ou suborbital est proche du prix de revient. Il n'y a pas une énorme marge pour l'opérateur.

Je vois un autre avantage au tourisme spatial – j'ai commencé à l'évoquer plus haut –, celui d'associer le grand public au voyage dans l'espace en relayant auprès de lui l'expression d'émerveillement de ceux qui en font l'expérience. Un touriste qui, au cours de son vol ou après son retour, s'exprime sur son expérience avec des mots enthousiastes et positifs fait rêver le public de ce qu'il a vécu et contribue à faire prendre conscience de la magnificence de notre planète. Lorsqu'il s'estime chanceux d'avoir vécu à une époque favorable pour pouvoir aller dans l'espace de cette manière – il y a cinquante ans même un milliardaire rêvant de partir pour l'espace n'aurait pas pu le faire – et d'avoir eu la possibilité financière de réaliser son rêve, alors la joie d'une telle expérience est communicative ; c'est incontestable. Certains de ces touristes ont même particulièrement suscité la sympathie et l'adhésion du public de par leur histoire personnelle. Je pense à Hayley Arceneaux, qui a survécu à un cancer et travaille dans un hôpital pour enfants ; à Wally Funk, la doyenne des femmes touristes spatiales, ancienne astronaute du groupe Mercury 13 qui n'avait jamais volé dans l'espace. Je pense aussi à l'acteur américain William Shatner, qui jouait le capitaine J.T. Kirk dans la série *Star Trek* : il était ému à en pleurer et a exprimé son inquiétude devant la fragilité de notre monde après avoir enfin pu le contempler depuis l'espace.

Abordons maintenant la question de la pollution engendrée par le tourisme spatial, et, pour commencer, parlons de l'impact sur l'environnement du secteur astronautique en général. On peut le mettre en perspective avec le transport aérien. En 2018, l'aviation a été responsable de 2,4 % des émissions de CO_2, soit 918 millions de tonnes pour environ 37 800 000 mouvements d'avions. La même année, les 114 tirs de fusées effectués ont généré l'émission de 22 780 tonnes de CO_2 : c'est environ 40 000 fois moins (source : everydayastronaut.com/rocket-pollution). On le voit, la part de l'astronautique dans les émissions de CO_2 est négligeable par rapport à celle de l'aviation, et il faudrait lancer plus de 10 000 fusées chaque jour pour atteindre un taux d'émission équivalent. On mesure par cette comparaison que le tourisme spatial n'aura jamais un impact environnemental majeur, même si on parle de plusieurs dizaines de vols par an.

Mais les chiffres peuvent être aussi interprétés différemment : l'émission de CO_2 au cours d'un vol de la capsule *Crew Dragon* transportant quatre touristes en orbite terrestre est estimée à 425 tonnes. En comparaison, un avion transportant 550 vacanciers entre Paris et New-York aller-retour émet de l'ordre de 660 tonnes de CO_2. L'émission de gaz à effet de serre de chacun des quatre touristes spatiaux est donc environ 100 fois plus élevée que celle de chacun des passagers de l'avion. À une époque d'écoresponsabilité, cela fait dire à certains que la pollution engendrée par le tourisme spatial n'est pas justifiable, du fait que cette activité n'est pas nécessaire, contrairement aux lancements de satellites, de sondes interplanétaires ou à la desserte des stations orbitales. Ce point de vue est tout à fait respectable. Je crois que les opérateurs de vaisseaux orbitaux et suborbitaux devront se poser la question de la pollution engendrée tant que les moteurs utiliseront des carburants contribuant directement ou indirectement à l'augmentation des gaz à effet de serre dans l'atmosphère. Si l'activité reste très ponctuelle comme actuellement et que les acteurs contribuent à compenser le CO_2 émis, cela peut être à la limite acceptable. Mais à terme, ils devront privilégier l'usage de carburants non polluants ; je pense aux propergols liquides tels que l'oxygène et l'hydrogène, qui libèrent principalement de la vapeur d'eau lors de leur combustion. C'est le choix qu'a fait Blue Origin pour le lanceur de sa capsule suborbitale *New Shepard*. Si l'hydrogène est produit par électrolyse de l'eau à base d'énergies vertes comme l'énergie éolienne ou l'énergie solaire, c'est totalement propre. Ce n'est pas encore le cas de Blue Origin. Ou bien, si certains carburants utilisés pour le tourisme spatial produisent des gaz à effet de serre, il faudrait que cet effet soit rendu globalement neutre par leur processus de fabrication. Je parle ici de carburants « fabriqués » à partir du gaz carbonique de l'atmosphère ; on commence à le faire pour du kérosène d'avion. Il y a aussi le fait que les lanceurs à base de kérosène ou de méthane libèrent des polluants carbonés dans la très haute atmosphère, qui ont des durées de vie très longues, pouvant atteindre plusieurs centaines ou milliers d'années. Certains chercheurs pensent que ces émissions pourraient avoir des conséquences écologiques plus lourdes que celles des avions qui sont relâchées plus bas, au niveau de la troposphère, et s'éliminent plus rapidement. Des articles alertant sur les conséquences possibles du tourisme suborbital ont été publiés dans ce sens. La question de l'impact climatique et sur la couche d'ozone des polluants libérés à très haute altitude doit donc encore être sérieusement étudiée.

En ce qui concerne les retombées positives que pourrait avoir pour l'humanité le tourisme spatial, je n'en vois pas de majeure que l'on puisse vanter. Mais il existe des retombées indirectes que j'ai commencé à évoquer plus haut. C'est le fait que l'industrie spatiale privée participe à l'exploration spatiale, qu'elle contribue à des projets parfois ambitieux, qu'elle participe à la réduction du coût des opérations spatiales grâce à des innovations technologiques comme les lanceurs et les capsules réutilisables. Peut-être faut-il le voir aussi comme un simple business : des entrepreneurs suffisamment riches comme Elon Musk, Jeff Bezos et Richard Branson se sont demandé dans quels domaines ils pourraient investir leur fortune ; le fait d'avoir choisi l'astronautique est remarquable parce que ce n'est pas un secteur d'activité où le retour sur investissement est garanti dans les années suivantes, tous les constructeurs de fusées l'ont appris à leurs dépens. Mais ce faisant, ils permettent de façon indirecte à l'exploration spatiale de moins dépendre des budgets publics financés par le contribuable pour construire des sondes interplanétaires et des télescopes explorant plus loin le cosmos et faisant avancer la science. Les retombées positives du tourisme spatial sont donc indirectes, mais elles existent véritablement. Toutefois, il ne faut pas se leurrer, elles ne peuvent pas justifier à elles seules cette activité. Et il est probable que certains vols touristiques n'apporteront rien de particulier à l'Humanité, ils auront juste fait plaisir à quelques personnes. Mais encore une fois, cela reste très ponctuel et, s'il y a des clients privés pour acheter un service légal vendu par des fournisseurs privés, on peut le voir simplement comme une forme de commerce qui engendre des emplois.

Mais j'ai confiance en la majorité des touristes spatiaux pour qu'ils soient de bons ambassadeurs de l'exploration spatiale en général.

et que leur expérience de la vue de la Terre depuis une très haute altitude leur fasse passer les bons messages sur l'importance de regarder la planète comme un vaisseau spatial et de la gérer en tant que tel, c'est-à-dire sans gaspiller, en recyclant et en coopérant.

Quelles actions utiles ont menées les premiers touristes spatiaux qui ont voyagé à bord de l'ISS ?

Les premiers touristes spatiaux – et j'espère aussi ceux qui voyageront dans les années à venir – ont bien compris tout seuls que, pour ne pas être critiqués massivement par ceux qui les voyaient partir pour l'espace au nom du fait qu'ils étaient riches et s'offraient une activité de luxe et, de surcroît, polluante, ils devaient préparer un programme et un argumentaire leur permettant de justifier au minimum leur aventure dès leur candidature. La plupart l'ont fait.

Je vais citer deux exemples. Mark Shuttleworth, le deuxième touriste orbital, un Sud-Africain de 28 ans passionné par l'espace et qui voulait depuis toujours être astronaute, savait qu'il était assez fortuné pour s'offrir un vol en orbite terrestre, à l'époque où la société Space Adventures commençait à rendre cela possible. Mais il voulait aussi employer son temps de manière utile dans l'espace. Après s'être renseigné, il a rendu visite à des laboratoires scientifiques dans différents domaines qu'il savait être intéressés par la recherche en apesanteur. Il s'est ainsi constitué lui-même un programme de recherche scientifique, notamment en physique, chimie, pharmacologie et médecine, qui l'a occupé pendant toute sa mission. Ce programme n'avait rien à envier en qualité, en quantité et en diversité à ceux qui sont organisés par l'Agence spatiale européenne pour des vols courts de l'ordre d'une dizaine de jours. Quand il est rentré de sa mission, il a rapporté les résultats de son travail aux laboratoires, qui n'ont pas eu à supporter le coût du vol de leurs expériences. Ils ont dû probablement juste contribuer à développer le matériel expérimental, mais c'est Mark Shuttleworth qui a financé seul la mission. Il a donc rendu service à la communauté scientifique en lui faisant bénéficier de son vol dans l'espace.

L'autre exemple est celui de Guy Laliberté. Il fut le septième touriste spatial à l'époque où des sièges sur le vaisseau *Soyouz* vers l'ISS sont redevenus disponibles suite au retour en vol des navettes spatiales après l'accident de *Columbia* . Cet ancien clown fondateur du Cirque du Soleil, devenu businessman dans le domaine du divertissement, avait décidé de consacrer son vol à prendre les plus belles photos de la planète sous toutes les coutures et sous tous les angles. Il en a tiré un livre remarquable sur la vue de la Terre depuis l'espace, intitulé *Gaïa*, dont il m'a dédicacé un exemplaire. Ce recueil de photographies commenté par un astronaute qui a consacré tout son temps d'éveil à cela est beaucoup plus riche et détaillé que ce que peuvent rapporter des professionnels sur une mission. Plus récemment, on peut citer aussi le milliardaire Jared Isacman qui a acheté un vol complet pour quatre astronautes non professionnels à bord du *Crew Dragon* de SpaceX en mode automatique autour de la Terre pendant quatre jours, la mission *Inspiration 4*. Il a profité de la visibilité de cette mission pour l'associer à une levée de fonds afin de soutenir la recherche médicale et les hôpitaux, et a recueilli quelques centaines de millions de dollars, ce qui est remarquable, même si on sait que cette somme provient essentiellement de sa propre fortune et de celle d'Elon Musk ! Ce sont là des actions utiles, mais justifient-elles le vol touristique dans l'espace ? La réponse n'est pas évidente.

On peut observer que tous les milliardaires ou multimillionnaires qui se sont offert un vol spatial orbital à ce jour sont des personnes qui ont acquis leur fortune par eux-mêmes. Ce sont donc *a priori* des personnes intelligentes qui ont un bon sens des affaires et qui réfléchissent à l'usage de leur argent. Ce ne sont pas simplement de riches héritiers d'une grande fortune qui s'achètent des choses simplement parce qu'ils en ont le désir. Ils le font en voulant donner du sens et une utilité à leur acte vu de leur propre perspective. Ils ne dépensent pas plusieurs dizaines de millions de dollars sans réfléchir à ce que cela peut rapporter d'une façon ou d'une autre, financièrement, économiquement ou socialement.

À ce jour, parmi les touristes qui ont dépensé de telles sommes pour voler dans l'espace, je n'ai pas identifié une seule fois la simple satisfaction d'un plaisir égoïstement assouvi. Je suis donc plutôt optimiste sur le fait que, même si certains considéreront qu'ils peuvent « gaspiller » vingt à trente millions de dollars de leur fortune juste pour se faire plaisir, la grande majorité des milliardaires qui continueront à s'offrir des vols orbitaux le feront aussi dans une approche philanthropique, avec la recherche d'un sens bienveillant, utile et noble, servant une cause louable.

Peut-il existerun tourisme spatial écologique ? Les ballons stratosphériques sont-ils une alternative intéressante pour qui voudrait faire du tourisme spatial responsable ? Qu'apportent-ils comme expérience et quelles sont leurs limites ?

Je pense qu'un tourisme spatial écologique pourrait voir le jour à long terme, tout comme un transport aérien écologique où les émissions de gaz à effet de serre qui impactent l'évolution du climat auraient un bilan carbone neutre. J'évoquais précédemment le fait que l'on sait aujourd'hui fabriquer du kérosène de synthèse qui rejette lors de sa combustion dans l'atmosphère juste autant de CO_2 qu'il a fallu y prélever pour le fabriquer, ni plus ni moins. Ce ne serait pas encore totalement écologique, puisque des particules solides comme des suies sont aussi produites dans les réactions chimiques des moteurs thermiques qui consomment des dérivés du pétrole. Le tourisme spatial pourrait être écologique s'il faisait appel à des vaisseaux équipés, par exemple, de moteurs à oxygène et hydrogène liquides, à condition que ces ergols aient été produits par électrolyse de l'eau utilisant de l'électricité verte, solaire, hydraulique ou éolienne, comme nous l'avons dit dans une question précédente. Mais la fabrication de tels carburants coûte bien plus cher aujourd'hui que celle basée sur les carburants fossiles ou chimiques classiques, et cela même sans faire appel à des procédés de production écologiques. Je doute donc qu'à court ou moyen terme puisse exister une forme de tourisme spatial vraiment écologique. Je pense qu'on utilisera encore longtemps du méthane ou d'autres produits qui rejettent du CO_2 et des polluants atmosphériques pour atteindre l'espace, même si, à l'échelle des émissions totales de l'humanité, cela représentera une fraction infime. Mais les riches passagers qui prennent part à ces vols peuvent effectuer à cette occasion des actions à objectif écologique : une intervention éducative, par exemple, s'ils se connectent en direct avec tout un réseau d'écoles pour sensibiliser un grand nombre de jeunes aux questions environnementales. Le tourisme spatial doit chercher de tels objectifs et profiter de son exposition médiatique pour faire passer certains messages, en rappelant que l'espace est la principale source d'informations permettant de mesurer, d'une part, l'évolution du climat et, d'autre part, l'activité humaine impactant l'environnement.

Les ballons stratosphériques peuvent effectivement représenter une alternative au tourisme spatial orbital ou suborbital, mais pour certaines de leurs caractéristiques seulement. Il y a trois différences fondamentales entre les ballons et les vaisseaux spatiaux : dans le cas des premiers, il n'y a pas de réactions chimiques pour la montée ni pour la descente ; il n'y a pas de défilement rapide du paysage sous les yeux, contrairement aux vols orbitaux ; et il n'y a qu'une phase très courte d'apesanteur à la fin du vol. L'idée du tourisme en ballon stratosphérique tel que le prévoient les opérateurs Zephalto ou WorldView, est de transporter six à huit passagers et deux membres d'équipage à bord d'une nacelle étanche équipée de grandes baies vitrées à travers lesquelles ils pourront contempler la Terre à plus de 25 ou 30 km d'altitude, avec un champ de vue s'étendant jusqu'à 600 ou 800 km de distance. C'est faisable aujourd'hui avec des ballons de 500 000 à 1 000 000 mètres cubes remplis à l'hélium, un gaz moins dense que l'air qui fera monter la nacelle vers le haut grâce à la poussée d'Archimède, donc sans produire aucun gaz à effet de serre pour la propulsion. Pour que l'opération soit totalement écologique, rappelons-le, il faut que l'hélium ait été produit à l'aide d'énergie verte. Le gaz utilisé peut être aussi de l'hydrogène, mais c'est moins sécurisé que l'hélium. Le ballon montera assez haut pour que les passagers aient une sensation visuelle véritablement extraterrestre, car à plus de 25 km d'altitude le ciel est quasiment noir, la rotondité de la Terre est bien visible et le regard porte beaucoup plus loin que depuis le hublot d'un avion de ligne. Les occupants de la nacelle embrasseront du regard des pays entiers, distinguant par exemple l'ensemble des côtes de l'Espagne ou de la France. Dans un même champ de vue, ils pourront observer une grande variété de reliefs, de couleurs minérales et végétales, de lignes de contraste. Ils auront une véritable expérience spatiale, car la sensation visuelle sera celle d'être dans l'espace, même si leur regard portera trois fois moins loin que lors d'un vol orbital et deux fois moins loin que lors d'un vol suborbital. La différence d'avec le vol en fusée est qu'il n'y a pas cette propulsion puissante des moteurs à forte énergie que l'on ressent au décollage. Il n'y a pas non plus d'apesanteur continue pendant la phase du vol, mais uniquement à la fin de l'expérience quand la nacelle est détachée du ballon : à cette altitude où l'air est très raréfié, la chute de la nacelle fait vivre à ses passagers une trentaine de secondes de pure apesanteur jusqu'à l'ouverture du parachute piloté pour le retour. Cette durée d'apesanteur est plus longue que les vingt-deux secondes d'une parabole en avion Zero G, mais moins longue que les trois minutes d'un vol suborbital ou que celle d'un vol orbital, qui est continue.

En revanche, ce que le vol en ballon apporte par rapport au vol suborbital, c'est la possibilité de rester à très haute altitude pendant plusieurs heures, ce qui donne largement le temps de bien apprécier le champ de vue et d'admirer une région de la Terre. Le décollage pourra se faire de divers pays ou régions au choix des passagers. Comme le paysage ne défile pas, ils pourront s'attacher à regarder des détails au sol avec des jumelles, admirer un lever ou un coucher de Soleil, suivre l'évolution des ombres et de certains phénomènes climatiques, effectuer une partie du vol de nuit et une partie de jour. C'est une alternative très intéressante, qui coûte deux à trois fois moins cher qu'un vol suborbital et qui, à certaines conditions que nous avons vues, est bien plus écologique.

L'accès à l'orbite terrestre se démocratisera-t-il vraiment ? Croyez-vous que l'homme de la rue puisse bientôt contempler la Terre depuis l'espace ou passer quelques jours en orbite ? Ira-t-on en vacances sur la Lune comme on s'offre actuellement un voyage au bout du monde ?

Ce sont des questions auxquelles mon instituteur de CM2 en 1968-1969 répondait « oui ». Je vous ai raconté qu'il aimait répéter qu'une fois adultes, nous les gamins âgés d'une dizaine d'années, nous pourrions aller non seulement dans l'espace, mais aussi en vacances sur la Lune. Il prenait l'exemple de la démocratisation du voyage aérien pour dire qu'il en serait de même pour les voyages spatiaux.

Mais après une soixantaine d'années de vols spatiaux habités, puisque c'est en 1961 que le premier humain, Youri Gagarine, a tourné autour de la Terre, force est de constater que la démocratisation annoncée par mon professeur n'est pas au rendez-vous. L'évolution de l'accessibilité au transport aérien et à l'espace n'a pas suivi le même timing. Soixante ans après le premier vol des frères Wright en 1905, plusieurs millions de passagers prenaient déjà chaque année l'avion pour voyager partout sur la planète, même si les billets restaient encore assez chers. Aujourd'hui, moyennant quelques dizaines ou centaines d'euros, le transport aérien permet quasiment à tout le monde de se rendre dans un autre pays ou de voyager dans le sien. Il n'en va pas de même pour l'espace. On peut analyser cela assez facilement sur un plan financier. Pour accéder à l'orbite terrestre de manière durable – on ne parle pas ici du vol suborbital –, les lois de la physique édictées par Newton sont incontournables : on ne pourra jamais changer le fait qu'il faille atteindre une vitesse horizontale très élevée, vingt-cinq fois supérieure à la vitesse du son, soit environ 28 000 km/h. Pour cela, il faut un système de propulsion qui pousse fort le vaisseau pendant une dizaine de minutes, mettant en jeu une énergie considérable et une puissance de l'ordre de plusieurs dizaines de gigawatts, ce qui est phénoménal. Cette débauche d'énergie nécessaire coûte cher, donc c'est mathématique : le prix à payer pour atteindre l'espace sera toujours important. C'est pourquoi je pense que le vol spatial ne connaîtra jamais la démocratisation large qu'a connue le vol aérien, mais l'accès à l'espace sera accru pour les personnes capables de dépenser plusieurs dizaines de millions d'euros pour un vol orbital. Lancer une fusée coûte de nos jours environ 100 millions d'euros. Si on divise cette somme par les quatre passagers transportés, l'ordre de grandeur du tarif d'un ticket pour l'orbite terrestre est de 25 millions d'euros. Même en parvenant à faire baisser les coûts, le prix ne sera jamais inférieur à quelques millions d'euros. En ce qui concerne le vol suborbital, pour les mêmes raisons, le tarif par passager restera de l'ordre de quelques centaines de milliers d'euros. Sur un plan purement comptable, l'homme de la rue ne pourra donc pas contempler la Terre depuis l'espace ni passer quelques jours en orbite avant très longtemps. Quant à imaginer aller en vacances sur la Lune aussi couramment qu'on le fait partout sur la planète, il y a un gouffre encore plus grand qui ne permet pas de l'envisager. Tel qu'il se développe actuellement, le tourisme spatial va permettre à davantage d'humains que les presque six cents hommes et femmes qui se sont rendus dans l'espace à ce jour d'y accéder, mais leur nombre restera limité à quelques centaines au cours de cette décennie et à quelques milliers peut-être d'ici 2050, pas plus.

Un autre facteur possiblement limitant pour la démocratisation des voyages spatiaux, c'est leur risque. Sitôt qu'on met en œuvre une quantité importante d'énergie, quelle que soit sa forme, on prend un risque physique important qui n'existe pas lorsqu'on est à l'arrêt. Dès que l'on court, que l'on utilise un vélo et encore plus une voiture, un bus ou un avion, notre corps accumule une énergie cinétique de plus en plus grande par la vitesse atteinte, et une énergie potentielle qui croît quand l'altitude augmente. Si ces énergies se libèrent brutalement à la suite d'une chute ou de la collision du véhicule contre un obstacle, l'organisme subit immanquablement des blessures qui peuvent aller jusqu'au décès instantané quand le nombre de G subis est trop important. Dans le cas du vol spatial orbital, on est au summum de l'énergie cinétique et potentielle accumulée par un être humain, puisqu'à la fois la vitesse et l'altitude sont bien supérieures à celles pouvant être atteintes sur Terre. Aujourd'hui, on autorise l'emport de passagers en avion à la condition que son constructeur démontre que le risque mortel par passager et par vol est extrêmement faible, inférieur à un par million. Nous n'avons d'ailleurs pas véritablement conscience du risque que nous prenons lors d'un voyage en avion : nous faisons confiance à son constructeur, à son exploitant et à son équipage. C'est la même chose pour le spatial : envoyer dans l'espace des touristes qui ne connaissent rien à l'astronautique est possible seulement si on est capable de leur garantir en toute transparence et honnêteté intellectuelle que le risque encouru est suffisamment faible pour qu'ils puissent faire confiance à l'opérateur. Si ce risque est de 1 sur 100, 1 sur 500 ou même 1 sur 1 000, donc vraiment beaucoup plus grand qu'en voiture, train ou avion, ils sont en droit de demander qu'on leur explique si l'expérience en vaut la peine. Et je connais beaucoup de personnes qui ont les moyens de s'offrir un vol spatial, mais qui ne sont pas prêtes à le faire compte tenu du risque très élevé.

En termes de tolérance physique, je pense que l'homme de la rue est capable de supporter aujourd'hui un vol orbital et même un vol sur la Lune si on lui offre son billet. Car, d'un point de vue physiologique, on sait aujourd'hui rendre le voyage dans l'espace suffisamment confortable, malgré les effets des accélérations et de l'apesanteur sur l'organisme, pour que tout un chacun puisse le vivre. Il faut simplement accepter des conditions de vie à bord plutôt proches de celles du camping ! Il y a donc une différence entre pouvoir partir pour l'espace avec son corps, et son audace et son porte-monnaie.

Traditionnellement, les astronautes sont sélectionnés parmi les pilotes et les scientifiques ? Quels autres profils pourraient avoir les astronautes de demain ? Serait-il important, par exemple, d'envoyer des artistes dans l'espace ?

J'ai précédemment évoqué le fait que les astronautes avaient d'abord été recrutés parmi les pilotes de chasse, car le métier de pilote d'avion à hautes performances est celui qui se rapproche le plus de celui d'astronaute, qui consiste à être opérateur de machines complexes en environnement extrême, hostile, confiné et isolé ; et que, par la suite, on avait ouvert cette profession à des opérateurs de machines non pilotes, par exemple des plongeurs professionnels ou des sous-mariniers, à des ingénieurs, et à des scientifiques tels que des vulcanologues, des océanographes, des chimistes, des biologistes, des astrophysiciens et des médecins. Pour les scientifiques, la sélection se charge d'évaluer leur capacité à manipuler des machines complexes, ce dont ils n'ont pas forcément l'habitude, au moyen de tests psychomoteurs et psychotechniques. Les profils des astronautes ont donc déjà été diversifiés par rapport au début de l'ère spatiale habitée. Mais l'astronaute professionnel reste celui qui va dans l'espace pour travailler. Le travail qu'on lui confie est celui d'un « expérimentateur » quand il s'agit de faire fonctionner des expériences scientifiques, et d'un « bricoleur de haut niveau » quand il s'agit d'assembler, de réparer, d'entretenir une infrastructure complexe comme une station orbitale ou un télescope spatial comme Hubble. Il peut donc être comparé à la fois à un pilote et à un mécanicien qui entretient et répare un avion de chasse.

On peut imaginer d'autres profils, à commencer par des scientifiques qui seraient envoyés dans l'espace pour exercer uniquement leur spécialité. Un astrophysicien, par exemple, mettrait en œuvre un télescope spatial de la même manière qu'un astronome active et paramètre son instrument sur le plateau de l'Atacama, reçoit des données, les analyse et publie ses résultats dans des revues spécialisées. Aujourd'hui, les scientifiques qui bénéficient des activités de recherche menées dans l'espace par les astronautes sont tous sur Terre. Quelques rares chercheurs seulement sont allés dans l'espace pour se consacrer entièrement à leurs propres travaux. Ils entraient dans la catégorie appelée « spécialistes de charge utile ». Les scientifiques sélectionnés aujourd'hui comme astronautes sont formés à faire fonctionner leur vaisseau, leur scaphandre, les bras robotiques, mais n'exercent pas leur spécialité dans l'espace ; en tout cas, pas à temps plein, même si certaines expériences qu'ils manipulent peuvent correspondre à des disciplines proches de leur domaine de compétences. Cela pourra arriver un jour, si on envoie sur Mars des géologues, des planétologues, des climatologues : ce ne seront pas simplement des explorateurs collectant des échantillons pour le compte de scientifiques restés sur Terre.

Des architectes pourraient aussi être envoyés dans l'espace afin de diriger des chantiers et de superviser la construction de grandes infrastructures spatiales ou planétaires, à la différence d'opérateurs suivant les étapes de check-lists et de procédures écrites par eux. L'ISS, par exemple, a été conçue par des architectes de systèmes spatiaux qui sont restés au sol pendant son assemblage en orbite.

Des spécialistes en sciences humaines, comme des sociologues et des anthropologues, seraient également utiles dans l'espace pour étudier le comportement social et l'évolution des hommes et des femmes partis vivre en milieu très inhospitalier en tant que représentants de l'espèce humaine, ou de ceux installés en communauté dans l'espace quand il y aura des bases habitées en permanence par des astronautes et des non-astronautes. On peut comparer celles-ci aux stations d'hivernage en Antarctique, où ne se trouvent pas que des chercheurs, mais aussi des ingénieurs, des techniciens et des cuisiniers. Les profils des hommes et des femmes envoyés dans l'espace sont donc amenés à se diversifier davantage quand ils devront y exercer des métiers aussi variés que sur Terre.

Et puis, bien sûr, il faudra envoyer dans l'espace des artistes, des écrivains, des enseignants, parce que l'humain ne peut pas s'installer durablement quelque part sans y apporter et y développer sa culture. On peut imaginer aussi des peintres, des sculpteurs, des musiciens, des poètes, des danseurs ; la liste est loin d'être exhaustive. La culture permet à une société de développer son identité et de la transmettre de génération en génération, et l'art y contribue depuis la préhistoire. Or les futures colonies spatiales et planétaires seront de véritables sociétés à part entière, les artistes y auront donc une place légitime. Ils immortaliseront les conditions de vie des humains dans l'espace ou à la surface d'autres planètes avec leur sensibilité et leur vision particulière. Leurs créations serviront à enrichir culturellement la vie quotidienne de ces pionniers, à toucher émotionnellement les individus restés sur Terre et à laisser des traces du passage de l'Humanité sur d'autres mondes à travers des œuvres architecturales pérennes. On peut imaginer des films tournés dans l'espace, des peintures, des fresques, des sculptures, des chorégraphies réalisées en apesanteur ou en gravité réduite sur la Lune, par exemple.

Michael Collins d'Apollo 11 disait qu'il faudrait envoyer également dans l'espace des prêtres, des poètes et des philosophes, pour vivre cette expérience avec toute la dimension spirituelle qui caractérise l'âme et l'esprit humains. Nul doute qu'au sein d'équipages de vaisseaux d'exploration cosmique ou de colonies planétaires, ils apporteraient leur regard précieux pour penser le destin et la religion de l'homme dans le cosmos.

Voyager vers les étoiles : un mythe ou une réalité du futur ?

Plusieurs milliers d'exoplanètes ont déjà été découvertes. Il existe un véritable engouement du public et des scientifiques à l'idée que soient identifiées dans le cosmos des sœurs jumelles de la Terre, qui réunissent les conditions favorables à la vie à leur surface. Pour autant, les distances qui nous séparent de tels mondes risquent pour des siècles, voire pour toujours, de nous empêcher de les atteindre. De quoi témoigne, selon vous, cet engouement pour les exoplanètes ?

Dans le mot « exoplanète », il y a le radical « planète », qui évoque naturellement la possibilité d'une autre Terre, et le préfixe « exo » qui signifie qu'elle n'est pas située dans notre Système solaire. L'engouement vient toujours lorsqu'un mystère commence à dévoiler un peu de son explication. Ici, le mystère est de savoir s'il y a d'autres systèmes solaires à l'image du nôtre dans l'Univers, c'est-à-dire des étoiles qui possèdent des planètes en orbite autour d'elles, voire des planètes situées dans leur zone habitable, des planètes réellement habitables et des planètes véritablement habitées. Je rappelle que la zone habitable d'une étoile est une fourchette de distances où la température d'une planète qui s'y trouve lui permet théoriquement de posséder de l'eau à l'état liquide. Or seule l'eau à l'état liquide permet à la vie d'exister sous la forme que nous lui connaissons. Les astrophysiciens ne savaient pas du tout répondre à ce mystère jusqu'à il y a une vingtaine d'années. Puis le début du commencement d'une réponse s'est produit : oui, les étoiles possèdent des cortèges de planètes, et les scientifiques en ont observé suffisamment à ce jour pour estimer que leur nombre est du même ordre de grandeur que celui des étoiles dans l'Univers observable, lequel représente représente entre 2 et 4 % de la totalité de notre Univers. Grâce aux télescopes spatiaux en particulier, ce nombre est évalué à plusieurs dizaines de milliers de milliards de milliards. Il y a des étoiles autour desquelles les astrophysiciens n'ont pas observé de planètes, pas forcément parce qu'elles n'existent pas, mais elles peuvent échapper encore aux diverses méthodes de détection. À l'inverse, les scientifiques ont découvert que certaines étoiles avaient des cortèges de planètes à l'image de notre Système solaire. Une petite brèche a donc commencé à s'ouvrir dans ce qui était jusqu'à encore récemment un très grand mystère, et c'est ce qui explique à mon avis l'engouement pour ce sujet. Comme les astrophysiciens sont capables d'identifier la zone habitable de chaque étoile compte tenu de sa taille et de son énergie rayonnante, l'enthousiasme s'est encore renforcé lorsqu'ils sont parvenus à confirmer l'existence d'exoplanètes situées dans la zone habitable de leur étoile. Mais il n'est pas possible aujourd'hui de dire si ces planètes sont réellement habitables : pour qu'elles le soient, il faut non seulement qu'elles possèdent de l'eau liquide, mais également d'autres conditions appropriées pour l'émergence de la vie, comme une température favorable, un champ magnétique protecteur, une activité géologique, etc. Si le télescope spatial James Webb qui a été lancé en décembre 2021 répond à cette question, l'engouement pour les exoplanètes augmentera encore. Et lorsqu'on s'approchera des réponses aux questions qui suivent – Ces exoplanètes sont-elles habitées ? Peut-on correspondre avec les êtres qui les habitent ? –, il augmentera encore et probablement de manière exponentielle. Car la découverte de ces mondes extrasolaires a permis à l'esprit humain, surtout à celui du grand public, de laisser libre cours à son imagination et d'échafauder les scénarios les plus excitants sur l'existence de la vie ailleurs dans l'Univers. D'un point de vue scientifique, plus on comprend l'évolution du cosmos depuis le Big Bang jusqu'aux galaxies, aux étoiles et aux planètes, plus on avance dans les questions des exoplanètes habitables et de la possibilité d'une vie extraterrestre éventuellement intelligente, et plus on a des raisons de penser que la réponse puisse être « oui ». Elle pourrait très bien être « non », mais souvenons-nous de la maxime « Absence de preuve n'est pas preuve d'absence » : quand bien même nous n'obtiendrions pas la preuve que la vie existe ailleurs avant très longtemps, comment cesser d'y croire puisqu'il serait impossible d'obtenir la preuve du contraire à l'échelle de l'Univers entier ?

Cette ultime question d'une vie intelligente ailleurs dans l'Univers est de plus en plus excitante, parce qu'on se rapproche de l'idée fascinante que nous ne sommes pas seuls. Pourra-t-on communiquer un jour avec d'autres formes de vie ? Sont-elles déjà venues nous rendre visite ? Aurons-nous un jour ces réponses ? Je l'espère, car je suis passionné par ces questions, même si je ne connais pas grand-chose en astrophysique. Je me souviens des débats que j'avais eus lors de mon troisième vol dans l'espace au sujet de la vie en dehors du Système solaire avec mes collègues astronautes astrophysiciens Claude Nicollier, John Grunsfeld et Michael Foale. Quel bonheur de discuter de cette question passionnante au beau milieu du spectacle envoûtant des dizaines de milliers d'étoiles que nous pouvions contempler autour de nous par les hublots de la navette spatiale !

Des humains seront-ils en mesure un jour d'effectuer une mission spatiale vers une autre étoile et de poser le pied sur une planète extrasolaire ? À une autre échelle, croyez-vous que l'Humanité puisse s'y établir, y prospérer, et que ce soit le début d'une autre civilisation de Terriens ? Car les défis humains, technologiques, énergétiques et budgétaires posés par le voyage interstellaire sont immenses. Seront-ils surmontables, et à quelle échéance ?

En supposant que la décision à l'échelle de l'Humanité ait été prise de se lancer dans une telle aventure, nous pouvons commencer à répondre à ces questions en abordant l'un des défis majeurs posés par le voyage interstellaire, celui de sa durée. Aujourd'hui, la manière la plus raisonnable d'imaginer une expédition vers une étoile trop éloignée pour un voyage classique est d'oublier l'idée de science-fiction qu'un jour nous pourrions contrôler les replis de l'espace-temps ou voyager par des trous de vers ou des trous noirs en passant par les univers parallèles, et rejoindre ainsi quasi instantanément des destinations très éloignées dans le cosmos. Ce n'est pas formellement interdit par les lois théoriques de la physique, mais impossible en pratique, ne serait-ce que par les effets de marée gravitationnels qui détruiraient tout vaisseau à leur approche.

Envisageons pour l'instant des concepts plus concrets. Imaginons que sur plusieurs générations, voire plusieurs siècles, on bâtisse un projet au but très précis, mais dont la feuille de route puisse évoluer au fil de temps, de construction d'un vaisseau à bord duquel prendrait place pour un voyage interstellaire un équipage d'explorateurs ou même une véritable microsociété humaine. Aujourd'hui, l'objet le plus rapide dans le Système solaire jamais fabriqué par l'homme est la sonde *Parker* d'étude du Soleil qui a atteint une vitesse d'environ 700 000 km/h par le jeu d'accélérations gravitationnelles, donc pas exclusivement par des moyens de propulsion. Mais cette vitesse record, de près de 200 kilomètres par seconde, ne représente que 1/1 500e de la vitesse de la lumière. Pour atteindre les exoplanètes les plus proches, celles qui orbitent autour de l'étoile Proxima du Centaure située à 4,24 années-lumière de nous, un vaisseau spatial parti de la Terre et voyageant à cette vitesse constante mettrait 6 500 ans. C'est un calcul simpliste, car en réalité un tel voyage suppose une phase d'accélération au départ et une phase de décélération avant d'arriver à destination. Imaginons que l'on puisse faire mieux d'ici un siècle et que la vitesse des vaisseaux spatiaux atteigne symboliquement 1/1 000e de la vitesse de la lumière, soit environ 300 km/s ou 1 000 000 km/h. C'est du domaine du possible si on combine la propulsion aux accélérations gravitationnelles. Le voyage vers Proxima du Centaure durerait alors à peu près 4 000 ans, soit environ le temps qui nous sépare des pharaons qui ont bâti la Grande Pyramide. Comment assurer la survie d'êtres humains au cours d'une expédition aussi longue pendant laquelle plusieurs civilisations se succéderaient sur Terre ? Soit l'équipage devrait être transporté en état d'hibernation, ce qui soulève des défis considérables, soit il faudrait prévoir que de nombreuses générations voient le jour dans l'espace au cours du voyage, environ 160 dans notre exemple. Dans ce cas, l'immense majorité des passagers ne connaîtraient tout au long de leur vie que l'environnement de leur vaisseau spatial, et bien sûr ceux qui arriveraient à destination ne seraient plus les mêmes que ceux qui seraient partis, ils n'auraient jamais habité la Terre.

On évoque souvent le système de Proxima du Centaure parce qu'il est le plus proche de nous et qu'il sert commodément de base pour calculer les paramètres d'un voyage interstellaire. Or Proxima du Centaure est une naine rouge, une catégorie d'étoiles plutôt turbulentes. La seule exoplanète identifiée à ce jour dans sa zone habitable risque donc fort d'être incompatible avec la vie, puisque les astrophysiciens estiment qu'elle reçoit plusieurs centaines de fois plus de rayons UV et de rayons X de la part de son étoile que la Terre n'en reçoit du Soleil. De plus, elle subirait des éruptions solaires quasiment un jour sur eux, lesquelles seraient jusqu'à 10 fois plus énergétiques que celles du Soleil. Dans le meilleur des cas, sur une telle exoplanète, on ne pourrait envisager de poser que quelques explorateurs protégés par des scaphandres le temps de réaliser des expériences scientifiques, à l'image des astronautes qui ont effectué les premières missions lunaires. Mais si l'Humanité entreprenait un voyage interstellaire dans le but d'établir une civilisation entière sur une exoplanète, elle devrait au préalable avoir identifié une destination qui lui garantisse de pouvoir y survivre. C'est la première condition que je vois à la réussite d'une telle entreprise. Pas question de partir à l'aventure et de chercher en chemin l'eldorado cosmique ! Pas question non plus de débarquer dans un monde hostile après un voyage aussi long, aussi coûteux et aussi périlleux. L'exoplanète choisie devrait être « véritablement habitable », et posséder une atmosphère contenant assez d'oxygène à une pression suffisante pour ne pas devoir utiliser de système respiratoire clos et pressurisé au quotidien. On peut toutefois imaginer qu'une civilisation s'accommode d'une atmosphère qui nécessite le port d'un masque ou d'un filtre de protection respiratoire, ou qu'elle puisse s'établir en permanence sous l'eau à l'intérieur de dômes protecteurs renfermant une atmosphère artificielle. Quoi qu'il en soit, nous ne sommes actuellement pas capables de savoir où se situe l'exoplanète la plus proche qui soit habitable en toute sécurité par de premiers colons humains. Il faudrait pour cela disposer de télescopes spatiaux très puissants permettant de l'identifier en ayant une idée précise de ses caractéristiques atmosphériques, climatiques et géologiques. Elle pourrait se trouver à 10, 100, voire 1 000 années-lumière de la Terre, ce qui compliquerait considérablement la perspective de la rejoindre en allongeant de manière considérable le temps du voyage.

Cela m'amène à la deuxième condition que je vois pour que l'Humanité puisse s'établir sur une exoplanète : qu'elle soit capable de l'atteindre. Cela revient déjà à savoir si elle pourrait s'établir à bord d'un vaisseau-monde de transport interstellaire, y vivre et s'y reproduire sur de nombreuses générations au cours d'un voyage qui durerait des siècles ou des millénaires. C'est évidemment à la fois un défi humain et technologique, mais pour moi le défi principal du voyage interstellaire est humain. Comment sélectionner et préparer la première société qui embarquerait pour une telle épopée cosmique, sachant qu'elle inaugurerait une civilisation comparable à aucune autre dans l'histoire de l'Humanité, identique à elle-même du début à la fin du voyage, totalement artificielle, vivant dans un environnement intégralement inventé et invariant pendant des milliers d'années ? Comment définirait-on les principes de reproduction et d'éducation à bord, pour que chaque génération comprenne bien le sens de son existence ? Je ne sais pas si le sens de l'existence sur Terre est clair pour tous les humains, mais le sens de la vie des passagers d'un vaisseau de transfert interstellaire serait plus facile à expliquer. Il faudrait créer une société artificielle suffisamment bien pensée pour qu'elle survive au voyage. Pour assurer son bien-être, le vaisseau devrait disposer de gravité artificielle, d'écoles, d'hôpitaux, de commerces, de zones de villégiature, d'équipements sportifs et socioculturels, etc. Et pendant des milliers d'années, les générations de passagers n'apercevraient rien à l'extérieur, pas de soleil, ce serait le noir absolu partout autour d'eux. Le vaisseau devrait donc être équipé de quelques dômes d'observation sans aucune lumière artificielle, afin que ses occupants puissent au moins de temps à autre admirer la voûte céleste de la Galaxie.

Quant à ses systèmes, l'astronef serait considérablement robuste et à la pointe de la technologie pour faire face aux défis qui l'attendraient, comme les rayons cosmiques, les impacts micrométéoritiques, l'exposition extérieure à des températures hyperglaciales de quelques degrés Kelvin seulement, la détérioration et la réparation de sa structure et de ses équipements, l'autosuffisance énergétique et alimentaire à bord ou la navigation stellaire autonome. À quelle échéance l'Humanité sera-t-elle prête à un tel voyage ? Je pense que c'est au mieux une question de plusieurs siècles, mais plus probablement de quelques millénaires.

La troisième condition qui me semble impérative pour pouvoir établir une civilisation sur une exoplanète est de pouvoir y transporter suffisamment de Terriens pour qu'elle se développe sans risque de consanguinité ni de problèmes de reproduction, et puisse survivre à une épidémie ou à toute autre forme de risque d'extinction. Quel devrait être le nombre minimum de passagers à embarquer ? Quel taux moyen de naissances et de décès inattendus à bord faudrait-il prendre en compte pour qu'il y ait assez de personnes à l'arrivée pour fonder une colonie pérenne ? Les estimations varient selon les auteurs, mais la zoologie nous indique qu'une espèce de vertébrés est vouée à l'extinction à moins de 5 000 à 7 000 représentants. Il est probable qu'il faille donc transporter plusieurs milliers ou dizaines de milliers de personnes, dont des individus les plus variés sur le plan génétique, à bord d'un ou de plusieurs gigantesques vaisseaux dont l'assemblage pourrait nécessiter des siècles.

Bien que les défis posés par le voyage interstellaire soient innombrables sur le plan humain, technologique, énergétique et budgétaire, et non résolus à ce jour, il n'est pas interdit par les lois de la nature et par l'imagination. Et quand l'imagination ne viole pas les lois décrivant le fonctionnement du monde, ce qu'elle conçoit n'est pas impossible. Allons encore plus loin, puisque, d'après Einstein, l'imagination est plus importante que le savoir. Si l'Humanité maîtrisait d'ici à quelques siècles la fusion nucléaire ou l'antimatière pour produire de l'énergie propulsive plus efficace, elle pourrait construire un vaisseau interstellaire beaucoup plus rapide que s'il était mû par la propulsion chimique traditionnelle. Ce vaisseau serait capable de voyager non plus à vitesse constante mais à accélération constante, et rejoindrait une autre étoile en quelques centaines voire dizaines d'années après avoir atteint une vitesse dite relativiste, c'est-à-dire proche de celle de la lumière. L'exploration d'exoplanètes voisines deviendrait possible au cours de seulement quelques générations, voire d'une vie humaine pour les passagers embarqués. Mais ceux restés sur Terre auraient alors vieilli plus vite, selon la théorie de la relativité. À accélération constante de 1 G, un tel vaisseau serait même capable de rejoindre la galaxie d'Andromède en seulement une trentaine d'années de temps propre, cependant que sur Terre plus de deux millions d'années se seraient écoulées ! Mais ses performances extraordinaires soulèveraient à nouveau des problématiques difficiles à résoudre : à vitesse relativiste, il devrait être protégé des radiations et des poussières cosmiques par un champ magnétique intense pour ne pas être rapidement détruit; la quantité d'énergie à mettre en œuvre pour le voyage serait équivalente à plusieurs siècles de la totalité de l'énergie produite actuellement chaque année sur Terre : où la trouver ? Comment la financer, puisqu'on estime son coût à plusieurs années du PIB mondial actuel ? Tout cela indique que ce programme devrait être entrepris par l'Humanité tout entière. Des scientifiques ont aussi imaginé un vaisseau prélevant directement l'hydrogène du milieu interstellaire à l'aide d'un champ magnétique pour assurer sa propulsion au cours du voyage, afin de réduire son poids initial, donc sa consommation de carburant et le coût de sa mission. Dans la série de science-fiction *Star Trek* qui m'est chère, les vaisseaux utilisent de tels systèmes.

Bien qu'il y ait d'autres points auxquels je ne pense pas spontanément, j'insiste sur le fait que tous les défis posés par le voyage vers d'autres étoiles ne seront pas infiniment insurmontables. Et ils sont passionnants. Ils nécessiteront beaucoup d'études, et toutes les disciplines seront sollicitées au plus haut niveau d'expertise, que ce soient les sciences physiques ou les sciences humaines comme la philosophie. Ce sujet est si captivant que, pour ma part, j'aimerais qu'on me congèle avant ma mort, puis qu'on me réveille le jour où le premier vaisseau interstellaire habité sera sur le point de partir !

Si l'être humain ne pouvait jamais atteindre par lui-même une autre étoile, comment pourrait-il s'y rendre par procuration ?

Il y a trois réponses possibles à cette question. La première, celle qui vient immédiatement à l'esprit, est de faire appel à des sondes robotisées. Les humains pourraient concevoir un vaisseau inhabité automatique qui transporterait du savoir, des connaissances, des productions artistiques et culturelles de toute l'Humanité, un peu comme une bouteille à la mer intelligente contenant des éléments de haute valeur ajoutée représentant les caractéristiques des Terriens. Ce serait à l'image des plaques gravées à bord des sondes *Pioneer* et des disques en or des sondes *Voyager*, mais les informations contenues seraient infiniment plus riches. Ce vaisseau serait lancé en direction d'une autre étoile qui, parmi son cortège d'exoplanètes, en posséderait une identifiée à l'avance comme habitable, voire habitée – pas question de lancer au hasard une telle sonde dans l'Univers ! Mais personne parmi les ingénieurs et les techniciens ayant lancé ce vaisseau ni la population terrienne tout entière de l'époque ne connaîtrait un jour le résultat de ce voyage. Quand bien même une civilisation avancée intercepterait cette sonde et déciderait de nous répondre par un message voyageant à la vitesse de la lumière, il faudrait attendre les milliers d'années du voyage de la sonde plus les années de trajet de ce signal avant de recevoir un retour. Il est difficile d'imaginer une telle solution. Dans l'histoire de l'Humanité, très peu de projets terminés par des générations différentes de celles qui les avaient initiés et qui n'étaient plus là pour les voir accomplis ont eu lieu. Et lorsqu'on évoque les pyramides d'Égypte ou les cathédrales, même si les générations d'ouvriers, d'architectes et d'ingénieurs qui se sont succédé au service de leur construction ne pouvaient pas contempler le projet final, elles pouvaient mesurer l'avancement du travail comme quelque chose de bien réel et de concret. Ici au contraire, si on lançait un tel vaisseau dans le cosmos, mis à part peut-être des informations envoyées périodiquement par lui sur sa position et l'intégrité de ses systèmes, des dizaines et des centaines de générations ne recevraient aucune nouvelle en retour sur l'aboutissement de sa mission.

L'idée d'envoyer une sonde automatisée dans le cosmos pour qu'elle soit recueillie par des extraterrestres peut mettre en œuvre des hypothèses encore plus audacieuses : pourquoi ne pas y placer le séquençage de l'ADN humain dans l'espoir qu'une civilisation possédant une technologie avancée puisse le transcrire en êtres vivants. Après tout, si on considère que l'Humanité doit s'étendre dans le cosmos pour ne pas disparaître, tous les scénarios peuvent être envisagés.

Une autre façon de se rendre par procuration vers une étoile est d'y envoyer des signaux lumineux. Reprenons l'exemple de l'étoile la plus proche de nous, Proxima du Centaure. Si on envoyait un message lumineux chargé d'informations vers ce système stellaire, il voyagerait à la vitesse de la lumière contrairement à la sonde automatique évoquée plus haut et l'atteindrait en 4,24 années seulement. Si une forme de vie évoluée le captait, le décryptait à l'aide des codes qu'il contiendrait et nous envoyait aussi une réponse par ondes électromagnétiques, on pourrait espérer la recevoir à l'échelle d'une dizaine d'années. Une fois cette réponse obtenue, on saurait que l'Humanité s'est projetée par procuration avec réussite vers un autre système stellaire habité. Mais, comme nous l'avons dit à la question précédente, l'hypothèse que le système de Proxima du Centaure puisse héberger la vie est très optimiste, et *a fortiori* une forme de vie évoluée. En fait, nous ne savons pas à quelle distance se trouve, si elle existe, la civilisation extraterrestre avancée la plus proche susceptible de nous contacter : elle pourrait vivre sur une exoplanète située à des centaines ou des milliers d'années-lumière de la Terre, ce qui impliquerait un délai de réponse de plusieurs siècles ou millénaires. Mais recueillant un tel signal, cette civilisation avancée pourrait nous faire bénéficier de son niveau technologique et nous donner les clés du voyage interstellaire que nous n'aurions pas encore. C'est l'idée développée dans le film *Premier contact* avec Jodie Foster.

À ce jour, le projet le plus avancé de mission vers une exoplanète est le projet Breakthrough Starshot, qui prévoit d'envoyer des milliers de vaisseaux spatiaux miniatures, pas plus gros qu'une carte bancaire, munis d'une voile solaire, vers Proxima du Centaure. Accélérés pendant dix minutes par des faisceaux de lasers terrestres jusqu'à 20 % de la vitesse de la lumière, ils atteindraient leur destination en vingt ou trente ans et pourraient renvoyer vers la Terre des images de ce système stellaire dans la deuxième moitié de ce siècle.

Je voudrais évoquer maintenant un troisième scénario que certains prétendent pouvoir utiliser pour se rendre par procuration vers une autre étoile, et j'ai bien conscience qu'aborder un tel sujet pourra choquer des lecteurs matérialistes ou surpris de lire ces mots venant de moi qui suis de formation scientifique et par nature plutôt précis, factuel et cartésien. Il s'agit du voyage par la pensée que prétendent pratiquer les adeptes de concepts aux connotations très ésotériques, tels la sortie hors du corps, le voyage astral ou la téléportation mentale. Je n'ai personnellement aucune expérience vécue de ce genre de choses, mais il est intéressant de noter qu'il s'agit de pratiques considérées comme normales et naturelles par des populations entières, par exemple certains peuples amérindiens de notre époque, Inuit ou Zuni, sans que cela ne relève pour autant d'une croyance religieuse. Cela peut surprendre au milieu de cet ouvrage à connotation plutôt scientifique. C'est une question de curiosité et d'ouverture d'esprit : je suis par nature intéressé par énormément de sujets et je ne veux pas limiter ma réflexion aux seuls domaines expliqués par la science. Et j'aime apprendre des autres, les écouter parler de leur métier, de leur savoir-faire, de leur vécu. J'ai donc toujours été intrigué par le fait que des amis proches ou des personnes que je juge dignes de confiance me fassent part d'expériences extrasensorielles, parfois même extracorporelles avec beaucoup de détails, prétendant avoir vécu un phénomène de projection par la pensée à l'extérieur de leur corps physique et voyagé dans une sorte d'univers parallèle au nôtre. Je n'ai jamais eu l'envie de balayer leurs récits d'un revers de la main, mais plutôt de les questionner et de tenter de les comprendre. C'est un peu comme ces Indiens d'Amérique suscités qui affirmaient pratiquer la décorporation et demandaient à la Nasa pourquoi elle envoyait des hommes sur la Lune alors qu'eux-mêmes disaient s'y rendre à volonté par la pensée, ainsi qu'ailleurs dans l'espace, sans vaisseau, sans scaphandre ! En fait, ils ne faisaient pas que voyager par l'esprit, ils se sentaient véritablement vivre avec leurs sens à destination et racontaient des expériences assez extraordinaires. Tout cela me laisse, bien sûr, un peu perplexe, mais éveille en même temps ma curiosité. Je suis convaincu que la conscience supérieure dont est doté l'être humain lui permet de réaliser des choses que nous comprenons ou envisageons encore mal. Je reste donc ouvert et respectueux à l'égard de ceux qui pratiquent et maîtrisent la méditation ou le contrôle des états modifiés de conscience. Ce sont des sujets encore peu compris par la science, mais rapportés régulièrement par des individus fiables, et étudiés par des organisations très sérieuses. Pouvons-nous voyager par la pensée vers d'autres mondes ? Pour moi, le débat reste ouvert.

La science-fiction apporte-t-elle, au sujet des voyages interstellaires, des solutions techniques ? Peut-on y trouver des enseignements ?

La science-fiction n'a jamais apporté de solution technique clé en main pour le voyage interstellaire. En revanche, les écrivains, les scénaristes de films ou de bandes dessinées de science-fiction s'inspirent le plus souvent de la science dans leurs œuvres, en y apportant leur imagination débridée. Et leurs idées peuvent parfois influencer en retour des chercheurs et des ingénieurs astronauticiens dans leurs expériences de pensée ou leurs expériences matérielles, ou leur suggérer des projets de recherche pouvant peut-être aboutir un jour à des solutions techniques innovantes. Elon Musk, par exemple, qui veut créer une fusée entièrement réutilisable pour permettre notamment à l'Humanité de se transporter vers Mars dit avoir été inspiré par le livre de science-fiction

Le Guide du voyageur galactique de Douglas Adam. Il a sans doute été aussi influencé par Hergé, Jules Verne et les auteurs de science-fiction dont les comics le ravissaient dans son enfance.

La science-fiction apporte toujours des enseignements : lorsqu'un scientifique se régale en lisant un livre ou en regardant un film de science-fiction, il voit spontanément ce qui est réaliste, ce qui est possible mais pas encore réalisé, et ce qui est totalement impossible. Je ne parle pas ici du grand public, qui n'est pas toujours capable de porter ces jugements de réalisme et de non-faisabilité. Mais un scientifique ou un ingénieur en astronautique saura distinguer dans la science-fiction spatiale ce qui pourrait être fait un jour si on disposait de la technologie nécessaire. Prenons l'exemple de l'ascenseur spatial qui est le sujet du roman d'Arthur Clark, *Les Fontaines du paradis*. C'est un concept réaliste vis-à-vis de la physique, mais pour l'instant infaisable tant que l'on ne dispose pas des matériaux nécessaires à sa construction. À l'inverse, la science-fiction utilise souvent des concepts qu'un scientifique sait ne pas être réalisables : dans *Star Wars* ou *Star Trek* par exemple, la gravité est toujours présente à tous les étages des vaisseaux, quelle que soit leur trajectoire de vol. Or c'est impossible : un scientifique connaît les lois de la gravité, sait qu'elle ne peut être recréée que par la rotation du vaisseau spatial ou d'un de ses segments, tel qu'on le voit dans *2001 L'Odyssée de l'espace*, dans *Interstellar* ou *Seul sur Mars*.

Je dirai, pour résumer, qu'au sujet des voyages interstellaires, la science-fiction a souvent l'intérêt de creuser les problèmes posés. Il y est question de source d'énergie, de protection contre les radiations, d'intelligence artificielle, de technologies médicales évoluées, d'hibernation, de gestion de la rencontre avec une intelligence extraterrestre... Certains de ces thèmes permettent aux scientifiques d'imaginer des solutions qui seront peut-être accessibles dans un lointain futur, et d'autres les questionnent sur des sujets impossibles à résoudre. Dans tous les cas, la science-fiction leur permet d'envisager les nombreuses réflexions nées de la grande imagination des écrivains auxquelles ils n'auraient pas forcément pensé spontanément. Comment gérer l'une des problématiques les plus critiques, par exemple celle de l'isolement des occupants d'un vaisseau spatial pendant une très longue période ? Cet aspect psychologique très intéressant à étudier a été la trame de fond de plusieurs films de science-fiction qui relatent en fait une histoire de rapports humains en vase clos.

De manière générale, on peut dire que la science-fiction a plus été catalysée par la science que l'inverse. Mais le cercle est vertueux, puisque nombre de scientifiques, et en particulier les spécialistes de l'espace, ont choisi leur discipline sous son influence. Sans compter que la Nasa a déjà fait appel à des auteurs de science-fiction pour motiver les recherches avancées en exploration spatiale.

Sommes-nous seuls dans l'Univers ?

Il existe des centaines de milliards de galaxies, des dizaines de milliers de milliards de milliards d'étoiles et au moins autant de planètes dans l'univers observable. Rien que dans notre Galaxie, il pourrait se trouver plusieurs milliards de planètes semblables à la Terre. Ces nombres vertigineux font dire à certains scientifiques que nous ne pouvons pas être seuls dans l'Univers, mais d'autres, au contraire, considèrent la vie comme un phénomène improbable. Quelle est votre opinion ? La vie primitive ou évoluée est-elle répandue dans l'Univers ? Pouvons-nous être seuls ou est-ce un anthropocentrisme de plus que de le penser ?

Je précise la notion d'univers observable : c'est la fraction très limitée – quelques pourcents – de notre Univers dont les signaux émis nous parviennent, sachant que la plus grande partie de lui s'éloigne tellement vite de nous par le phénomène d'expansion que sa lumière ne nous atteindra jamais.

Je n'ai pas la réponse à la question de l'existence de la vie ailleurs dans l'Univers, mais nous pouvons y réfléchir ensemble. Au préalable, il faut s'entendre sur ce qu'est le vivant. Il n'a pas de définition scientifique figée, mais il doit satisfaire à certaines conditions : être capable de se reproduire et de transmettre de l'information lors de la reproduction ; être capable d'évoluer, c'est-à-dire de changer son propre programme de reproduction, c'est ce qui lui a permis d'être pérenne sur Terre ; être capable de créer du soi avec du non-soi, c'est-à-dire de fabriquer les briques élémentaires de ses propres cellules et de son propre ADN à partir d'éléments organiques présents dans le milieu environnant portant un autre ADN.

La seule vie que l'on soit capable de chercher est celle que l'on connaît. C'est pourquoi les scientifiques concentrent leurs réflexions sur une vie extraterrestre fondée, à l'image de la nôtre, sur des éléments chimiques, sachant que ceux qui ont le plus de chances d'interagir dans l'Univers sont ceux qui sont les plus répandus, comme l'hydrogène, l'oxygène, le carbone et l'azote. Ils sont d'ailleurs à la base de la chimie carbonée dont sont faits les plantes, les animaux et les humains. C'est pour cela que les missions interplanétaires actuelles dans le Système solaire recherchent des formes de vie basées, comme sur Terre, sur la chimie du carbone, dont le métabolisme produit notamment du gaz méthane, qui est un très bon traceur de la vie telle qu'on la connaît. Mais on n'en a pas trouvé à ce jour.

Pour que la vie puisse exister, les exobiologistes nous disent que de l'eau liquide doit être en présence de matière minérale carbonée et de sources d'énergie pendant de très longues durées pour favoriser les réactions chimiques et la fabrication de molécules complexes telles que celles qui composent les protéines et l'ADN. Ces conditions nécessaires, mais pas suffisantes, existent dans plusieurs endroits du Système solaire, et les scientifiques y ont déjà identifié des acides aminés comme ceux qui composent les protéines de nos cellules. On sait donc que les briques élémentaires du vivant existent en dehors de la Terre. Mais qu'en est-il du vivant sophistiqué qui se reproduit et qui évolue grâce aux petites erreurs aléatoires de la duplication des gènes, eux-mêmes constitués d'ADN et de protéines, qui peuvent conduire un nouvel individu à être plus ou moins adapté à son environnement ?

J'ai eu l'occasion de rencontrer beaucoup d'exobiologistes. Je rappelle que l'exobiologie est la science qui étudie les conditions et les processus de développement de la vie dans l'Univers, notamment celles de l'émergence et de l'évolution du vivant sur notre planète. Les exobiologistes les plus pointus nous disent que, d'après leurs connaissances actuelles en chimie, en biologie, en géologie et en planétologie, l'apparition du vivant sur Terre a demandé un concours de circonstances tellement incroyable que même le nombre exorbitant de 10^{22} planètes estimé dans notre univers observable, plusieurs dizaines de milliers de milliards de milliards, n'est peut-être pas encore suffisamment grand pour donner une probabilité raisonnable d'apparition d'un phénomène similaire ailleurs. Ils comprennent les conditions qui ont formé les molécules complexes à partir des éléments chimiques de base, mais pas encore complètement la genèse d'une molécule aussi structurée et ordonnée que l'ADN. Il y a entre ces étapes des lacunes qui laissent uniquement place à des hypothèses. Ils ne s'expliquent pas totalement comment les lois naturelles de la physique, de la chimie et de la biologie ont abouti à l'éclosion de la vie et à la maîtrise aussi parfaite de la reproduction du vivant.

Bien sûr, les scientifiques ont appris que la vie pouvait se développer et perdurer dans des conditions bien plus extrêmes que celles auxquelles on la limitait par le passé, et cela augmente sans doute la probabilité qu'elle puisse exister ailleurs dans l'Univers. À ce sujet, on a étudié à bord de la station spatiale internationale des tardigrades. Ce sont des petits animaux d'un dixième de millimètre pouvant se placer en état de cryptobiose, c'est-à-dire de vie latente, leur permettant de survivre pendant des mois au vide spatial sans protection. Soumis à des températures de – 150 °C à + 150 °C, au rayonnement cosmique, aux rayons ultraviolets, à une pression et à une humidité nulles, ils parviennent à maintenir intact leur ADN. C'est assez incroyable. Je me demande d'ailleurs comment ces créatures ont pu mettre au point cette capacité à survivre dans le vide spatial pour se protéger si elles n'y ont jamais été soumises auparavant, c'est-à-dire si le vivant n'est apparu que sur Terre. On peut facilement interpréter cette question comme étant en faveur de la panspermie, théorie qui dit que la vie est arrivée sur Terre depuis le milieu extraterrestre. À moins que les tardigrades aient un système de protection naturelle pour les milieux terrestres extrêmes qui, par chance, fonctionne aussi dans le vide spatial ? C'est assez intrigant.

Aujourd'hui, nous n'avons pas trouvé de vie au-delà de la Terre. Mais comme le dit Hubert Reeves, l'absence de preuve de vie extraterrestre, même primitive, n'est pas la preuve de son absence, j'ai déjà mentionné cette citation plus haut. Je pense que même le plus grand expert en exobiologie ne pourra affirmer dans un avenir proche que la vie n'existe pas ailleurs. C'est pour cela que l'Humanité continue à la chercher à l'aide de sondes spatiales qui explorent le Système solaire, de radiotélescopes tels ceux du programme SETI qui traquent des signaux de vie intelligente extraterrestre, et de télescopes terrestres et spatiaux de plus en plus puissants qui explorent les exoplanètes.

Mon opinion personnelle est mitigée : je crois qu'il est possible que la vie primitive se soit répandue dans l'Univers et je préfère l'idée que nous ne soyons pas seuls en tant qu'espèce évoluée. Chacun peut choisir la réponse qu'il préfère à cette question, car personne, ni même aucun expert, ne pourra la contredire. Mais encore une fois, j'écoute les éminents scientifiques qui disent que nous pourrions être seuls, parce que leurs meilleures connaissances à ce jour attribuent au vivant que nous connaissons un caractère trop exceptionnel pour que ce hasard mystérieux puisse s'être produit ailleurs. Tous sont conscients que ce n'est peut-être que le résultat d'un manque de savoir et qu'en explorant le cosmos un peu plus, nous aurons des éléments de réponse. C'est pour cela que nous devons rester humbles sur notre condition d'êtres évolués, et que si nous trouvons un jour ne serait-ce que des éléments prébiotiques sur Mars suggérant que la vie puisse apparaître ailleurs, nous devrons l'être encore plus.

Comment pouvons-nous progresser dans ce savoir ?

Dans la question de savoir si la vie a pu évoluer ailleurs, même si les avis divergent, tout le monde s'accorde à dire que si la réponse est oui, cela signifie que la vie est un phénomène très répandu dans l'Univers, et pas seulement sur la Terre et un autre corps céleste où l'on l'aurait découverte.

La première condition pour progresser dans ce savoir est d'être prêt à investir pour lui de l'énergie cérébrale, intellectuelle ; je parle des scientifiques, mais aussi des philosophes. Il faut d'abord se poser la question et avoir une vraie envie de la résoudre, puis se donner des moyens intellectuels, scientifiques, technologiques et financiers conséquents pour trouver la réponse par l'observation et l'exploration scientifique. Deux pistes sont à favoriser en exobiologie : en premier lieu, continuer à étudier le vivant, mieux comprendre son apparition et son évolution sur Terre, c'est ce que fait l'exobiologie ; et, dans le même temps, continuer à chercher la vie en dehors de la Terre avec les moyens dont nous avons parlé à la question précédente, c'est le rôle de l'astronautique avec les sondes spatiales et de l'astrophysique avec les télescopes.

Nous devons être à l'écoute et à la recherche de toute information qui pourrait venir du milieu interplanétaire ou interstellaire dans notre Galaxie, voire d'autres galaxies. Bien sûr, des signaux venant d'autres galaxies seraient des milliards de fois plus faibles que ceux émis depuis les étoiles et les planètes de la Voie lactée. Une autre solution serait d'écouter tous les signaux radioélectriques de l'Univers avec des logiciels d'intelligence artificielle capables d'en identifier un qui soit intelligent, c'est-à-dire manifestement structuré et organisé ; car il ne pourrait pas avoir été généré de la sorte par le hasard de phénomènes astronomiques aléatoires comme les explosions d'étoiles ou les chocs cosmiques qui créent des impulsions électromagnétiques. Les signaux qu'émettent les sondes Voyager avec lesquelles on correspond toujours sont d'une intensité des milliards de fois plus faibles que les signaux aléatoires émis par les phénomènes violents de l'Univers. Mais c'est justement parce qu'ils sont structurés qu'on arrive à les extraire du bruit de fond radioélectrique et à les interpréter. On saurait traiter de la même manière un signal généré par une intelligence extraterrestre depuis un autre système solaire que le nôtre.

Le progrès scientifique et technologique ne manquera pas de doter l'humanité dans les décennies et les siècles à venir d'outils de plus en plus performants pour la compréhension du vivant et de l'Univers. Les télescopes de nouvelle génération comme le JWST vont découvrir des milliers de nouvelles exoplanètes et, parmi elles, de plus en plus de mondes habitables. D'autres pourront analyser de plus en plus finement leurs atmosphères, et peut-être y déceler des biosignatures suggérant la possibilité d'une vie à leur surface. Détectera-t-on un jour des technosignatures, c'est-à-dire des signes ou des signaux témoignant de la présence de civilisations technologiquement avancées ? Cela pourrait être la découverte par spectrométrie de molécules chimiques non naturelles comme des polluants dans l'atmosphère de certaines planètes ; l'observation de lumières artificielles produites par d'éventuelles villes gigantesques, voire des planètes-villes ; la reconnaissance de radiations d'origine artificielle signalant l'existence de complexes géants de production énergétique ; la perception d'émissions laser ; l'observation de stations orbitales immenses ou de mouvements d'énormes vaisseaux spatiaux au voisinage de planètes ; la découverte de mégastructures artificielles telles des sphères de Dyson, ces hypothétiques installations entourant une étoile imaginées par le physicien Freeman Dyson destinées à capter son rayonnement pour alimenter en énergie une civilisation technologiquement avancée. Le graal serait d'obtenir des images de la surface des exoplanètes à l'aide de gigantesques réseaux de télescopes spatiaux fonctionnant par interférométrie avec une résolution optique encore jamais atteinte sur Terre. Mais ce n'est pas pour tout de suite !

Si une vie intelligente existe ailleurs, avons-nous l'espoir de communiquer un jour avec elle, voire de la rencontrer ?

Faisons l'hypothèse que la vie existe ailleurs, pas simplement une vie primitive, mais une civilisation intelligente et technologiquement avancée. Échanger des signaux pour communiquer et se comprendre sera possible à la condition qu'ils soient mutuellement déchiffrables. Comme nous l'avons évoqué à la question précédente, ils devront pour cela employer un langage intelligible de part et d'autre, être structurés de manière concordante et diffusés sur des modes de transmission compatibles. Il semble acquis que les lois de la physique sont universelles et qu'elles préexistaient à l'être humain, même si on ne sait pas dire si elles sont nées avec le Big Bang ou avant lui. Quel que soit le formalisme dont on se sert pour la physique et les mathématiques, ces disciplines peuvent être considérées comme un langage universel que devraient comprendre d'autres formes de vies intelligentes qui se seraient posé les mêmes questions que nous : pourquoi sommes-nous là ? De quoi sommes-nous faits ? À quoi servons-nous ? Où allons-nous ? Quelles sont les caractéristiques de notre environnement ? Quelles sont la structure et la composition de l'univers dans lequel nous évoluons ? Car s'interroger ainsi conduit à développer un savoir scientifique pour identifier les lois qui régissent le cosmos. C'est donc le langage scientifique qu'il faudrait utiliser pour communiquer avec une civilisation extraterrestre. C'est pour cela que les plaques embarquées à bord des sondes Pioneer contenaient des messages picturaux représentant des notions physiques, mathématiques et astronomiques universelles. Leurs concepteurs, Carl Sagan et Frank Drake, avaient imaginé qu'elles constitueraient des informations intelligibles par une civilisation avancée récupérant ces « bouteilles à la mer interstellaires », un langage commun en quelque sorte. Ils y ont fait figurer, par exemple, un schéma de la molécule d'hydrogène, l'élément chimique le plus répandu dans l'Univers, en indiquant son rôle d'étalon de mesure de distance; ou encore la fréquence et la position par rapport à la Terre de 14 pulsars au moment du lancement de la sonde pour que cette civilisation avancée puisse localiser notre planète. Précisons que si une vie intelligente existe ailleurs, il est plus rationnel d'imaginer communiquer avec elle si elle est fondée sur la même chimie que la nôtre. Il se trouve peut-être d'autres formes de vie dans l'Univers, non basées sur la chimie, ni même sur la matière et l'énergie que l'on connaît; avec de l'imagination, on peut tout supposer, puisque nous sommes dans l'inconnu total sur leur nature. Mais mieux vaut fixer ce prérequis pour baliser nos recherches.

Avons-nous l'espoir de rencontrer un jour cette vie intelligente ? Je pense que c'est possible à deux conditions. Tout d'abord, il faudra qu'eux ou nous soyons capables de nous rapprocher physiquement, c'est-à-dire de maîtriser le voyage interstellaire pour nous rejoindre dans le cosmos. Je vous renvoie à ce que nous avons déjà dit à propos des défis que cela suppose de relever. Je dis « interstellaire » car il est très improbable qu'une vie intelligente existe dans notre Système solaire : nous avons observé et écouté celui-ci sur toutes les fréquences du spectre électromagnétique sans jamais capter aucun signal d'origine artificielle. Et contrairement à ce que prétendent certains ufologues, aucune démarche scientifique basée sur des faits concrets n'a abouti à ce jour à la conclusion qu'une rencontre se soit vraiment produite entre des humains et une forme de vie extraterrestre. La deuxième condition est que l'existence de l'Humanité et celle d'une autre civilisation avancée soient synchronisées dans le temps. Je m'explique : l'Univers est âgé de 13,8 milliards d'années et on estime que les premières étoiles sont apparues quelques centaines de millions d'années après le Big Bang. Des planètes ont donc pu abriter la vie plusieurs milliards d'années avant la nôtre. Si des civilisations avancées y ont prospéré, elles ont pu chercher à détecter la vie autour d'elles ou envoyer des signaux dans le cosmos avant même l'apparition de la Terre il y a 4,5 milliards d'années. Elles ont pu le faire aussi depuis l'apparition d'*Homo sapiens* sur notre planète il y a 300 000 ans, mais avant que nous ne disposions, depuis moins de cent ans seulement, de radiotélescopes capables de les capter. Et enfin de telles civilisations avancées ont déjà pu disparaître, anéantissant nos chances de les détecter même avec notre technologie actuelle. On comprend bien qu'entre la taille démesurée de l'Univers, son histoire vieille de milliards d'années et la durée de vie supposée limitée d'un peuple technologiquement avancé, il faut un sacré coup de chance pour que des civilisations puissent entrer en contact géographiquement et temporellement dans le cosmos ! Cela nécessite tellement de « si » et tellement d'hypothèses que l'on a tendance à reléguer cette possibilité au niveau de la science-fiction. Certains scientifiques estiment même que cette probabilité est infime et nous condamne à rester éternellement isolés dans l'Univers.

Mais pour ma part, je veux croire que l'espoir demeure. D'abord parce que, de la même façon qu'il est impossible d'affirmer qu'une vie intelligente n'existe pas ailleurs dans l'Univers, il est impossible d'affirmer que nous ne pourrons pas la rencontrer un jour. Et si nous ne pouvions pas surmonter les difficultés d'une telle entreprise avant longtemps, les lois de la physique théorique ne nous interdisent pas de trouver le moyen dans un futur très lointain de voyager dans notre Univers ou des univers parallèles par des points de singularité de l'espace-temps sans nous détruire, ce qui nous affranchirait des problématiques de distance et de temps pour entrer en contact avec d'autres formes de vie.

Est-il souhaitable ou plutôt dangereux d'envoyer des signaux de notre existence dans l'espace ?

Je pense que toute civilisation arrivée à un niveau suffisant de connaissance, et donc de sagesse, lui permettant d'envoyer des signaux intelligents et structurés dans l'espace sous forme d'ondes électromagnétiques ou gravés, comme nous l'avons fait, sur des disques solides fixés à des sondes spatiales, a forcément atteint aussi un certain niveau de bienveillance pour se servir ainsi de son savoir dans le but d'entrer en relation avec autrui.

Le mot « souhaitable » n'est peut-être pas le terme adapté. L'envoi de signaux peut se faire en espérant simplement que d'autres pourront les intercepter. C'est un peu comme jeter une bouteille à la mer ou lancer dans l'air un ballon gonflé à l'hélium transportant un message : on ne sait pas s'il sera reçu un jour et, si oui, ce que la personne en fera. Mais la démarche est bienveillante, c'est une envie fraternelle de communiquer malgré la distance et l'inconnu, et qui n'est pas dénuée d'une certaine poésie. Envoyer des signaux dans le cosmos est un beau geste qui manifeste, de la part de l'Humanité, une certaine sagesse et sa curiosité quant à la question philosophique posée par son existence.

Lorsqu'un être humain s'installe dans un nouveau lieu sur Terre, il cherche souvent rapidement à rencontrer ses voisins avec l'envie de s'en faire des amis pour développer une vie sociale. L'humain est fondamentalement social, il aime vivre en groupe, car il sait qu'il va pouvoir interagir, apporter à l'autre et recevoir en retour. Il y a dans ses gènes une certaine tendance à former des sociétés, parce qu'il a compris que les chances de survie augmentaient lorsqu'on se rendait service les uns aux autres. Peut-être qu'en explorant l'Univers et en y diffusant des signaux de son existence, la société humaine extrapole cette même démarche, ce même besoin social, qui lui apportera en plus la réponse à la question de savoir si elle n'est pas une exception dans le cosmos, mais plutôt le fruit d'un projet universel de la nature.

Quels pourraient être les dangers d'envoyer de tels signaux dans l'espace ? J'ai du mal à les imaginer. Les histoires de science-fiction qui mettent en scène des envahisseurs extraterrestres avides de planètes à envahir, à exploiter, à vider de ses ressources et de ses habitants sont illogiques. Car elles placent dans le cosmos des êtres supérieurement intelligents qui auraient dans le même temps besoin d'envahir d'autres mondes pour assurer leur survie. En général, lorsque l'on agresse, c'est que l'on se sent en danger. Les guerres naissent souvent d'une quête de pouvoir qui donne l'impression d'être plus fort et de diminuer ainsi le risque de disparaître. Si on est faible, on est plus en danger que si on est fort. Mais lorsqu'on est évolué au point de maîtriser suffisamment les lois de la physique et la technologie du voyage spatial, cela implique d'avoir acquis un certain niveau de sagesse et de curiosité qui vont de pair avec celui du savoir. Décider d'explorer le cosmos me semble être davantage motivé par la quête de connaissances scientifiques et de réponses philosophiques que par d'éventuels instincts primitifs de survie, de conquête, d'acquisition de ressources ou de désir belliqueux. Et quand bien même, s'il existait une ou plusieurs civilisations extraterrestres avancées qui cherchaient à piller d'autres planètes, il n'y a aucune raison pour que la Terre soit la plus accessible de celles pouvant les satisfaire, parmi les milliers de milliards de milliards à disposition, ne serait-ce que dans notre univers observable ! Donc je ne crois pas que nous nous exposions à un danger quelconque en aidant d'éventuelles formes de vie intelligentes extraterrestres à nous découvrir grâce à nos signaux. J'ai davantage tendance à penser que si elles étaient capables de nous détecter puis de nous rendre visite, elles s'avéreraient plus bienveillantes que malveillantes. C'est mon sentiment personnel, mais nous sommes encore une fois dans le domaine de la pure science-fiction.

Le phénomène OVNI alimente beaucoup de fantasmes et de spéculations. Que pouvez-vous nous dire à ce sujet ? Avez-vous été témoin de phénomènes inexpliqués lors de vos missions ? Certains de vos collègues astronautes ont-ils rapporté des faits troublants ? Pensez-vous que certains phénomènes témoignent de la visite d'extraterrestres ?

Ce sont des questions assez classiques que l'on pose souvent aux astronautes. On range désormais les OVNI, objets volants non identifiés, dans la catégorie plus large des PAN, phénomènes aérospatiaux non identifiés. On parle de « phénomènes » parce qu'ils ne concernent pas forcément des objets physiques reconnaissables, et « aérospatiaux » parce qu'ils peuvent survenir dans l'atmosphère ou dans l'espace et ne renvoient pas forcément à quelque chose qui vole.

Lors de mon premier et de mon troisième vol à bord de la navette spatiale, nous avons été témoins de phénomènes momentanément inexpliqués, que l'on pourrait qualifier d'OVNI ou de PAN cependant rapidement identifiés.

Au cours de ma première mission, avec deux collègues qui, comme moi, étaient de nouveaux astronautes, nous observions un soir la Terre par les hublots du cockpit du côté nocturne de l'orbite avant d'aller nous coucher, après avoir éteint toutes les lumières et les écrans d'ordinateur pour obtenir une obscurité absolue. À un moment donné, nous avons vu une lumière extrêmement brillante traverser le champ de vue à une vitesse qui dépassait largement celle d'un avion. Elle semblait avoir une altitude assez basse, donc ce n'était visiblement pas un vaisseau spatial sur lequel aurait pu se refléter intensément le Soleil. Cet objet laissait une traînée derrière lui, et il nous a fallu quelques dizaines de secondes pour comprendre que c'était un météore, c'est-à-dire la trace brillante produite par un météoroïde, un caillou venu du milieu interplanétaire qui entrait dans l'atmosphère et s'y consumait. On l'appelle plus poétiquement « étoile filante » dans le langage courant, à ne pas confondre avec une météorite qui est le reste de roche retrouvé au sol si elle n'a pas brûlé totalement dans l'atmosphère. Mais comme nous, les Terriens, avons l'habitude de voir les étoiles filantes sur fond de ciel noir, nous n'avions pas imaginé tout de suite qu'il pût s'agir d'une étoile filante vue du dessus, sur fond de Terre !

Lors de ma troisième mission, celle pour réparer le télescope Hubble, j'étais en train de piloter le bras robotique pour déplacer dans l'espace mes collègues en sortie extra-véhiculaire, quand nous avons aperçu au loin – cela nous semblait pouvoir être situé à quelques kilomètres – une lumière de forme rectangulaire très brillante qui clignotait sur le fond noir du cosmos. C'était comme un gros vaisseau dont une large baie vitrée aurait été éclairée à une fréquence très régulière. Nous avons saisi des jumelles et avons tenté de focaliser sur l'objet, ce n'était pas chose facile et il nous a fallu une ou deux minutes pour y parvenir. C'est alors que nous avons compris qu'il s'agissait d'un *Space Pen*, un stylo spatial métallique, un de ces fameux stylos conçus pour fonctionner dans n'importe quelle position, donc en apesanteur, grâce à une cartouche d'encre sous pression, et qu'il tournait sur lui-même. Il avait été oublié par un collègue dans le sas de sortie spatiale, puis avait dû se détacher à la faveur d'une secousse minime et s'était éloigné en tournoyant sur lui-même. Tant qu'il avait été dans l'ombre, il était resté totalement invisible : dans l'espace, un objet éloigné dans l'obscurité est d'un noir absolu et ne devient visible que lorsqu'il est éclairé par le Soleil. Quand ce stylo est sorti de l'ombre de la navette et du télescope, il devait se situer à environ 30 mètres de nous, mais à cette distance la vision du relief ne permet pas à l'œil nu d'estimer la distance d'un petit corps lumineux ponctuel sur le fond noir uniforme. Cela aurait été possible à moins de 10 à 15 mètres. Donc, nous ne pouvions pas dire s'il était situé à 100 mètres, à 10 ou à 100 kilomètres. C'est pourquoi notre première impression fut de voir un OVNI, alors que c'était simplement l'agrafe plate et métallique du capuchon de ce stylo tournoyant qui reflétait la lumière du Soleil dans notre direction ! Voilà comment j'ai été témoin de deux phénomènes momentanément inexpliqués dans l'espace.

Je connais beaucoup d'astronautes de diverses nationalités et de cosmonautes, j'ai beaucoup parlé avec eux de nos missions spatiales respectives, mais jamais aucun ne m'a fait part de témoignages d'OVNI ou de PAN restés totalement inexpliqués, comme je l'ai dit dans une précédente question. Néanmoins, ces phénomènes sont aujourd'hui avérés. Il existe suffisamment de cas d'observations parfaitement décrites, avec concordance de témoignages visuels de personnes depuis le sol et de pilotes depuis des avions confirmés par des données radar, pour qu'il n'y ait pas de doute sur le fait qu'ils se sont bien produits. Certains phénomènes ont donné lieu à des comportements aériens ou à des vitesses qui ne sont pas explicables par les lois de la physique ou les technologies connues aujourd'hui. Mais ce n'est pas parce qu'ils sont inexplicables qu'ils sont forcément l'expression d'activités extraterrestres. L'hypothèse d'une forme d'intelligence venue d'ailleurs reste juste une hypothèse, et c'est d'ailleurs la plus simple, car elle ne fait appel à aucun raisonnement très compliqué. En effet, si on essaie d'expliquer ces phénomènes sans l'hypothèse extraterrestre avec notre imagination limitée, il faut envisager des sociétés secrètes très avancées technologiquement par rapport à la nôtre vivant cachées quelque part au fond d'un océan ou dans des zones très reculées du globe. Ce sont des scénarios assez tordus qui ne sont probablement pas les bons. L'hypothèse extraterrestre n'est pas la plus plausible non plus, même si elle est la plus simple, parce que depuis le temps elle aurait déjà été confortée par des preuves. Et c'est cela qui est très perturbant : il y a bien des OVNI, il y a bien des PAN, mais nous ne connaissons pas du tout leur origine.

Diverses instances très sérieuses se penchent depuis des années sur ces questions, comme dans notre pays le GEIPAN, le Groupe d'étude et d'information sur les phénomènes aérospatiaux non identifiés, ou la commission Sigma-2 de l'Association aéronautique et astronautique de France. Elles rassemblent des experts scientifiques dans divers domaines qui tentent d'identifier l'origine des phénomènes dont les données recueillies sont suffisamment riches pour pouvoir en faire une analyse scientifique. J'appartiens, pour ma part, à la commission Sigma-2, et nous nous sommes déjà penchés sur des phénomènes très étranges que nous avons fini par expliquer parfaitement, comme des traînées d'avion dans des conditions atmosphériques particulières. Mais, dans certains cas, nous n'avons pas pu trouver d'explication scientifique et aucune hypothèse ne peut être écartée, naturelle ou artificielle, terrestre ou extraterrestre.

Le sujet des OVNI m'intéresse depuis longtemps, mais j'ai souvent été frustré de ne pas pouvoir engager de discussion sérieuse sur ce sujet, y compris parfois avec des collègues partageant ma passion pour le ciel et l'espace. Je déplore le fait que de multiples témoignages, prises de position, livres ou émissions loufoques au sujet des OVNI ridiculisent le plus souvent cette question aux yeux des scientifiques. Ils préfèrent porter ailleurs leur intérêt, parfois de peur que leur crédibilité, le nombre de leurs publications ou leur carrière s'en trouvent impactés. Autant la recherche de vie dans l'Univers fait l'objet de travaux multidisciplinaires avancés à travers la recherche d'exoplanètes habitables, l'instrumentation spécialisée embarquée dans des sondes interplanétaires et la réalisation d'expériences d'astrobiologie fascinantes à bord de l'ISS, autant l'étude avec des moyens adéquats de ce que sont ces objets ou phénomènes apparemment intelligents survenant dans notre ciel est délaissée. Par exemple, la question de savoir comment des engins non identifiés peuvent voler sans faire de bruit et avec des accélérations défiant toute explication physique est le plus souvent passée sous silence. Or notre ignorance sur ce sujet est assurée si nous ne faisons rien. Au XXIe siècle, les scientifiques sont prêts à être surpris par ce que leurs instruments et télescopes découvriront loin de la Terre ; les astronautes sont prêts à partir pour de longues durées explorer d'autres corps célestes ; les religieux sont prêts à accepter l'idée que la vie n'est peut-être pas exclusivement réservée à notre planète. Donc, les mentalités devraient pouvoir évoluer et les chercheurs outrepasser la mauvaise image du domaine des OVNI et des PAN pour qu'il devienne un champ d'investigation scientifique à part entière. Notons, pour terminer, que les déclassifications de dossiers PAN de la part des gouvernements sont de plus en plus fréquentes, notamment aux USA, ce qui donne espoir de voir rapidement progresser le sujet.

Le sens de l'Homme dans l'Univers

Les dimensions cosmiques dépassent notre entendement : environ 150 millions de kilomètres nous séparent du Soleil, 40 000 milliards de l'étoile la plus proche et 250 millions de milliards du centre de notre Galaxie. Tiraillés entre l'insignifiance que nous renvoie l'observation du gigantisme de l'Univers et le miracle de notre existence, on peut avoir du mal à cerner notre propre sens. À vos yeux, l'Univers et l'Homme ont-ils un sens ? Ou bien la quête de sens est-elle une fabrication humaine ?

C'est une question à laquelle certains ont une réponse, notamment les croyants, et sur laquelle beaucoup de scientifiques, en particulier les cosmologues et les astrophysiciens qui étudient notre Univers, se penchent depuis longtemps.

Il est très difficile pour un être humain de trouver un sens à l'existence de l'Humanité et du vivant en général, et pas forcément facile non plus de trouver un sens profond à sa propre existence. Nous y reviendrons. Il est moins compliqué d'identifier les raisons immédiates qui nous poussent à vivre, car chacun les définit à sa manière en se posant la question de ses motivations premières : la nécessité de survivre pour les plus démunis, l'envie de fonder une famille, de prospérer, d'échanger, d'interagir, d'aider les autres, d'apprendre, d'explorer… En revanche, pour beaucoup d'animaux non dotés de la conscience supérieure et de la perception du monde que nous avons, le sens de l'existence se résume à la répétition de comportements instinctifs, comme la boucle sans fin de devoir manger pour vivre et vivre pour se reproduire et perpétuer l'espèce. Saviez-vous, à ce sujet, que les araignées du monde entier se nourrissent chaque année de l'équivalent d'une fois et demie la masse de tous les humains. Cet exemple, qui donne un peu le tournis, nous montre ce que peuvent être les préoccupations principales de nombreuses espèces. Pardon pour les arachnophobes !

La quête de sens pourrait être une fabrication humaine, bien sûr. Mais je la vois plutôt comme un processus naturel qui est la conséquence de deux facteurs. Le premier est de posséder une conscience supérieure qui nous donne la capacité de réfléchir au-delà des questions posées par notre survie quotidienne, c'est-à-dire manger, nous abriter, nous préserver du danger. Quand l'esprit est libéré de la préoccupation omniprésente de satisfaire à ces nécessités de base et qu'il peut s'interroger sur autre chose, il est normal qu'il soit interpellé par la question du sens. Le second facteur est la présence de la nature, du vivant et du cosmos qui nous entourent et dont les mystères nous imposent aussi la question de la compréhension et du sens. S'il n'existait aucun environnement autour de nous, la réflexion sur notre propre origine et notre propre condition serait probablement très réduite ; si tout avait une explication, si tout était bien compris et décrit par les lois de la physique, notre quête de sens ne serait pas la même non plus.

Comme l'être humain est doté de cette curiosité particulière qui le pousse à répondre à des questions sur ce qu'il est, sur la raison de son existence et sur son avenir, j'aime l'idée qu'il aspire peut-être, à travers un très long parcours de progrès dans ses connaissances et sa sagesse, à un niveau de conscience plus élevé qui, un jour, le débarrassera du besoin d'une enveloppe corporelle matérielle et organique pour élucider cette question. Comme si le corps n'était qu'un support servant une nécessité d'incarnation à notre conscience. Je suis intrigué par ce concept. La quête de sens mène-t-elle vers un tel stade ? En apesanteur, on ne ressent plus son propre organisme, on a l'impression d'être juste une conscience flottante. Cette sensation incroyable et inouïe de ne pas avoir besoin de support physique pour être une entité pensante, aimante et éprouvant des émotions est une expérience que j'ai vécue lors de mes vols spatiaux et que je vis régulièrement encore lors des vols paraboliques. Pour certaines personnes, cela peut être une forme de révélation : suite à ses vols en apesanteur avec Air Zero G, Lily, une passagère suisse, disait qu'elle avait acquis la conviction rassurante qu'après la mort, elle serait dans un état d'apesanteur permanent. Une autre m'a décrit ce sentiment de plénitude connectée qui l'avait bouleversée. Cette expérience me fait penser que la conscience de l'Homme pourrait ne plus devoir être incarnée dans de la chair pour perdurer. D'ailleurs, au sens de certaines croyances, l'Homme est constitué d'un corps et d'une âme, que l'on peut appeler aussi « conscience », et dont le destin est de pouvoir échapper définitivement au cycle des réincarnations. Je ne suis pas bouddhiste ni forcément croyant dans la réincarnation, mais cette approche me séduit, car elle correspond à des réflexions personnelles que j'ai pu avoir dans l'espace.

Je pense que l'Univers et l'Homme ont probablement un sens. Beaucoup le cherchent, c'est une quête noble qui ne fait de mal à personne, à condition de ne pas vouloir imposer ses idées aux autres. Elle aide probablement certains à mieux guider leur destinée. Si j'avais personnellement à définir un sens à l'Univers et à l'Humanité, ce serait peut-être qu'ils donnent l'occasion à la conscience de chaque être humain d'évoluer vers une forme supérieure dématérialisée. Je pense que, même inconsciemment, nous recherchons cela. Y a-t-il un Univers parallèle où une forme d'existence immatérielle est permise et où nous aspirons à nous retrouver ? Certains le nomment Paradis, d'autres Nirvana. Je ne sais pas si j'ai la foi sans le savoir, mais pour moi, au fond, le sens de l'existence de notre Univers n'est pas une question de croyance : je choisis plutôt d'adhérer à une hypothèse plutôt qu'à une autre, à la démarche qui me plaît le plus.

La quête de sens est une qualité extraordinaire dont est doté l'être humain, un véritable talent, rare et peut-être unique. Mais elle n'est pas inventée par l'Homme juste pour le rassurer. Cela peut même être l'inverse, puisque justement elle peut paraître infinie, sans perspective d'aboutir au cours d'une seule vie. D'ailleurs, tenter de trouver le sens de l'Humanité ne répond pas pour autant entièrement à la question de celui de l'Univers, sauf à répondre que le but de ce dernier est de permettre à la première d'exister ! Ce qui permet d'éluder facilement le problème du sens de l'Univers, qui reste bien moins fondamental pour nous que celui de notre propre existence, de l'Humanité, voire du vivant en général.

Où trouver du sens à son existence à une époque où la dimension religieuse recule et où la société moderne, qui a amélioré l'espérance et les conditions de vie, comporte aussi des limites comme le consumérisme ?

Nous venons de parler du sens de l'Univers et de l'Humanité, et nous en arrivons à la question du sens de l'existence pour chaque individu. Elle n'a, je pense, pas de réponse unique, puisque les nombreux ouvrages qui lui sont consacrés depuis l'Antiquité ne l'ont jamais résolue de manière univoque. S'il ne s'impose pas naturellement, la première démarche pour tenter de trouver ce sens est de se poser en toute honnêteté la question : « Pourquoi est-ce que je fais ce que je fais ? » Mais il ne s'agit pas du sens immédiat de nos actions, car si l'on répond au premier degré « Je travaille pour gagner ma vie », cela amène fatalement la question « Pourquoi dois-je gagner ma vie ? », et ainsi de suite, jusqu'à abandonner le débat faute d'explication. C'est un peu comme lorsqu'un enfant vous renvoie un autre « pourquoi » à chaque fois que vous répondez à une de ses questions : le dialogue finit souvent par la réponse impuissante « Parce que c'est comme ça ! ». Pour éviter cet écueil, il faut plutôt répondre à la dimension philosophique du « pourquoi – ou bien du *pour quoi* en deux mots – je fais ce que je fais », sous-entendu aussi ce que je pense en amont de mes actions.

On peut reprendre l'exemple déjà cité dans ce livre de cet agent d'entretien du centre spatial en Floride auquel le président Kennedy en visite avait demandé ce qu'il faisait à la Nasa ? Il ne répondit pas « Je balaie pour que le hangar soit propre », mais « Je balaie pour aider mon pays à envoyer un homme sur la Lune ». C'est le pourquoi profond qui est derrière ce que nous faisons qu'il nous faut comprendre. Pour cet homme, nul doute qu'il l'avait découvert dans cette période de sa vie. Mais, pour beaucoup d'entre nous, il n'est pas facile d'identifier par soi-même le sens de notre existence, notamment lorsqu'on ne trouve pas de réponse à la signification de nos actes au-delà du premier degré. On peut alors avoir le sentiment d'avancer dans la vie mû par un certain déterminisme vide de sens. Il faut donc s'interroger, et aussi en parler, ne pas hésiter à échanger avec autrui sur cette question. On peut s'inspirer de personnes qui semblent avoir la réponse parce qu'elles paraissent baigner dans un bonheur global, physique, intellectuel et social. Ce sont parfois des anciens, ou nos parents, nos idoles, nos modèles. Ce peut être aussi des philosophes ou, de façon générale, toute personne qui peut nous enrichir par son expérience de la vie et par ses connaissances. Mais il ne faut pas pour autant chercher à imiter ceux qu'on admire, ni partager forcément leur propre identification du sens ou adhérer à leur propre foi. Ce qui compte, c'est qu'ils puissent nous donner l'exemple de la démarche qui les a conduits à obtenir leurs réponses et nous en inspirer pour trouver les nôtres, car la découverte du sens ne peut être que le fruit d'une démarche intérieure personnelle. Puis, lorsqu'on a trouvé le sens de son existence, on comprend que cela implique de transmettre à son tour sa propre expérience de vie et d'inspirer les autres.

De nos jours, j'observe de plus en plus d'hommes et de femmes, souvent jeunes, qui s'engagent dans des organisations à but non lucratif, des associations ou des fondations œuvrant pour des causes caritatives. Ces personnes peuvent avoir fait de très belles études et auraient pu exercer aussitôt un métier bien rémunéré avec des fonctions leur donnant un certain pouvoir. Mais elles choisissent plutôt de partir quelques mois ou années dans des zones défavorisées pour aider. Il est assez fréquent que ce soit le sens de l'existence que se donnent des personnes ne trouvant pas la réponse à cette question ailleurs que dans l'entraide. Ainsi, des jeunes gens décident de partir travailler pour l'UNICEF, le WWF ou d'autres organisations entre la fin de leurs études et le début de leur vie professionnelle. Ils se disent qu'au moins ils auront été utiles à quelque chose, le temps qu'ils se trouvent éventuellement une autre voie. C'est une démarche noble et louable que d'aider son prochain, de rendre service à la communauté, à la société, à l'Humanité. On constate aussi, de nos jours, un investissement croissant en faveur de la préservation de l'ensemble du vivant, de la nature qui nous permet de vivre, et donc de notre planète. La question du sens de l'existence revient souvent à celle de l'utilité que l'on a dans le milieu où l'on vit, où l'on travaille, voire à l'échelle de la planète même, par des actions modestes au quotidien. Se sentir utile donne toujours un début de réponse, même si elle ne répond pas entièrement à nos interrogations. Mais c'est un premier pas. Cela dépend aussi des valeurs que l'on porte, qui proviennent de notre éducation scolaire, religieuse, du milieu familial et social où l'on a grandi. Si notre entourage comporte des personnes égoïstes, vénales ou vindicatives, on peut développer un esprit centré sur soi-même, avide ou querelleur, peu enclin à tendre la main à autrui. Mais on peut aussi se construire en opposition. En revanche, ceux qui grandissent dans un milieu pacifique qui pratique l'entraide, recherche l'harmonie et l'évitement des conflits, vont vivre plus paisiblement et aider plus naturellement leur prochain.

La quête du sens à son existence peut être perpétuelle, on peut le chercher toute sa vie. Il peut évoluer ; il peut aussi s'être imposé à nous comme une évidence, depuis toujours. Certains le trouvent sur le tard, et consacrent alors leur temps ou leur fortune à des causes auxquelles ils croient mais qu'ils ont mis toute leur existence à identifier. Le principal est de savoir s'introspecter avec honnêteté, ne pas se mentir à soi-même, ne pas s'égarer dans des illusions. Quand on rencontre son propre sens, on est davantage serein, pacifique et finalement heureux. Comme si l'anxiété inhérente à notre condition de mortels n'avait plus lieu d'être. Chacun, du plus humble au plus favorisé, peut aspirer à la compréhension de la signification de sa vie, plus ou moins facilement bien sûr, mais peut aussi la manquer. Cette égalité est peut-être l'une des rares chez les humains, car elle transcende leur origine, leur parcours, leur santé et leur réussite sociale. C'est le sens du « Connais-toi toi-même » de Socrate : c'est en se connaissant, en cherchant en lui-même, que chaque être humain peut trouver la sagesse.

Quel est le sens de votre existence ?

S'il s'agit de comprendre ce qui me pousse tous les matins à me lever, je pense pouvoir répondre plus facilement à cette question que si je devais identifier le sens « cosmique », en quelque sorte, de mon existence. Car qui, à part les croyants, peut dire pourquoi nous existons à l'échelle de l'Univers ?

Le fait est que nous sommes ici, sur cette planète, pour y mener notre vie qui comporte des joies et des peines. Au cours de cette existence, nous faisons face à des épreuves. Certaines d'entre elles sont liées à notre condition d'humain, c'est le cas des maladies indépendantes de notre mode de vie, ou bien liées à notre environnement, comme les tremblements de terre ou les tsunamis. Nous ne sommes pas responsables de leur survenue. D'autres sont engendrées par la société moderne : ce sont, par exemple, les accidents domestiques, sportifs ou de la circulation. D'autres enfin peuvent être favorisées par notre choix de vivre certaines aventures ou expériences hors du commun. Ces épreuves provoquent en nous des souffrances, ou nous obligent à faire des efforts pour les surmonter. Mais malgré cela, notre destin semble être de vivre une vie la plus longue et la plus heureuse possible sur Terre, car il y a aussi beaucoup de situations donnant à se réjouir d'être nés et de vivre sur cette planète.

J'ai constamment le sentiment d'être connecté à ce qui m'entoure. Je me suis toujours senti faire partie d'un tout, d'un ensemble, plutôt que d'être distinct du monde et des autres, même si je me suis parfois amusé par la pensée à imaginer que tout autour de moi n'était qu'illusion. Je ressens une connexion à la nature et au cosmos, qui fait que je suis heureux de regarder un oiseau ou un papillon voler ou de contempler les étoiles ; et, en même temps, je me sens aussi connecté aux autres, par le plaisir que j'éprouve à dialoguer, à échanger, à partager avec mes frères et sœurs humains, même ou surtout s'ils sont très différents de moi. Les différences m'attirent d'ailleurs plus que les ressemblances. Partager, c'est le mot clé. Éprouver cette notion de connexion aux autres entraîne le besoin de partager. C'est pour cela que j'ai si souvent témoigné de mon expérience spatiale, afin de faire ressentir au public les émotions extraordinaires engendrées par le voyage dans l'espace. C'est pour cela que j'ai voulu faciliter l'accès aux vols en apesanteur, qui permettent à chacun de découvrir la joie unique de flotter comme un astronaute. C'est pour cela que j'aime transmettre aux jeunes générations le bonheur d'être curieux et que je les encourage à étudier, afin qu'ils en retirent la même joie d'apprendre et de comprendre. C'est pour cela enfin que je m'efforce de les faire croire en eux-mêmes et comprendre que leur destin est en grande partie entre leurs mains.

Dans le même temps, les autres m'ont apporté et m'apportent beaucoup. Comme je le disais, j'aime passionnément dialoguer avec les interlocuteurs les plus variés et comprendre leurs parcours, leurs choix, leurs métiers, leurs savoir-faire, leurs réflexions sur le monde. Non seulement tout cela m'enrichit, mais renforce aussi mon sentiment de faire partie d'une humanité partageant des valeurs universelles de fraternité, d'amour, de curiosité, de générosité et d'empathie. Je crois que personne ne naît naturellement malveillant. Un tel caractère est plutôt la conséquence d'une absence ou d'une mauvaise éducation, ce que je pourrais en quelque sorte identifier à une mauvaise « connexion ». Notons au passage que la connexion aux autres est aussi présente dans la nature : songeons, par exemple, aux réseaux de mycélium reliant entre eux tous les végétaux – fleurs, buissons, arbres, etc. – d'une forêt.

Le sens que je trouve à mon existence a évolué avec le temps. Quand j'étais jeune, influencé par mon environnement social, familial et scolaire, je vivais avant tout pour apprendre, m'instruire, découvrir et aussi jouer. J'ai toujours trouvé beaucoup de plaisir dans les jeux, surtout les jeux d'adresse mentale ou gestuelle. J'aimais me donner des problèmes et des défis à résoudre. Arriver à faire des choses que je pensais difficiles ou même impossibles me stimulait. C'est d'ailleurs toujours le cas, ce qui convient bien au tempérament d'un astronaute, tout comme le goût de l'aventure et de l'exploration qui ne m'a jamais quitté. On ne choisit pas certains métiers par hasard, mais souvent en raison de nos capacités, de nos goûts et de nos motivations profondes.

Aujourd'hui, le sens de ma vie est d'abord de prendre soin des autres, à commencer par ceux qui m'entourent c'est-à-dire ma famille. Notons que, pour le faire correctement, il faut également prendre soin de soi. Je veux aussi remplir les devoirs qui m'incombent et tenir mes engagements professionnels et associatifs. Sur un plan personnel, je veux continuer à m'épanouir, par exemple, en m'ouvrant à des activités et à des sujets nouveaux. Mais cela inclut aussi des moments passés à réfléchir, à laisser libre cours à mes pensées. J'adore les exercices de pensée, qui consistent à ne rien faire d'autre que de laisser l'esprit produire des idées, des interrogations et parfois des réponses. Ils stimulent l'imagination et peuvent aboutir à des actions concrètes. Au quotidien, j'ai envie de me prouver que je peux faire mieux que la veille. Et chaque soir, ce qui me rend heureux, c'est de songer que j'ai peut-être fait quelque chose d'utile dans la journée, au sein de la famille, dans le travail, dans le sport ou dans les activités publiques. Si je me suis adressé à une classe de trente élèves et qu'au moins un d'entre eux a retenu mes mots d'encouragement à prendre soin du vaisseau spatial Terre, j'ai espoir d'avoir été utile pour lui et, à travers lui, à la société. Je veux essayer modestement chaque jour, avec mes moyens, d'améliorer un peu le monde. Certains métiers comme celui de médecin y contribuent plus directement que celui d'astronaute. Mais je crois l'avoir fait à travers tous les projets auxquels j'ai participé, par exemple en réparant le télescope Hubble, car il a contribué à faire rêver l'Humanité sur les merveilles du cosmos. Ma carrière aéronautique et astronautique a servi indirectement la société et à rendre l'Humanité plus connaissante et donc finalement plus sage. Et j'ose penser que je poursuis cette action à travers le soutien aux étudiants ou aux jeunes professionnels qui me contactent régulièrement, et à travers les conférences de sensibilisation à l'unicité de la planète. Je me lève le matin pour assumer cette notion du partage qui donne un sens à ma vie, aussi bien avec mes proches, mes amis, mes collègues que ceux que je croise au hasard des rencontres. Et à la fin, d'une manière ou d'une autre, je souhaite que mon existence ait contribué à faire évoluer le monde vers un destin un peu meilleur que si je n'avais pas vécu.

Au-delà de mon exemple personnel, je crois que la connexion aux autres est inhérente à notre nature et à la biodiversité dont nous sommes partie prenante. Tous les animaux se rendent service, en ce sens où chacun joue un rôle dans la préservation du vivant, même si pour eux cela passe par le fait de tuer pour se nourrir et réguler les équilibres entre les espèces. La même interdépendance existe entre les humains, à la différence que notre nature humaine nous pousse à prendre soin des plus faibles dès la naissance, avec le devoir d'étendre autant que possible cette bienveillance à l'échelle de l'Humanité.

FSC
www.fsc.org
MIXTE
Papier issu de sources responsables
FSC® C004472

N° éditeur DBSSI20200320
Achevé d'imprimer en septembre 2022 par Wilco aux Pays-Bas
N° d'impression : 385768